MEMORIZE ANSWERS

'답'만 외우는

굴착기
운전기능사
CBT 필기

기출문제 + 모의고사 14회

시대에듀

답만 외우는 굴착기운전기능사 필기

Always with you

사람이 길에서 우연하게 만나거나 함께 살아가는 것만이 인연은 아니라고 생각합니다.
책을 펴내는 출판사와 그 책을 읽는 독자의 만남도 소중한 인연입니다.
시대에듀는 항상 독자의 마음을 헤아리기 위해 노력하고 있습니다.
늘 독자와 함께하겠습니다.

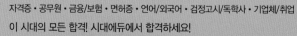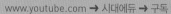

PREFACE

머리말

토목 공사가 이루어지는 건설현장에서 흔히 굴착기를 볼 수 있다. 주로 터파기, 깎기, 상차, 쌓기, 메우기 등의 작업을 수행하고 있으며, 특수한 기술을 요구하기 때문에 숙련된 전문 인력이 필요하다. 또한 굴착기는 도로, 주택, 댐, 간척, 항만, 농지정리, 준설 등의 각종 건설공사나 광산 작업 등에 활용되기 때문에 안전운행이 필수이며 기계에 대한 이해도가 높으면 기계의 수명 연장 및 작업능률도 제고할 수 있는 뛰어난 인재가 될 수 있다.

대규모 정부정책사업의 활성화와 민간부문의 주택건설 증가, 경제발전에 따른 건설촉진 등 꾸준한 발전 가능성으로 건설기계운전인력의 수요가 늘어날 전망이다. 이에 굴착기운전사를 꿈꾸는 수험생들이 한국산업인력공단에서 실시하는 굴착기운전기능사 자격시험에 효과적으로 대비할 수 있도록 다음과 같은 특징을 가진 도서를 출간하게 되었다.

본 도서의 특징

1. 자주 출제되는 기출문제의 키워드를 분석하여 정리한 빨간키를 통해 시험에 완벽하게 대비할 수 있다.
2. 정답이 한눈에 보이는 기출복원문제 7회분과 해설 없이 풀어보는 모의고사 7회분으로 구성하여 필기시험을 준비하는 데 부족함이 없도록 하였다.
3. 명쾌한 풀이와 관련 이론까지 꼼꼼하게 정리한 상세한 해설을 통해 문제의 핵심을 파악할 수 있다.

이 책이 굴착기운전기능사를 준비하는 수험생들에게 합격의 안내자로서 많은 도움이 되기를 바라면서 수험생 모두에게 합격의 영광이 함께하기를 기원하는 바이다.

편저자 씀

시험안내

개 요

굴착기는 주로 도로, 주택, 댐, 간척, 항만, 농지정리, 준설 등의 각종 건설공사나 광산 작업 등에 활용된다. 이에 특수한 기술을 요하며, 또한 안전운행과 기계수명 연장 및 작업능률 제고 등을 위해 숙련기능인력 양성이 필요하여 자격제도를 제정하였다.

수행 직무

건설현장의 토목 공사를 위하여 굴착기를 조종하여 터파기, 깎기, 상차, 쌓기, 메우기 등의 작업을 수행한다.

진로 및 전망

• 주로 건설업체, 건설기계 대여업체 등으로 진출하며, 이외에도 광산, 항만, 시 · 도 건설사업소 등으로 진출할 수 있다.
• 굴착기 등의 굴착, 성토, 정지용 건설기계는 건설 및 광산현장에서 주로 활용된다.

시험요강

❶ 시행처 : 한국산업인력공단
❷ 시험과목
  ㉠ 필기 : 굴착기 조종, 점검 및 안전관리
  ㉡ 실기 : 굴착기 조정 실무
❸ 검정방법
  ㉠ 필기 : 전과목 혼합, 객관식 60문항(60분)
  ㉡ 실기 : 작업형(6분 정도)
❹ 합격기준(필기 · 실기) : 100점을 만점으로 하여 60점 이상

원서접수 및 시행

❶ 접수방법 : 인터넷 접수(www.q-net.or.kr)

❷ 접수기간 : 원서접수 첫날 10:00 ~ 마지막 날 18:00

❸ 시행계획

　　㉠ 시험은 상시로 치러지며 월별, 회별 시행지역 및 시행종목은 지역별 시험장 여건 및 응시 예상인원을 고려하여
　　　 소속기관별로 조정하여 시행

　　㉡ 조정된 월별 세부 시행계획은 전월에 큐넷 홈페이지를 통해 공고

❹ 합격자 발표 : CBT 필기시험은 시험종료 즉시 합격 여부 확인 가능

CBT 필기시험 안내사항

· CBT 시험이란 인쇄물 기반 시험인 PBT와 달리 컴퓨터 화면에 시험문제가 표시되어 응시자가 마우스를 통해 문제를
　풀어가는 컴퓨터 기반의 시험을 말한다.

· 입실 전 본인 좌석을 확인한 후 착석해야 한다.

· 전산으로 진행됨에 따라, 안정적 운영을 위해 입실 후 감독위원 안내에 적극 협조하여 응시해야 한다.

· 최종 답안 제출 시 수정이 절대 불가하므로 충분히 검토 후 제출해야 한다.

· 제출 후 점수를 확인하고 퇴실한다.

CBT 완전 정복 *Tip*

❶ 내 시험에만 집중할 것　　❷ 이상이 있을 경우 조용히 손을 들 것

❸ 연습 용지를 요청할 것　　❹ 답안 제출은 신중하게 할 것

기타 안내사항

· 필기시험 면제기간은 당회 필기시험 합격자 발표일로부터 2년간이다.

· 공단 인정 신분증 미지참자는 당해 시험 정지(퇴실) 및 무효처리된다.

· 수험원서 및 답안지 등의 허위, 착오기재, 이중기재 또는 누락 등으로 인한 불이익은 일체 수험자의 책임으로 한다.

· 소지품 정리시간 이후 불허물품 소지 · 착용 시에는 당해 시험 정지(퇴실) 및 무효처리된다.

출제기준[필기]

필기 과목명	주요항목	세부항목	세세항목	
굴착기 조종, 점검 및 안전관리	점검	운전 전 · 후 점검	• 작업 환경 점검 • 구동계통 점검	• 오일 · 냉각수 점검
		장비 시운전	• 엔진 시운전	• 구동부 시운전
		작업상황 파악	• 작업공정 파악 • 작업관계자 간 의사소통	• 작업간섭사항 파악
	주행 및 작업	주행	• 주행성능 장치 확인	• 작업현장 내 · 외 주행
		작업	• 깎기 • 메우기	• 쌓기 • 선택장치 연결
		전 · 후진 주행장치	• 조향장치 및 현가장치 구조와 기능 • 변속장치 구조와 기능 • 제동장치 구조와 기능	• 동력전달장치 구조와 기능 • 주행장치 구조와 기능
	구조 및 기능	일반사항	• 개요 및 구조	• 종류 및 용도
		작업장치	• 암, 붐 구조 및 작동	• 버킷 종류 및 기능
		작업용 연결장치	• 연결장치 구조 및 기능	
		상부회전체	• 선회장치 • 카운터웨이트	• 선회 고정장치
		하부주행체	• 센터조인트 • 주행감속기어	• 주행모터
	안전관리	안전보호구 착용 및 안전장치 확인	• 산업안전보건법 준수	• 안전보호구 및 안전장치
		위험요소 확인	• 안전표시 • 위험요소	• 안전수칙
		안전운반 작업	• 장비사용설명서 • 작업안전 및 기타 안전 사항	• 안전운반
		장비 안전관리	• 장비안전관리 • 작업요청서 • 기계 · 기구 및 공구에 관한 사항	• 일상 점검표 • 장비안전관리교육
		가스 및 전기 안전관리	• 가스안전 관련 및 가스배관 • 손상방지, 작업 시 주의사항(가스배관) • 전기안전관련 및 전기시설 • 손상방지, 작업 시 주의사항(전기시설물)	
	건설기계관리법 및 도로교통법	건설기계관리법	• 건설기계 등록 및 검사	• 면허 · 사업 · 벌칙
		도로교통법	• 도로통행방법에 관한 사항 • 도로교통법 관련 벌칙	• 도로표지판(신호, 교통표지)
	장비구조	엔진구조	• 엔진본체 구조와 기능 • 연료장치 구조와 기능 • 냉각장치 구조와 기능	• 윤활장치 구조와 기능 • 흡배기장치 구조와 기능
		전기장치	• 시동장치 구조와 기능 • 등화 및 계기장치 구조와 기능	• 충전장치 구조와 기능 • 퓨즈 및 계기장치 구조와 기능
		유압일반	• 유압유 • 제어밸브 • 기타 부속장치	• 유압펌프, 유압모터 및 유압실린더 • 유압기호 및 회로

출제기준[실기]

실기 과목명	주요항목	세부항목	
굴착기 조종 실무	장비 시운전	• 엔진 시동 전 · 후 계기판 점검하기 • 엔진 예열하기 • 각부 작동하기 • 주변 여건 확인하기	
	주행	• 주행성능 장치 확인하기 • 작업현장 내 주행하기	• 작업현장 외 주행하기
	터파기	• 관로 터파기	• 구조물 터파기
	깎기	• 깎기 작업 준비하기 • 암반 구간 작업하기	• 부지사면 작업하기 • 상차 작업하기
	쌓기	• 쌓기 작업 준비하기 • 야적 작업하기	• 쌓기 작업하기
	메우기	• 메우기 작업 준비하기 • 되메우기 작업하기	• 메우기 작업하기
	선택장치 작업	• 선택장치 연결하기 • 크러셔 작업하기	• 브레이커 작업하기 • 집게 작업하기
	작업상황 파악	• 작업목적 파악하기 • 작업공정 파악하기 • 작업간섭사항 파악하기 • 작업관계자 간 의사소통 방법 수립하기	
	운전 전 점검	• 장비의 주변 상황 파악하기 • 벨트 · 냉각수 점검하기 • 전기장치 점검하기	• 각부 오일 점검하기 • 타이어 · 트랙 점검하기
	안전 · 환경관리	• 안전교육 받기 • 작업 중 점검하기 • 긴급 상황 조치하기	• 안전사항 준수하기 • 환경보존하기
	작업 후 점검	• 필터 · 오일 교환주기 확인하기 • 오일 · 냉각수 유출 점검하기 • 각부 체결상태 확인하기 • 각 연결부위 그리스 주입하기	

목 차

빨리보는 간단한 키워드

답만 외우는 굴착기운전기능사

빨 간 키

빨 간 키

당신의 시험에 빨간불이 들어왔다면!
최다빈출키워드만 모아놓은 합격비법 핵심 요약집 빨간키와 함께하세요!
그대의 합격을 기원합니다.

▌ 굴착기의 일일점검

시기	점검 사항
작업 전	• 외관 및 각부 누유·누수 점검 • 연료, 엔진오일, 유압유 및 냉각수량 점검 • 팬 벨트 장력 점검, 타이어 외관 상태 • 공기청정기 엘리먼트 청소 • 축전지 점검 등
작업 중	• 굴착기 작업 중 발생하는 소음, 냄새, 배기색 확인 • 클러치의 작동 상태 확인
작업 후	• 굴착기 외관의 변형 및 균열 점검 • 각부 누유 및 누수 점검, 연료 보충 등

▌ 기관 시동 전 점검 사항

급유상태 점검, 일상점검, 장비점검을 기준으로 엔진 오일량, 엔진 주변 오일 누유 확인, 연료의 양, 냉각수량 등

▌ 기관 시동 후 공전 시 점검 사항

오일의 누출 여부, 냉각수의 누출 여부, 배기가스의 색 점검

▌ 운전 중 기관이 과열되면 가장 먼저 점검해야 하는 것은 냉각수량이다.

▌ 팬 벨트 장력 점검 방법

정지 상태에서 벨트의 중심을 엄지로 눌러 점검한다.

▌ 오일 여과기의 점검 사항

• 여과기가 막히면 유압이 높아진다.
• 엘리먼트 청소는 압축공기를 사용하지 않고 교환한다.
• 여과 능력이 불량하면 부품의 마모가 빠르다.
• 작업 조건이 나쁘면 교환 시기를 빨리한다.

▌ 매 1,000시간마다 점검 및 정비 항목
- 어큐뮬레이터의 압력 점검
- 주행감속기 기어의 오일 교환
- 발전기, 기동 전동기의 점검
- 냉각계통의 내부 세척
- 작동유 흡입 여과기 교환
- 유압펌프 구동장치 오일 교환
- 스윙기어 케이스 오일 교환
- 엔진밸브 조정
- 연료분사노즐 점검

▌ 매 2,000시간마다 점검 사항
- 탠덤 구동케이스 오일 교환
- 트랜스퍼케이스 오일 교환
- 액슬케이스 오일 교환
- 작동유 탱크 오일 교환
- 차동장치 오일 교환
- 유압 오일 교환
- 냉각수 교환

02 | 주행 및 작업

▌ **크롤러형(무한궤도식, 트랙식) 굴착기의 주행 운전 방법**

- 주행 시 버킷의 높이는 30~50cm가 좋다.
- 가능하면 평탄지면을 택하고, 엔진은 중속이 적합하다.
- 주행 시 전부장치는 전방을 향해야 좋다.
- 암반이나 부정지 등을 통과할 때는 트랙을 팽팽하게 조정한 후 저속으로 주행한다.

▌ **굴착기의 기본 작업 순서**

굴착 → 붐 상승 → 스윙 → 적재 → 스윙 → 굴착

▌ **굴착기로 작업할 때 주의사항**

- 땅을 깊이 팔 때는 붐의 호스나 버킷 실린더의 호스가 지면에 닿지 않도록 한다.
- 작업 시 실린더의 행정 끝에서 약간 여유를 남기도록 운전한다.
- 암 레버 조작 시 잠깐 멈췄다 움직이는 것은 펌프의 토출량이 부족하기 때문이다.
- 암석, 토사 등을 평탄하게 고를 때 선회관성을 이용하면 안전사고 발생률이 증가하므로 삼가야 한다.

▌ **굴착기를 트레일러에 상차하는 방법**

- 가급적 경사대를 사용한다.
- 경사대는 10~15° 정도 기울이는 것이 좋다.
- 트레일러로 운반 시 작업장치를 반드시 뒤쪽으로 한다.
- 붐을 이용하여 버킷으로 차체를 들어 올려 탑재하는 방법도 있지만 전복의 위험이 있어 특히 주의를 요한다.

▌ **조향 바퀴의 얼라인먼트**

- 캠버 : 앞바퀴를 정면에서 볼 때 수직선에 대하여 차륜의 중심선이 경사되어 있는 상태
- 킹핀 경사각 : 바퀴를 앞에서 볼 때 킹핀의 중심선과 수직선이 이루는 각도
- 캐스터 : 바퀴를 옆에서 볼 때 차축에 설치한 킹핀이 수직선과 각도를 이루고 설치된 상태
- 토인 : 바퀴를 위에서 볼 때 좌우 바퀴의 중심 간 거리가 뒷부분보다 앞부분이 약간 좁아져 안으로 향하고 있는 상태

▎ 굴착기의 조향 방법

- 피벗 회전(pivot turn) : 주행레버를 1개만 조작하면 반대쪽 트랙 중심을 지지점으로 하여 선회하는 방법
- 스핀 회전(spin turn) : 주행레버 2개를 동시에 반대 방향으로 조작하면 2개의 주행 모터가 서로 반대 방향으로 구동하여 굴착기 중심을 지지점으로 하여 선회하는 방법

▎ 변속기의 필요성

- 기관의 회전력을 증대시킨다.
- 시동 시 장비를 무부하 상태로 한다(변속 레버 중립 위치).
- 장비의 후진 시 필요하다.

▎ 변속기의 구비 조건

- 단계 없이 연속적으로 변속되어야 한다.
- 조작이 쉽고, 신속, 정확, 정숙하게 변속되어야 한다.
- 소형·경량이고, 고장이 적고, 다루기 쉬워야 한다.
- 전달효율이 좋아야 한다.

▎ 동력전달장치의 구성

클러치, 변속기, 추진 축, 드라이브 라인, 종감속장치, 차동장치, 구동 축, 구동바퀴 등

▎ 내연기관의 동력전달순서

피스톤 → 커넥팅 로드 → 크랭크 축 → 클러치

▎ 기관에서 크랭크 축의 역할

직선운동을 회전운동으로 변환시키는 역할을 한다.

▎ 클러치

- 기계식 변속기가 장착된 건설기계에서 클러치 스프링의 장력이 약하면 클러치가 미끄러진다.
- 클러치판의 비틀림 코일 스프링은 클러치 작동 시 충격을 흡수하는 역할을 한다.
- 클러치의 압력판은 클러치판을 밀어서 플라이 휠에 압착시키는 역할을 한다.
- 수동변속기에서 변속할 때 클러치 유격이 너무 크면 기어가 끌리는 소음이 발생한다.

▌ 토크 컨버터

- 펌프, 터빈 스테이터 등이 상호 운동을 하여 회전력을 변환시킨다.
- 토크 컨버터 오일의 구비 조건
  - 점도가 낮을 것
  - 빙점이 낮을 것
  - 착화점이 높을 것
  - 비점이 높을 것

▌ 종감속장치

변속기 및 추진 축에서 전달되는 회전력을 직각 또는 직각에 가까운 각도로 바꾸어 앞 차축 또는 뒤 차축에 전달함과 동시에 최종적으로 감속하는 역할을 한다.

▌ 차동기어장치

좌우 구동바퀴의 회전속도를 다르게 하여 선회할 때 바깥쪽 바퀴의 회전속도를 증대시킨다.

▌ 베이퍼 록(vapor lock)

- 브레이크 오일이 비등하여 송유 압력의 전달 작용이 불가능하게 되는 현상
- 발생 원인
  - 긴 내리막길에서 과도한 브레이크
  - 비등점이 낮은 브레이크 오일 사용(오일의 변질에 의한 비등점의 저하)
  - 드럼과 라이닝 마찰열의 냉각능력 저하(끌림에 의한 가열)
  - 마스터 실린더, 브레이크 슈 리턴 스프링의 절손에 의한 잔압 저하

▌ 페이드 현상

타이어식 건설기계에서 브레이크를 연속하여 자주 사용하면 브레이크 드럼이 과열되어, 마찰계수가 떨어지고 브레이크가 잘 듣지 않는 것으로 짧은 시간 내 반복 조작이나, 내리막길을 내려갈 때 브레이크 효과가 나빠지는 현상이다.

■ **타이어의 구조**

- 카커스(carcass) 부 : 타이어에서 고무로 피복된 코드를 여러 겹으로 겹친 층에 해당하며 타이어 골격을 이루는 부분
- 트레드(tread) 부 : 타이어의 구조에서 직접 노면과 접촉되어 마모에 견디고 적은 슬립으로 견인력을 증대시키는 부분
- 숄더(shoulder) 부 : 타이어 트레드와 사이드 월의 경계 부분
- 비드(bead) 부 : 림과 접촉하게 되는 타이어의 내면 부분
- 브레이커(breaker) : 트레드와 카커스 사이 코드 층

■ **저압 타이어의 호칭 치수 표시**

타이어의 폭 – 타이어의 내경 – 플라이 수

03 | 구조 및 기능

▌ 무한궤도식(크롤러식, 트랙식) 굴착기

- 장점
  - 땅을 다지는 데 효과적이다.
  - 기복이 심한 곳, 습지, 사지에서 작업이 유리하다.
  - 암석지에서 작업이 가능하다.
  - 견인력이 크다.
- 단점
  - 기동성이 나쁘다.
  - 주행 저항이 크고 승차감이 나쁘다.
  - 이동성이 나쁘다.

▌ 타이어식 굴착기

- 장점
  - 승차감과 변속 및 주행성이 좋다.
  - 이동 시 자주(自走)에 의해 이동한다.
  - 장거리 이동이 쉽고, 기동성이 좋다.
- 단점
  - 견인력이 약하다.
  - 평탄하지 않은 작업장소나 진흙에서 작업하는 데 적합하지 않다.
  - 암석·암반지역 작업 시 타이어가 손상된다.
    ※ 작업 시 안전을 위하여 아우트리거를 받치고 작업한다.

▌ 굴착기가 수행할 수 있는 작업

- 땅을 파는 굴착작업
- 구조물을 철거하는 파쇄작업
- 토양을 고르는 정지작업
- 토사를 옮기거나 쌓는 적재작업

▌ 굴착기의 3대 주요 구성부품

부품	특징
상부 회전체	• 굴착기의 상부에 위치 • 엔진, 유압탱크, 유압펌프, 연료탱크, 선회장치(스윙모터), 제어 밸브, 조종석 등 • 최대 회전각 : 360°
작업장치	• 붐 : 상부 회전체의 프레임에 풋핀을 통해 설치된 부분 • 암 : 버킷과 붐 사이에 설치하여 버킷의 굴착작업을 돕는 부분 • 버킷 : 직접 굴착작업을 하여 토사를 담는 부분
하부 회전체	• 타이어식 • 무한궤도식 : 주행 모터, 프런트 아이들러(전부 유동륜), 리코일 스프링, 상부 롤러(캐리어 롤러), 하부 롤러(트랙 롤러), 센터 조인트, 스프로킷, 트랙(크롤러)

▌ 굴착기 선회장치 구성요소

선회모터(스윙모터), 스윙 감속 피니언, 스윙 링기어, 스윙 볼 레이스, 턴테이블 등

▌ 선회 고정장치

상부 회전체와 하부 구동체를 고정하는 장치이다.

▌ 카운터 웨이트(밸런스 웨이트, 평형 추)

굴착기 작업 시 안정성을 주고 장비의 밸런스를 잡아주기 위하여 설치한다.

▌ 붐의 종류

• 원피스 붐 : 굴착, 정지작업 등 일반적인 작업에 사용한다.
• 투피스 붐 : 굴착 길이를 깊게 할 수 있으며, 클램셸 작업이나 토사 이동 작업에 적합하다.
• 오프셋 붐 : 스윙각도가 좌·우 60° 정도로 상부 회전체의 회전 없이 붐을 회전시킬 수 있고, 좁은 장소나 좁은 도로의 배수로 구축 등 특수 조건의 작업에 용이하다.
• 로터리 붐 : 회전 모터(붐과 암의 연결 부분)를 설치하여 굴착기의 이동 없이 암이 360° 회전이 가능하다.

▌ 버킷의 종류

• 굴착(hoe) 버킷 : 기본적인 굴착기로 토사의 굴착 및 상차에 사용한다.
• 클램셸(clamshell) 버킷 : 조개 모양의 버킷으로 암과 유압실린더의 링크에 장착되어 굴착 또는 클램셸 작업에 사용한다.
• 셔블(shovel) 버킷 : 굴착기 진행방향의 토사를 퍼 올리는 데 사용한다.
• 브레이커(breaker) : 콘크리트, 암석 등을 파쇄, 소할하는 데 사용한다.

▌ 무한궤도식 굴착기의 하부 추진체 동력전달 순서

기관 → 유압펌프 → 컨트롤밸브 → 센터조인트 → 주행 모터 → 트랙

▌ 주행 모터

굴착기의 주행과 조향은 주행 모터가 센터조인트로부터 유압을 받아 회전하면서 이루어진다.

▌ 리코일 스프링의 주된 역할

주행 중 트랙 전면에서 오는 충격을 완화한다.

▌ 상부 롤러

트랙 프레임 위에 한쪽만 지지하거나 양쪽을 지지하는 브래킷에 1~2개가 설치되어 트랙 아이들러와 스프로킷 사이에서 트랙이 처지는 것을 방지하는 동시에 트랙의 회전위치를 정확하게 유지하는 역할을 한다.

※ 상부 롤러는 트랙을 지지하고 하부 롤러는 트랙터 전체의 무게를 지지한다.

▌ 센터조인트

크롤러식 굴착기에서 상부 회전체의 회전에는 영향을 주지 않고 주행 모터에 작동유를 공급할 수 있는 부품이다.

▌ 트랙의 구성

링크, 핀, 부싱, 슈볼트, 슈 및 슈핀 등으로 구성되며 아이들러 상하부 롤러 스프로킷에 감겨 있고, 스프로킷에서 동력을 받아 구동된다.

▌ 트랙을 분리해야 하는 경우
- 트랙이 벗겨질 때
- 트랙을 교환할 때
- 핀, 부싱 등을 교환할 때
- 프런트 아이들러 및 스프로킷을 교환할 때

▌ 무한궤도식 굴착기의 트랙이 주행 중 벗겨지는 원인
- 트랙의 장력이 너무 느슨할 때
- 전부 유동륜과 스프로킷의 상부 롤러가 마모될 때
- 전부 유동륜과 스프로킷의 중심이 맞지 않을 때
- 고속 주행 중 급커브를 돌 때

▌ 트랙의 장력이 너무 팽팽하면 트랙 핀과 부싱의 내외부 및 스프로킷 돌기, 블레이드 등이 마모된다.

▌ 트랙 장력의 조정
- 유압식 : 그리스를 장력 조정 실린더에 주입하여 조정
- 기계식 : 조정나사로 조정

▌ 무한궤도식 주행감속 기어

유성 기어, 선 기어, 링 기어, 캐리어로 구성되어 있다.

▌ 굴착기의 작업 장치 연결부(작동부) 니플에 주유하는 것 : GAA(그리스)

CHAPTER
04 | 안전관리

▌ 재해예방 4원칙

손실 우연의 원칙, 예방 가능의 원칙, 원인 계기의 원칙, 대책 선정의 원칙

▌ 사고의 원인

직접 원인	물적 원인	불안전한 상태(1차 원인)
	인적 원인	불안전한 행동(1차 원인) - 가장 높은 비율을 차지한다.
	천재지변	불가항력
간접 원인	교육적 원인	개인적 결함(2차 원인)
	기술적 원인	
	관리적 원인	사회적 환경, 유전적 요인

▌ 재해 발생 시 조치 요령

운전 정지 → 피해자 구조 → 응급조치 → 2차 재해방지

▌ 안전교육의 목적

- 능률적인 표준작업을 숙달시킨다.
- 근로자를 산업재해로부터 미연에 방지한다.
- 위험에 대처하는 능력을 기른다.
- 안전사고에 대한 경각심을 높인다.

▌ 산업재해

생산 활동 중 신체장애와 유해물질에 의한 중독 등으로 작업성 질환에 걸려 나타난 장애

▌ 산업재해의 용어

- 물체에 맞음(낙하) : 물건이 주체가 되어 떨어져 사람에게 맞음
- 물체에 맞음(비래) : 물건이 주체가 되어 날아와 사람에게 맞음
- 부딪힘(충돌) : 물체에 부딪힘
- 깔림, 뒤집힘(전도) : 물체의 쓰러짐이나 뒤집힘
- 넘어짐(전도) : 사람이 미끄러지거나 넘어짐
- 떨어짐(추락) : 높은 곳에서 사람이 떨어짐

▌ 사고를 많이 발생시키는 원인 순서

불가항력 < 불안전 조건 < 불안전 행위

▌ 안전보호구의 구비 조건

- 보호구 검정에 합격하고 보호성능이 보장될 것
- 착용이 용이하고 크기 등 사용자에게 편리할 것
- 유해 위험요소에 대한 방호 성능이 충분할 것
- 작업 행동에 방해되지 않을 것
- 재료의 품질이 우수할 것
- 외관상 보기가 좋을 것

▌ 보호구의 안전인증 고시 대상

안전모, 안전화, 안전장갑, 방진마스크, 방독마스크, 전동식 호흡보호구, 보호복(방열복, 화학물질용 보호복), 안전대, 차광보안경, 용접용 보안면, 방음용 귀마개 및 귀덮개

▌ 보호구

- 물체가 떨어지거나 날아올 위험 또는 근로자가 감전되거나 추락할 위험이 있는 작업 : 안전모
- 물체의 낙하·충격, 물체에 끼임, 감전 또는 정전기의 대전(帶電)에 의한 위험이 있는 작업 : 안전화
- 감전의 위험이 있는 작업 : 안전장갑
- 고열에 의한 화상 등의 위험이 있는 작업 : 방열복
- 높이 또는 깊이 2m 이상의 추락할 위험이 있는 장소에서의 작업 : 안전대
- 물체가 날아 흩어질 위험이 있는 작업 : 보안경
- 용접 시 불꽃 또는 물체가 날아 흩어질 위험이 있는 작업 : 보안면
- ※ 장갑은 선반작업, 드릴작업, 목공기계작업, 연삭작업, 해머작업 등을 할 때 착용하면 불안전한 보호구이다.
- ※ 보안경은 산소용접작업 시 유해 광선으로부터 눈을 보호하기 위해, 물체가 날아 흩어질 위험이 있는 그라인더작업 시 또는 장비의 하부에서 점검·정비작업 시 반드시 착용해야 한다.

■ 안전표지의 종류(산업안전보건법 시행규칙 [별표 6])

① 금지표지

출입금지	보행금지	차량통행금지	사용금지
탑승금지	금연	화기금지	물체이동금지

② 경고표지

인화성물질 경고	산화성물질 경고	폭발성물질 경고	급성독성물질 경고
부식성물질 경고	발암성 · 변이원성 · 생식독성 · 전신독성 · 호흡기과민성물질 경고	방사성물질 경고	고압전기 경고
매달린 물체 경고	낙하물 경고	고온 경고	저온 경고
몸균형 상실 경고	레이저광선 경고	위험장소 경고	

③ 지시표지

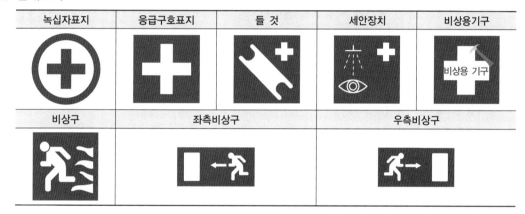

보안경 착용	방독마스크 착용	방진마스크 착용	보안면 착용	안전모 착용
귀마개 착용	안전화 착용	안전장갑 착용	안전복 착용	

④ 안내표지

녹십자표지	응급구호표지	들 것	세안장치	비상용기구
비상구	좌측비상구		우측비상구	

■ 안전보건표지의 색도기준 및 용도(산업안전보건법 시행규칙 [별표 8])

색상	용도	사례
빨간색(7.5R 4/14)	금지	정지신호, 소화설비 및 그 장소, 유해행위의 금지
	경고	화학물질 취급 장소에서의 유해·위험경고
노란색(5Y 8.5/12)	경고	화학물질 취급 장소에서의 유해·위험경고 이외의 위험경고, 주의표지 또는 기계방호물
파란색(2.5PB 4/10)	지시	특정 행위의 지시 및 사실의 고지
녹색(2.5G 4/10)	안내	비상구 및 피난소, 사람 또는 차량의 통행표지
흰색(N9.5)		파란색 또는 녹색에 대한 보조색
검은색(N0.5)		문자 및 빨간색 또는 노란색에 대한 보조색

■ 인력운반에 대한 기계운반의 특징

- 단순하고 반복적인 작업에 적합
- 취급물의 크기, 형상 성질 등이 일정한 작업에 적합
- 표준화되어 있어 지속적이고 운반량이 많은 작업에 적합
- 취급물이 중량물인 작업에 적합

▌ 무거운 물건을 들어 올릴 때 주의사항

- 힘센 사람과 약한 사람과의 균형을 잡는다.
- 가능한 이동식 크레인을 이용한다.
- 약간씩 이동하는 것은 지렛대를 이용할 수도 있다.
- 장갑에 기름을 묻히고 들면 미끄러질 수 있으므로 장갑을 착용하지 않는다.

▌ 산업 공장에서 발생하는 재해를 줄이기 위한 방법

- 폐기물은 정해진 위치에 모아둔다.
- 공구는 소정의 장소에 보관한다.
- 소화기 근처에 어떠한 물건도 적재하지 않는다.
- 통로나 창문 등에 물건을 세워두지 않는다.

▌ 굴착기의 일상점검

- 연료탱크 – 점검, 보충
- 작동유 탱크 – 점검, 보충
- 엔진오일 – 점검, 보충
- 라디에이터 냉각수 – 점검, 보충
- 계기판 경고등 – 점검, 청소
- 수분분리기 – 점검, 배수
- 팬 벨트 장력 – 점검, 조정

▌ 유압장치의 일상점검

- 오일 누설 여부 점검
- 소음 및 호스의 누유 여부 점검
- 변질 상태 점검
- 오일탱크의 유량 점검

▌ 드릴작업의 안전수칙

- 장갑을 끼고 작업하지 않는다.
- 칩을 제거할 때는 회전을 중지시킨 상태에서 솔로 제거한다.
- 일감은 견고하게 고정시키고 손으로 잡고 구멍을 뚫지 않는다.
- 작업이 끝나면 드릴을 척에서 빼놓는다.

▌ 드라이버 사용법

- 드라이버 날 끝이 나사 홈의 너비와 길이에 맞는 것을 사용한다.
- (−) 드라이버 날 끝은 평평한 것이어야 한다.
- 이가 빠지거나 둥글게 된 것은 사용하지 않는다.
- 드라이버를 정으로 대신하여 사용하면 드라이버가 손상된다.

▌ 렌치

- 렌치는 자기 쪽으로 당기면서 볼트나 너트를 풀거나 조이는 작업을 한다.
- 복스 렌치는 볼트·너트 주위를 완전히 싸게 되어 있어서 사용 중에 미끄러지지 않는다.
- 소켓 렌치는 다양한 크기의 소켓을 바꿔가며 작업할 수 있도록 만든 렌치이다.
- 토크 렌치는 볼트나 너트 조임력을 규정 값에 정확히 맞도록 하기 위해 사용한다.

▌ 스패너 사용법

- 스패너와 너트에 맞는 것을 사용한다.
- 스패너를 해머 대신에 써서는 안 된다.
- 스패너에 파이프를 끼거나 해머로 두들겨서 사용하지 않는다.
- 스패너는 올바르게 끼우고 앞으로 잡아당겨 사용한다.

▌ 해머작업 시 주의사항

- 해머로 타격할 때 처음과 마지막에 힘을 많이 가하지 않는다.
- 해머작업 시 작업자와 마주 보고 일을 하면 사고의 우려가 있다.
- 장갑을 끼지 않는다.
  ※ 장갑을 끼고 해머작업을 하다가 장갑의 미끄럼에 의해 해머를 놓쳐 주위 사람이나 기계, 장비에 피해를 줄 수 있다.
- 해머의 타격면에 기름을 바르지 않는다.
- 열처리된 재료는 해머작업을 하지 않는다.

▌ 도시가스사업법상 용어

- 고압 : 1MPa 이상의 압력(게이지압력)을 말한다. 다만, 액체상태의 액화가스는 고압으로 본다.
- 중압 : 0.1MPa 이상 1MPa 미만의 압력을 말한다. 다만, 액화가스가 기화되고 다른 물질과 혼합되지 아니한 경우에는 0.01MPa 이상 0.2MPa 미만의 압력을 말한다.
- 저압 : 0.1MPa 미만의 압력을 말한다. 다만, 액화가스가 기화(氣化)되고 다른 물질과 혼합되지 아니한 경우에는 0.01MPa 미만의 압력을 말한다.
- 액화가스 : 상용의 온도 또는 섭씨 35도의 온도에서 압력이 0.2MPa 이상이 되는 것을 말한다.

■ 굴착공사 현장위치와 매설배관 위치를 공동으로 표시(도시가스사업법 시행규칙 [별표 16])

- 굴착공사 예정지역의 위치 : 흰색 페인트로 표시
- 매설배관 위치 : 황색 페인트로 표시
- 페인트로 매설배관 위치를 표시하는 것이 곤란한 경우 : 표시 말뚝·표시 깃발·표지판 등

■ 건설기계로 작업 중 가스배관을 손상시켜 가스가 누출되고 있을 경우 긴급 조치사항

- 가스배관이 손상된 것으로 판단되면 즉시 기계작동을 멈춘다.
- 가스가 다량 누출되고 있으면 먼저 주위 사람들을 대피시킨다.
- 즉시 해당 도시가스회사나 한국가스안전공사에 신고한다.

■ 가스배관

- 가스배관의 주위를 굴착하고자 할 때에는 가스배관의 좌우 1m 이내의 부분은 인력으로 굴착할 것
- 타시설물과의 이격 거리 유지 : 배관을 지하에 매설하는 경우에는 배관의 외면과 상수도관·하수관 거 통신케이블 등 타시설물과는 0.3m 이상의 간격을 유지할 것
- 도시가스배관과 수평 최단거리 2m 이내에서 파일박기를 하는 경우에는 도시가스사업자의 참관 아래 시험굴착으로 도시가스배관의 위치를 정확히 확인할 것
- 도시가스배관과 수평거리 30cm 이내에서는 파일박기를 하지 말 것
- 항타기는 도시가스배관과 수평거리가 2m 이상 되는 곳에 설치할 것. 다만, 부득이하여 수평거리 2m 이내에 설치할 때에는 하중진동을 완화할 수 있는 조치를 할 것
- 가스배관의 표면색상은 지상배관은 황색으로, 매설배관은 최고사용압력이 저압인 배관은 황색, 중압인 배관은 적색으로 할 것

■ 가스배관 지하매설 깊이

① 공동주택 등의 부지 안 : 0.6m 이상
② 폭 8m 이상의 도로 : 1.2m 이상(저압 배관에서 횡으로 분기하여 수요가에게 직접 연결 시 : 1m 이상)
③ 폭 4m 이상 8m 미만인 도로 : 1m 이상(저압 배관에서 횡으로 분기하여 수요가에게 직접 연결되는 배관이거나 호칭지름이 300mm 이하로서 최고사용압력이 저압인 배관 : 0.8m 이상)
④ ①②③에 해당하지 아니하는 곳 : 0.8m 이상
⑤ 폭 4m 미만인 도로에 매설하는 배관과 암반·지하매설물 등에 의하여 매설 깊이의 유지가 곤란하다고 시장·군수·구청장이 인정하는 경우 : 0.6m 이상

▎ 전기작업 시 안전사항

- 전기장치는 반드시 접지해야 한다.
- 전선의 접속은 접촉저항이 적게 하는 것이 좋다.
- 퓨즈는 규정된 알맞은 것을 끼워야 한다.
- 모든 계기 사용 시 최대 측정 범위를 초과하지 않도록 해야 한다.
- 전선이나 코드의 접속부는 절연물로서 완전히 피복하여 누어야 한나.
- 전기장치는 사용 후 스위치를 꺼야 한다.

▎ 전기누전(감전) 재해방지 조치사항 4가지

- (보호)접지설비
- 이중절연구조의 전동기계, 기구의 사용
- 비접지식 전로의 채용
- 감전 방지용 누전차단기 설치

▎ 안전관리상 감전 위험이 있는 곳의 전기를 차단하여 수리점검을 할 때

- 스위치에 안전장치를 한다.
- 통전 금지기간에 관한 사항이 있을 때 필요한 곳에 게시한다.
- 기타 위험에 대한 방지장치를 한다.

▎ 고압선로 주변에서 건설기계에 의한 작업

- 고압선로 또는 지지물에 접촉 위험이 가장 높은 것 : 붐 또는 케이블, 권상로프
- 고압전선에 근접 또는 접촉으로 인한 사고 유형 : 감전, 화상, 화재(이 중에서 감전이 가장 쉽게 발생할 수 있다)

▎ 전력케이블

- 전력케이블이 입상 또는 입하하는 전주상에는 기기가 설치되어 있어 절대로 접촉 또는 근접해서는 안 된다.
- 전력케이블이 매설돼 있음을 표시하기 위한 표지 시트는 차도에서 지표면 아래 30cm 깊이에 설치되어 있다.

▎ 지중 전선로의 방식 : 관로식, 암거식, 직접 매설식 등

▌ 연소의 3요소

공기(산소), 점화원(불), 가연물

▌ 화재의 분류 및 소화방법

분류	구분 색	화재 명칭	주된 소화효과	적용 소화제
A급 화재	백색	일반화재	냉각소화	물, 강화액, 산·알칼리소화기
B급 화재	황색	유류화재	질식소화	포, 분말, CO_2소화기
C급 화재	청색	전기화재	질식, 억제소화	분말, 할로겐, CO_2소화기
D급 화재	색표시 없음	금속화재	질식소화	건조사, 팽창질석, 팽창진주암

05 | 건설기계관리법

▌ 건설기계관리법의 목적(법 제1조)

건설기계관리법은 건설기계의 등록·검사·형식승인 및 건설기계사업과 건설기계조종사면허 등에 관한 사항을 정하여 건설기계를 효율적으로 관리하고 건설기계의 안전도를 확보하여 건설공사의 기계화를 촉진함을 목적으로 한다.

▌ 건설기계의 범위(시행령 [별표 1])

건설기계명	범위
1. 불도저	무한궤도 또는 타이어식인 것
2. 굴착기	무한궤도 또는 타이어식으로 굴착장치를 가진 자체중량 1t 이상인 것
3. 로더	무한궤도 또는 타이어식으로 적재장치를 가진 자체중량 2t 이상인 것. 다만, 차체굴절식 조향장치가 있는 자체중량 4t 미만인 것은 제외
4. 지게차	타이어식으로 들어 올림 장치와 조종석을 가진 것. 다만, 전동식으로 솔리드타이어를 부착한 것 중 도로가 아닌 장소에서만 운행하는 것은 제외
5. 스크레이퍼	흙·모래의 굴착 및 운반장치를 가진 자주식인 것
6. 덤프트럭	적재용량 12t 이상인 것. 다만, 적재용량 12t 이상 20t 미만의 것으로 화물운송에 사용하기 위하여 「자동차관리법」에 의한 자동차로 등록된 것을 제외
7. 기중기	무한궤도 또는 타이어식으로 강재의 지주 및 선회장치를 가진 것. 다만, 궤도(레일)식인 것을 제외
8. 모터그레이더	정지장치를 가진 자주식인 것
9. 롤러	조종석과 전압장치를 가진 자주식인 것, 피견인 진동식인 것
10. 노상안정기	노상안정장치를 가진 자주식인 것
11. 콘크리트배칭플랜트	골재저장통·계량장치 및 혼합장치를 가진 것으로서 원동기를 가진 이동식인 것
12. 콘크리트피니셔	정리 및 사상장치를 가진 것으로 원동기를 가진 것
13. 콘크리트살포기	정리장치를 가진 것으로 원동기를 가진 것
14. 콘크리트믹서트럭	혼합장치를 가진 자주식인 것(재료의 투입·배출을 위한 보조장치가 부착된 것을 포함)
15. 콘크리트펌프	콘크리트배송능력이 $5m^3$/h 이상으로 원동기를 가진 이동식과 트럭적재식인 것
16. 아스팔트믹싱플랜트	골재공급장치·건조가열장치·혼합장치·아스팔트공급장치를 가진 것으로 원동기를 가진 이동식인 것
17. 아스팔트피니셔	정리 및 사상장치를 가진 것으로 원동기를 가진 것
18. 아스팔트살포기	아스팔트살포장치를 가진 자주식인 것
19. 골재살포기	골재살포장치를 가진 자주식인 것
20. 쇄석기	20kW 이상의 원동기를 가진 이동식인 것
21. 공기압축기	공기토출량이 매분당 $2.83m^3$(매 cm^2당 7kg 기준) 이상의 이동식인 것
22. 천공기	천공장치를 가진 자주식인 것
23. 항타 및 항발기	원동기를 가진 것으로 해머 또는 뽑는 장치의 중량이 0.5t 이상인 것
24. 자갈채취기	자갈채취장치를 가진 것으로 원동기를 가진 것

건설기계명	범위
25. 준설선	펌프식·버킷식·디퍼식 또는 그랩식으로 비자항식인 것. 다만, 「선박법」에 따른 선박으로 등록된 것은 제외
26. 특수건설기계	제1호부터 제25호까지의 규정 및 제27호에 따른 건설기계와 유사한 구조 및 기능을 가진 기계류로서 국토교통부장관이 따로 정하는 것
27. 타워크레인	수직타워의 상부에 위치한 지브(jib)를 선회시켜 중량물을 상하, 전후 또는 좌우로 이동시킬 수 있는 것으로서 원동기 또는 전동기를 가진 것. 다만, 공장등록대장에 등록된 것은 제외

▌ **특별표지 부착 대상 대형건설기계의 범위(건설기계 안전기준에 관한 규칙 제2조제33호)**

- 길이가 16.7m를 초과하는 건설기계
- 너비가 2.5m를 초과하는 건설기계
- 높이가 4.0m를 초과하는 건설기계
- 최소회전반경이 12m를 초과하는 건설기계
- 총중량이 40t을 초과하는 건설기계
- 총중량 상태에서 축하중이 10t을 초과하는 건설기계 다만, 굴착기, 로더 및 지게차는 운전중량 상태에서 축하중이 10t을 초과하는 경우를 말한다.

▌ **건설기계 등록의 신청(시행령 제3조)**

- 신청인 : 건설기계의 소유자
- 제출처 : 건설기계소유자의 주소지 또는 건설기계의 사용본거지를 관할하는 특별시장·광역시장·도지사 또는 특별자치도지사(시·도지사)
- 첨부서류
  ① 건설기계의 출처를 증명하는 서류
     - 국내에서 제작한 건설기계 : 건설기계제작증
     - 수입한 건설기계 : 수입면장 등 수입사실을 증명하는 서류
     - 행정기관으로부터 매수한 건설기계 : 매수증서
  ② 건설기계의 소유자임을 증명하는 서류
  ③ 건설기계제원표
  ④ 보험 또는 공제의 가입을 증명하는 서류
- 신청기간
  - 건설기계를 취득한 날(판매를 목적으로 수입된 건설기계의 경우에는 판매한 날)부터 2월 이내
  - 전시·사변 기타 이에 준하는 국가비상사태 : 5일 이내

■ 미등록 건설기계의 임시운행 사유(시행규칙 제6조제1항)

- 등록신청을 하기 위하여 건설기계를 등록지로 운행하는 경우
- 신규등록검사 및 확인검사를 받기 위하여 건설기계를 검사장소로 운행하는 경우
- 수출을 하기 위하여 건설기계를 선적지로 운행하는 경우
- 수출을 하기 위하여 등록말소한 건설기계를 점검·정비의 목적으로 운행하는 경우
- 신개발 건설기계를 시험·연구의 목적으로 운행하는 경우
- 판매 또는 전시를 위하여 건설기계를 일시적으로 운행하는 경우

■ 등록사항의 변경신고(시행령 제5조)

건설기계의 소유자는 건설기계등록사항에 변경(주소지 또는 사용본거지가 변경된 경우를 제외)이 있는 때에는 그 변경이 있은 날부터 30일(상속의 경우에는 상속개시일부터 6개월) 이내에 건설기계 등록사항변경신고서(전자문서로 된 신고서를 포함)에 다음의 서류를 첨부하여 규정에 따라 등록을 한 시·도지사에게 제출하여야 한다. 다만, 전시·사변 기타 이에 준하는 국가비상사태하에 있어서는 5일 이내에 하여야 한다.

- 변경내용을 증명하는 서류
- 건설기계등록증(자가용 건설기계 소유자의 주소지 또는 사용본거지가 변경된 경우는 제외)
- 건설기계검사증(자가용 건설기계 소유자의 주소지 또는 사용본거지가 변경된 경우는 제외)

■ 등록이전(시행령 제6조)

건설기계의 소유자는 등록한 주소지 또는 사용본거지가 변경된 경우(시·도 간의 변경이 있는 경우에 한함)에는 그 변경이 있은 날부터 30일(상속의 경우에는 상속개시일부터 6개월) 이내에 건설기계 등록이전신고서에 소유자의 주소 또는 건설기계의 사용본거지의 변경사실을 증명하는 서류와 건설기계등록증 및 건설기계검사증을 첨부하여 새로운 등록지를 관할하는 시·도지사에게 제출(전자문서에 의한 제출을 포함)하여야 한다. 다만, 건설기계소유자의 주소가 변경된 경우로서 건설기계소유자가 다음의 어느 하나에 해당하는 신고를 한 경우에는 주소 변경사실을 증명하는 서류를 제출하지 아니할 수 있다.

- 「주민등록법」 제13조에 따른 주소의 정정신고
- 「주민등록법」 제16조제1항에 따른 전입신고
- 「출입국관리법」 제36조제1항에 따른 전입신고
- 「재외동포의 출입국과 법적 지위에 관한 법률」 제6조제2항에 따른 국내거소 이전신고

❚ 등록번호표의 색상(시행규칙 [별표 2])

- 비사업용(관용 또는 자가용) : 흰색 바탕에 검은색 문자
- 대여사업용 : 주황색 바탕에 검은색 문자

❚ 건설기계의 기종번호(시행규칙 [별표 2])

01 : 불도저	02 : 굴착기	03 : 로더
04 : 지게차	05 : 스크레이퍼	06 : 덤프트럭
07 : 기중기	08 : 모터그레이더	09 : 롤러
10 : 노상안정기	11 : 콘크리트배칭플랜트	12 : 콘크리트피니셔
13 : 콘크리트살포기	14 : 콘크리트믹서트럭	15 : 콘크리트펌프
16 : 아스팔트믹싱플랜트	17 : 아스팔트피니셔	18 : 아스팔트살포기
19 : 골재살포기	20 : 쇄석기	21 : 공기압축기
22 : 천공기	23 : 항타 및 항발기	24 : 자갈채취기
25 : 준설선	26 : 특수건설기계	27 : 타워크레인

❚ 등록번호표제작 등의 통지 등(시행규칙 제17조)

시 · 도지사가 건설기계소유자에게 등록번호표제작 등을 할 것을 통지하거나 명령해야 할 경우

- 건설기계소유자가 건설기계를 등록한 경우
- 건설기계소유자가 등록번호표를 다시 부착하거나 봉인을 하기 위해 신청한 경우
- 건설기계의 등록번호를 식별하기 곤란한 경우
- 건설기계소유자 또는 점유자가 등록사항의 변경신고를 하여 등록번호표의 용도구분을 변경한 경우
- 등록번호표가 무단복제되어 범죄행위에 이용되는 등 건설기계소유자를 범죄행위로부터 보호할 필요가 있다고 인정되는 경우로서 건설기계소유자가 등록번호표의 변경을 신청하는 경우
- 건설기계 등록번호표를 분실하거나 도난당한 경우로서 경찰관서의 장의 확인을 받아 건설기계소유자가 등록번호표의 변경을 신청하는 경우

❚ 등록번호표의 반납(법 제9조)

- 건설기계의 등록이 말소된 경우
- 건설기계의 등록사항 중 다음 사항이 변경된 경우
  - 등록된 건설기계의 소유자의 주소지 또는 사용본거지의 변경(시 · 도 간의 변경이 있는 경우에 한함)
  - 등록번호의 변경
- 등록번호표의 부착 및 봉인을 신청하는 경우

▌ 건설기계의 검사(법 제13조)

- 신규등록검사 : 건설기계를 신규로 등록할 때 실시하는 검사
- 정기검사 : 건설공사용 건설기계로서 3년의 범위에서 국토교통부령으로 정하는 검사유효기간이 끝난 후에 계속하여 운행하려는 경우에 실시하는 검사와 운행차의 정기검사
- 구조변경검사 : 건설기계의 주요 구조를 변경하거나 개조한 경우 실시하는 검사
- 수시검사 : 성능이 불량하거나 사고가 자주 발생하는 건설기계의 안전성 등을 점검하기 위하여 수시로 실시하는 검사와 건설기계 소유자의 신청을 받아 실시하는 검사

▌ 유효기간의 산정(시행규칙 제23조제5항)

시 · 도지사 또는 검사대행자는 검사결과 해당 건설기계가 규정에 따른 검사기준에 적합하다고 인정하는 경우에는 건설기계검사증에 유효기간을 적어 발급해야 한다. 이 경우 유효기간의 산정은 정기검사신청기간까지 정기검사를 신청한 경우에는 종전 검사유효기간 만료일의 다음 날부터, 그 외의 경우에는 검사를 받은 날의 다음 날부터 기산한다.

▌ 검사 또는 명령이행 기간의 연장(시행규칙 제31조의2)

- 정기검사, 구조변경검사, 수시검사 : 6개월
- 정기검사 명령, 수시검사 명령 또는 정비 명령 : 31일

▌ 정기검사 유효기간(시행규칙 [별표 7])

검사 유효기간	기종	비고
6개월	타워크레인	* 연식 20년 초과 시 덤프트럭, 콘크리트 믹서트럭, 콘크리트펌프(트럭적재식), 도로보수트럭(타이어식), 트럭지게차(타이어식)
1년	굴착기(타이어식), 덤프트럭, 기중기, 콘크리트 믹서트럭, 콘크리트펌프(트럭적재식), 아스팔트살포기, 천공기, 항타 및 항발기	* 연식 20년 초과 시 로더(타이어식), 지게차(1t 이상), 모터그레이더, 노면파쇄기(타이어식), 노면측정장비(타이어식), 수목이식기(타이어식)
1년	특수건설기계 : 도로보수트럭(타이어식), 터널용 고소작업차, 트럭지게차(타이어식)	
2년	로더(타이어식), 지게차(1t 이상), 모터그레이더	
2년	특수건설기계 : 노면파쇄기(타이어식), 노면측정장비(타이어식), 수목이식기(타이어식),	
3년	그 밖의 특수건설기계, 그 밖의 건설기계	* 연식 20년 초과 시 1년

※ 신규등록 후의 최초 유효기간의 산정은 등록일부터 기산한다.

▎ **구조변경검사 시 첨부서류(시행규칙 제25조)**

- 변경 전·후의 주요제원대비표
- 변경 전·후의 건설기계의 외관도(외관의 변경이 있는 경우에 한함)
- 변경한 부분의 도면
- 선급법인 또는 한국해양교통안전공단이 발행한 안전도검사증명서(수상작업용 건설기계에 한함)
- 건설기계를 제작하거나 조립하는 자 또는 건설기계정비업자의 등록을 한 자가 발행하는 구조변경 사실을 증명하는 서류

▎ **주요구조의 변경 및 개조의 범위(시행규칙 제42조)**

- 원동기 및 전동기의 형식변경
- 동력전달장치의 형식변경
- 제동장치의 형식변경
- 주행장치의 형식변경
- 유압장치의 형식변경
- 조종장치의 형식변경
- 조향장치의 형식변경
- 작업장치의 형식변경(가공작업을 수반하지 아니하고 작업장치를 선택부착하는 경우에는 작업장치의 형식변경으로 보지 않음)
- 건설기계의 길이·너비·높이 등의 변경
- 수상작업용 건설기계의 선체의 형식변경
- 타워크레인 설치기초 및 전기장치의 형식변경

▎ **수시검사 명령(시행규칙 제30조의2)**

수시검사 명령의 이행을 위한 검사의 신청기간 : 31일 이내

▎ **검사장소(시행규칙 제32조)**

- 검사소에서 검사하는 건설기계
  - 덤프트럭
  - 콘크리트믹서트럭
  - 콘크리트펌프(트럭적재식)
  - 아스팔트살포기
  - 트럭지게차(국토교통부장관이 정하는 특수건설기계인 트럭지게차)

- 출장검사가 허용되는 건설기계
  - 도서지역에 있는 경우
  - 자체중량이 40t을 초과하거나 축하중이 10t을 초과하는 경우
  - 너비가 2.5m를 초과하는 경우
  - 최고속도가 35km/h 미만인 경우

▌ 건설기계조종사면허(법 제26조제1·4항)

- 건설기계를 조종하려는 사람은 시장·군수 또는 구청장에게 건설기계조종사면허를 받아야 한다. 다만, 국토교통부령으로 정하는 건설기계를 조종하려는 사람은 도로교통법에 따른 운전면허를 받아야 한다.

> **도로교통법에 의한 운전면허를 받아 조종하여야 하는 건설기계(시행규칙 제73조제1항)**
> - 덤프트럭
> - 아스팔트살포기
> - 노상안정기
> - 콘크리트믹서트럭
> - 콘크리트펌프
> - 천공기(트럭적재식을 말한다)
> - 특수건설기계 중 국토교통부장관이 지정하는 건설기계

- 국토교통부령으로 정하는 소형 건설기계의 건설기계조종사면허의 경우에는 시·도지사가 지정한 교육기관에서 실시하는 소형 건설기계의 조종에 관한 교육과정의 이수로 국가기술자격법에 따른 기술자격의 취득을 대신할 수 있다.

> **국토교통부령으로 정하는 소형 건설기계(시행규칙 제73조제2항)**
> - 5t 미만의 [불도저, 로더, 천공기(트럭적재식은 제외)]
> - 3t 미만의 [지게차, 굴착기, 타워크레인]
> - 공기압축기, 콘크리트펌프(이동식 한정), 쇄석기, 준설선

■ 건설기계조종사면허의 종류와 조종할 수 있는 건설기계(시행규칙 [별표 21])

- 불도저 : 불도저(5t 미만의 경우 별도의 5t 미만 면허를 취득해야 함)
- 굴착기 : 굴착기(3t 미만의 경우 별도의 3t 미만 면허를 취득해야 함)
- 로더 : 로더(3 또는 5t 미만의 경우 별도의 3 또는 5t 미만 면허를 취득해야 함)
- 지게차 : 지게차(3t 미만의 경우 별도의 3t 미만 면허를 취득해야 함)
- 기중기 : 기중기
- 롤러 : 롤러, 모터그레이더, 스크레이퍼, 아스팔트피니셔, 콘크리트피니셔, 콘크리트살포기 및 골재살포기
- 이동식 콘크리트펌프 : 이동식 콘크리트펌프
- 쇄석기 : 쇄석기, 아스팔트믹싱플랜트 및 콘크리트배칭플랜트
- 공기압축기 : 공기압축기
- 천공기 : 천공기(타이어식, 무한궤도식 및 굴진식을 포함하며, 5t 미만의 경우 별도의 5t 미만 면허를 취득해야 함. 다만, 트럭적재식은 제외), 항타 및 항발기
- 준설선 : 준설선 및 자갈채취기
- 타워크레인 : 타워크레인(3t 미만의 경우 별도의 3t 미만 면허를 취득해야 함)
※ 비고
   1. 특수건설기계에 대한 조종사면허의 종류는 운전면허를 받아 조종하여야 하는 특수건설기계를 제외하고는 위 면허 중에서 국토교통부장관이 지정하는 것으로 한다.
   2. 3t 미만의 지게차의 경우에는 「도로교통법 시행규칙」에 적합한 종류의 자동차운전면허가 있는 사람으로 한정한다.

■ 건설기계조종사면허의 결격사유(법 제27조)

- 18세 미만인 사람
- 건설기계 조종상의 위험과 장해를 일으킬 수 있는 정신질환자 또는 뇌전증환자로서 국토교통부령 (치매, 조현병, 조현정동장애, 양극성 정동장애(조울병), 재발성 우울장애 등의 정신질환 또는 정신 발육지연, 뇌전증(腦電症) 등으로 인하여 해당 분야 전문의가 정상적으로 건설기계를 조종할 수 없다고 인정하는 사람)으로 정하는 사람
- 앞을 보지 못하는 사람, 듣지 못하는 사람 그 밖에 국토교통부령(다리・머리・척추나 그 밖의 신체장애로 인하여 앉아 있을 수 없는 사람)이 정하는 장애인
- 건설기계 조종상의 위험과 장해를 일으킬 수 있는 마약・대마・향정신성의약품 또는 알코올중독자로서 국토교통부령(마약・대마・향정신성의약품 또는 알코올 관련 장애 등으로 인하여 해당 분야 전문의가 정상적으로 건설기계를 조종할 수 없다고 인정하는 사람)으로 정하는 사람

- 아래의 어느 하나에 해당하는 사유로 건설기계조종사면허가 취소된 날부터 1년(1, 2의 사유로 취소된 경우에는 2년)이 지나지 아니하였거나 건설기계조종사면허의 효력정지처분 기간 중에 있는 사람

> **건설기계조종사면허의 취소·정지(법 제28조)**
> 1. 거짓이나 그 밖의 부정한 방법으로 건설기계조종사면허를 받은 경우
> 2. 건설기계조종사면허의 효력정지기간 중 건설기계를 조종한 경우
> 3. 정신질환자·뇌전증환자·앞을 보지 못하는 사람, 듣지 못하는 사람 그 밖에 국토교통부령이 정하는 장애인, 마약·대마·향정신성의약품 또는 알코올중독자 중 어느 하나에 해당하게 된 경우
> 4. 건설기계의 조종 중 고의 또는 과실로 중대한 사고를 일으킨 경우
> 5. 「국가기술자격법」에 따른 해당 분야의 기술자격이 취소되거나 정지된 경우
> 6. 건설기계조종사면허증을 다른 사람에게 빌려 준 경우
> 7. 술에 취하거나 마약 등 약물을 투여한 상태 또는 과로·질병의 영향이나 그 밖의 사유로 정상적으로 조종하지 못할 우려가 있는 상태에서 건설기계를 조종한 경우

▌ 건설기계조종사의 적성검사의 기준(시행규칙 제76조)

- 두 눈을 동시에 뜨고 잰 시력(교정시력을 포함)이 0.7 이상이고, 두 눈의 시력이 각각 0.3 이상일 것
- 55dB(보청기를 사용하는 사람은 40dB)의 소리를 들을 수 있고, 언어분별력이 80% 이상일 것
- 시각은 150° 이상일 것
- 다음의 규정에 의한 사유에 해당되지 아니할 것(법 제27조제2호 내지 제4호의 규정)
  - 건설기계 조종상의 위험과 장해를 일으킬 수 있는 정신질환자 또는 뇌전증환자로서 국토교통부령으로 정하는 사람
  - 앞을 보지 못하는 사람, 듣지 못하는 사람, 그 밖에 국토교통부령으로 정하는 장애인
  - 건설기계 조종상의 위험과 장해를 일으킬 수 있는 마약·대마·향정신성의약품 또는 알코올중독자로서 국토교통부령으로 정하는 사람

▌ 건설기계조종사의 면허취소 · 정지 사유(법 제28조)

- 반드시 취소해야 하는 사유
  - 거짓이나 그 밖의 부정한 방법으로 건설기계조종사면허를 받은 경우
  - 건설기계조종사면허의 효력정지기간 중 건설기계를 조종한 경우
  - 정기적성검사를 받지 아니하고 1년이 지난 경우
  - 정기적성검사 또는 수시적성검사에서 불합격한 경우
- 정지 또는 취소 사유
  - 정신질환자 · 뇌전증환자 · 앞을 보지 못하는 사람, 듣지 못하는 사람 그 밖에 국토교통부령이 정하는 장애인, 마약 · 대마 · 향정신성의약품 또는 알코올중독자
  - 건설기계의 조종 중 고의 또는 과실로 중대한 사고를 일으킨 경우
  - 「국가기술자격법」에 따른 해당 분야의 기술자격이 취소되거나 정지된 경우
  - 건설기계조종사면허증을 다른 사람에게 빌려 준 경우
  - 술에 취하거나 마약 등 약물을 투여한 상태 또는 과로 · 질병의 영향이나 그 밖의 사유로 정상적으로 조종하지 못할 우려가 있는 상태에서 건설기계를 조종한 경우

▌ 건설기계조종사면허의 취소 · 정지처분기준(시행규칙 [별표 22])

건설기계의 조종 중 고의 또는 과실로 중대한 사고를 일으킨 경우
① 인명피해
- 고의로 인명피해(사망 · 중상 · 경상 등을 말한다)를 입힌 경우 : 취소
- 그 밖의 인명피해를 입힌 경우
  - 사망 1명마다 : 면허효력정지 45일
  - 중상 1명마다 : 면허효력정지 15일
  - 경상 1명마다 : 면허효력정지 5일
② 재산피해(피해금액 50만원마다) : 면허효력정지 1일(90일을 넘지 못함)
③ 건설기계의 조종 중 고의 또는 과실로 「도시가스사업법」에 따른 가스공급시설을 손괴하거나 가스공급시설의 기능에 장애를 입혀 가스의 공급을 방해한 경우 : 면허효력정지 180일

▌ 건설기계사업

건설기계대여업, 건설기계정비업, 건설기계매매업 및 건설기계해체재활용업을 말한다.

▌ 건설기계정비업의 업종 구분(시행령 제14조)

- 종합건설기계정비업(정비항목 : 전기종, 굴착기, 지게차, 기중기, 덤프 및 믹서)
- 부분건설기계정비업
- 전문건설기계정비업(정비항목 : 원동기, 유압, 타워크레인)

▌ 부분건설기계정비업의 사업범위(시행령 [별표 2])

- 원동기 : 실린더헤드의 탈착정비, 실린더·피스톤의 분해·정비, 크랭크샤프트·캠샤프트의 분해·정비, 연료(연료공급 및 분사)펌프의 분해·정비의 사항을 제외한 원동기 부분의 정비
- 유압장치의 탈부착 및 분해·정비
- 변속기 : 탈부착
- 전후차축 및 제동장치정비(타이어식으로 된 것)
- 차체부분 : 프레임 조정과 롤러·링크·트랙슈의 재생을 제외한 차체부분의 정비
- 이동정비 : 응급조치, 원동기의 탈·부착, 유압장치의 탈·부착 외 기타 부분의 탈·부착

▌ 2년 이하의 징역 또는 2천만원 이하의 벌금

- 등록되지 아니한 건설기계를 사용하거나 운행한 자
- 등록이 말소된 건설기계를 사용하거나 운행한 자
- 시·도지사의 지정을 받지 아니하고 등록번호표를 제작하거나 등록번호를 새긴 자
- 검사대행자 또는 그 소속 직원에게 재물이나 그 밖의 이익을 제공하거나 제공 의사를 표시하고 부정한 검사를 받은 자
- 건설기계의 주요 구조나 원동기, 동력전달장치, 제동장치 등 주요 장치를 변경 또는 개조한 자
- 무단 해체한 건설기계를 사용·운행하거나 타인에게 유상·무상으로 양도한 자
- 제작결함의 시정명령을 이행하지 아니한 자
- 등록을 하지 아니하고 건설기계사업을 하거나 거짓으로 등록을 한 자
- 등록이 취소되거나 사업의 전부 또는 일부가 정지된 건설기계사업자로서 계속하여 건설기계사업을 한 자

▌ 1년 이하의 징역 또는 1천만원 이하의 벌금

- 거짓이나 그 밖의 부정한 방법으로 등록을 한 자
- 등록번호를 지워 없애거나 그 식별을 곤란하게 한 자
- 구조변경검사 또는 수시검사를 받지 아니한 자
- 정비명령을 이행하지 아니한 자
- 사용·운행 중지 명령을 위반하여 사용·운행한 자
- 사업정지명령을 위반하여 사업정지기간 중에 검사를 한 자
- 형식승인, 형식변경승인 또는 확인검사를 받지 아니하고 건설기계의 제작 등을 한 자
- 사후관리에 관한 명령을 이행하지 아니한 자
- 내구연한을 초과한 건설기계 또는 건설기계 장치 및 부품을 운행하거나 사용한 자
- 내구연한을 초과한 건설기계 또는 건설기계 장치 및 부품의 운행 또는 사용을 알고도 말리지 아니하거나 운행 또는 사용을 지시한 고용주
- 부품인증을 받지 아니한 건설기계 장치 및 부품을 사용한 자
- 부품인증을 받지 아니한 건설기계 장치 및 부품을 건설기계에 사용하는 것을 알고도 말리지 아니하거나 사용을 지시한 고용주
- 매매용 건설기계를 운행하거나 사용한 자
- 폐기인수 사실을 증명하는 서류의 발급을 거부하거나 거짓으로 발급한 자
- 폐기요청을 받은 건설기계를 폐기하지 아니하거나 등록번호표를 폐기하지 아니한 자
- 건설기계조종사면허를 받지 아니하고 건설기계를 조종한 자
- 건설기계조종사면허를 거짓이나 그 밖의 부정한 방법으로 받은 자
- 소형 건설기계의 조종에 관한 교육과정의 이수에 관한 증빙서류를 거짓으로 발급한 자
- 술에 취하거나 마약 등 약물을 투여한 상태에서 건설기계를 조종한 자와 그러한 자가 건설기계를 조종하는 것을 알고도 말리지 아니하거나 건설기계를 조종하도록 지시한 고용주
- 건설기계조종사면허가 취소되거나 건설기계조종사면허의 효력정지처분을 받은 후에도 건설기계를 계속하여 조종한 자
- 건설기계를 도로나 타인의 토지에 버려둔 자

06 | 도로교통법

▌ 도로교통법상 도로(법 제2조)

- 「도로법」에 따른 도로
- 「유료도로법」에 따른 유료도로
- 「농어촌도로 정비법」에 따른 농어촌도로
- 그 밖에 현실적으로 불특정 다수의 사람 또는 차마(車馬)가 통행할 수 있도록 공개된 장소로서 안전하고 원활한 교통을 확보할 필요가 있는 장소

▌ 교통안전표지의 종류(시행규칙 [별표 6])

① 주의표지

회전형교차로표지	2방향통행표지	노면고르지못함표지	위험표지
			위 험 DANGER

② 규제표지

통행금지표지	진입금지표지	직진금지표지	앞지르기금지표지	정차 · 주차금지표지
통행금지	진입금지			주정차금지
차중량제한표지	차높이제한표지	차폭제한표지	최저속도제한표지	일시정지표지
5.5 t	3.5m	←2.2 m→	30	정 지 STOP

③ 지시표지

회전교차로표지	일방통행표지	비보호좌회전표지	통행우선표지
	일방통행	비보호	

④ 보조표지

거리표지	안전속도표지	통행규제표지	통행주의표지
100m 앞부터	안전속도 30	건너가지 마시오	속도를 줄이시오
충돌주의표지	중량표지	노폭표지	해제표지
충 돌 주 의	3.5t	▶ 3.5m ◀	해 제

⑤ 노면표시

좌회전, 직진, 우회전금지표시	직진 및 좌회전, 직진 및 우회전금지표시	정차 · 주차금지표시	서행표시
			천천히
일시정지표시	양보표시	정차금지지대표시	진행방향표시
정지	양 보		

▌ 신호 또는 지시에 따를 의무(법 제5조)

- 도로를 통행하는 보행자, 차마 또는 노면전차의 운전자는 교통안전시설이 표시하는 신호 또는 지시와 다음의 어느 하나에 해당하는 사람이 하는 신호 또는 지시를 따라야 한다.
  - 교통정리를 하는 국가경찰공무원(의무경찰을 포함. 이하 동일) 및 제주특별자치도의 자치경찰공무원(자치경찰공무원)
  - 경찰공무원(자치경찰공무원을 포함)을 보조하는 사람으로서 대통령령으로 정하는 사람(경찰보조자)
- 도로를 통행하는 보행자, 차마 또는 노면전차의 운전자는 교통안전시설이 표시하는 신호 또는 지시와 교통정리를 하는 경찰공무원 또는 경찰보조자(경찰공무원 등)의 신호 또는 지시가 서로 다른 경우에는 경찰공무원 등의 신호 또는 지시에 따라야 한다.

▌ 자동차의 감속운행(시행규칙 제19조제2항)

- 최고속도의 100분의 20을 줄인 속도로 운행하여야 하는 경우
  - 비가 내려 노면이 젖어 있는 경우
  - 눈이 20mm 미만 쌓인 경우
- 최고속도의 100분의 50을 줄인 속도로 운행하여야 하는 경우
  - 폭우·폭설·안개 등으로 가시거리가 100m 이내인 경우
  - 노면이 얼어붙은 경우
  - 눈이 20mm 이상 쌓인 경우

▌ 앞지르기 금지 시기 및 장소(법 제22조)

- 모든 차의 운전자는 다음의 어느 하나에 해당하는 경우에는 앞차를 앞지르지 못한다.
  - 앞차의 좌측에 다른 차가 앞차와 나란히 가고 있는 경우
  - 앞차가 다른 차를 앞지르고 있거나 앞지르려고 하는 경우
- 모든 차의 운전자는 다음의 어느 하나에 해당하는 다른 차를 앞지르지 못한다.
  - 이 법이나 이 법에 따른 명령에 따라 정지하거나 서행하고 있는 차
  - 경찰공무원의 지시에 따라 정지하거나 서행하고 있는 차
  - 위험을 방지하기 위하여 정지하거나 서행하고 있는 차
- 모든 차의 운전자는 다음의 어느 하나에 해당하는 곳에서는 다른 차를 앞지르지 못한다.
  - 교차로, 터널 안, 다리 위
  - 도로의 구부러진 곳, 비탈길의 고갯마루 부근 또는 가파른 비탈길의 내리막 등 시·도경찰청장이 도로에서의 위험을 방지하고 교통의 안전과 원활한 소통을 확보하기 위하여 필요하다고 인정하는 곳으로서 안전표지로 지정한 곳

▌ 철길 건널목의 통과(법 제24조)

- 모든 차 또는 노면전차의 운전자는 철길 건널목(건널목)을 통과하려는 경우에는 건널목 앞에서 일시정지하여 안전한지 확인한 후에 통과하여야 한다. 다만, 신호기 등이 표시하는 신호에 따르는 경우에는 정지하지 아니하고 통과할 수 있다.
- 모든 차 또는 노면전차의 운전자는 건널목의 차단기가 내려져 있거나 내려지려고 하는 경우 또는 건널목의 경보기가 울리고 있는 동안에는 그 건널목으로 들어가서는 아니 된다.
- 모든 차 또는 노면전차의 운전자는 건널목을 통과하다가 고장 등의 사유로 건널목 안에서 차 또는 노면전차를 운행할 수 없게 된 경우에는 즉시 승객을 대피시키고 비상신호기 등을 사용하거나 그 밖의 방법으로 철도공무원이나 경찰공무원에게 그 사실을 알려야 한다.

▌ 보행자의 보호(법 제27조)

- 모든 차 또는 노면전차의 운전자는 보행자(자전거 등에서 내려서 자전거 등을 끌거나 들고 통행하는 자전거 등의 운전자를 포함)가 횡단보도를 통행하고 있거나 통행하려고 하는 때에는 보행자의 횡단을 방해하거나 위험을 주지 아니하도록 그 횡단보도 앞(정지선이 설치되어 있는 곳에서는 그 정지선을 말한다)에서 일시정지하여야 한다.
- 모든 차 또는 노면전차의 운전자는 교통정리를 하고 있는 교차로에서 좌회전이나 우회전을 하려는 경우에는 신호기 또는 경찰공무원 등의 신호나 지시에 따라 도로를 횡단하는 보행자의 통행을 방해하여서는 아니 된다.
- 모든 차의 운전자는 교통정리를 하고 있지 아니하는 교차로 또는 그 부근의 도로를 횡단하는 보행자의 통행을 방해하여서는 아니 된다.
- 모든 차의 운전자는 도로에 설치된 안전지대에 보행자가 있는 경우와 차로가 설치되지 아니한 좁은 도로에서 보행자의 옆을 지나는 경우에는 안전한 거리를 두고 서행하여야 한다.
- 모든 차 또는 노면전차의 운전자는 보행자가 횡단보도가 설치되어 있지 아니한 도로를 횡단하고 있을 때에는 안전거리를 두고 일시정지하여 보행자가 안전하게 횡단할 수 있도록 하여야 한다.

▌ 주차금지의 장소(법 제33조)

- 터널 안 및 다리 위
- 다음의 곳으로부터 5m 이내인 곳
  - 도로공사를 하고 있는 경우에는 그 공사 구역의 양쪽 가장자리
  - 「다중이용업소의 안전관리에 관한 특별법」에 따른 다중이용업소의 영업장이 속한 건축물로 소방본부장의 요청에 의하여 시·도경찰청장이 지정한 곳
- 시·도경찰청장이 도로에서의 위험을 방지하고 교통의 안전과 원활한 소통을 확보하기 위하여 필요하다고 인정하여 지정한 곳

▌ 차의 신호(법 제38조)

모든 차의 운전자는 좌회전·우회전·횡단·유턴·서행·정지 또는 후진을 하거나 같은 방향으로 진행하면서 진로를 바꾸려고 하는 경우와 회전교차로에 진입하거나 회전교차로에서 진출하는 경우에는 손이나 방향지시기 또는 등화로써 그 행위가 끝날 때까지 신호를 하여야 한다.

▌ 승차 또는 적재의 방법과 제한(법 제39조제1항)

모든 차의 운전자는 승차 인원, 적재중량 및 적재용량에 관하여 대통령령으로 정하는 운행상의 안전기준을 넘어서 승차시키거나 적재한 상태로 운전하여서는 아니 된다. 다만, 출발지를 관할하는 경찰서장의 허가를 받은 경우에는 그러하지 아니하다.

▌ 도로관리청이 운행을 제한할 수 있는 차량(도로법 시행령 제79조제2조)

- 축하중(軸荷重)이 10t을 초과하거나 총중량이 40t을 초과하는 차량
- 차량의 폭이 2.5m, 높이가 4.0m(도로구조의 보전과 통행의 안전에 지장이 없다고 도로관리청이 인정하여 고시한 도로노선의 경우에는 4.2m), 길이가 16.7m를 초과하는 차량
- 도로관리청이 특히 도로구조의 보전과 통행의 안전에 지장이 있다고 인정하는 차량

▌ 술에 취한 상태의 기준(법 제44조제4항)

운전이 금지되는 술에 취한 상태의 기준은 운전자의 혈중알코올농도가 0.03% 이상인 경우로 한다.

▌ 사고발생 시의 조치(법 제54조제1·2항)

- 차 또는 노면전차의 운전 등 교통으로 인하여 사람을 사상하거나 물건을 손괴(교통사고)한 경우에는 그 차 또는 노면전차의 운전자나 그 밖의 승무원(운전자 등)은 즉시 정차하여 사상자를 구호하는 등 필요한 조치 및 피해자에게 인적사항(성명, 전화번호, 주소 등) 제공의 조치를 하여야 한다.
- 위의 경우 그 차 또는 노면전차의 운전자 등은 경찰공무원이 현장에 있을 때에는 그 경찰공무원에게, 경찰공무원이 현장에 없을 때에는 가장 가까운 국가경찰관서(지구대, 파출소 및 출장소를 포함)에 다음의 사항을 지체 없이 신고하여야 한다. 다만, 차 또는 노면전차만 손괴된 것이 분명하고 도로에서의 위험방지와 원활한 소통을 위하여 필요한 조치를 한 경우에는 그러하지 아니하다.
  - 사고가 일어난 곳
  - 사상자 수 및 부상 정도
  - 손괴한 물건 및 손괴 정도
  - 그 밖의 조치사항 등

07 | 장비구조

▌ 디젤기관의 장점

- 열효율이 가솔린기관보다 높다.
- 연료 소비량이 가솔린기관보다 적다.
- 화재의 위험이 적다.

▌ 디젤기관의 단점

- 마력당 중량이 크다.
- 소음 및 진동이 크다.
- 연료분사장치 등이 고급 재료이고 정밀 가공해야 한다.
- 시동 전동기 출력이 커야 한다.
- 유해 배기가스(CO, CO_2, HC, NO_X, SO_X, PM)로 인해 대기 오염을 유발한다.

▌ 4행정 사이클 디젤기관

- 흡입행정 : 피스톤이 상사점으로부터 하강하면서 실린더 내로 공기만을 흡입(흡입밸브 열림, 배기밸브 닫힘)
- 압축행정 : 흡기밸브가 닫히고 피스톤이 상승하면서 공기를 압축(흡입밸브, 배기밸브 모두 닫힘)
- 동력(폭발)행정 : 압축행정 말 고온이 된 공기 중에 연료를 분사하면 압축열에 의하여 자연착화(흡입밸브, 배기밸브 모두 닫힘)
- 배기행정 : 연소가스의 팽창이 끝나면 배기밸브가 열리고, 피스톤의 상승과 더불어 배기행정(흡입밸브 닫힘, 배기밸브 열림)

▌ 디젤기관에서 시동이 되지 않는 원인

- 연료가 부족하다.
- 연료 공급 펌프가 불량이다.
- 연료 계통에 공기가 혼입되어 있다.
- 배터리 방전으로 교체가 필요한 상태이다.

▌ 기관 출력 저하의 원인

흡·배기계통 불충분, 압축압력의 저하, 연료분사시기가 늦거나 불완전 연소 등

▌ 디젤기관의 진동 원인

- 연료공급계통에 공기가 유입될 때
- 분사압력이 실린더별로 차이가 있을 때
- 다기통 기관에서 어느 한 개의 분사노즐이 막힐 때
- 인젝터에 불균율이 있을 때

▌ 엔진과열의 원인

- 윤활유 부족
- 냉각수 부족
- 물펌프 고장
- 팬 벨트 이완 및 절손
- 정온기(thermostat)가 닫혀서 고장
- 냉각장치 내부의 물때(scale) 과다
- 라디에이터 코어의 막힘, 불량
- 이상연소(노킹 등)

▌ 디젤기관의 노크

- 연소실 내 압축공기의 온도가 낮거나, 압력이 낮으면 목표한 시점에 착화가 일어나지 못하고 피스톤이 다 내려간 시점에 폭발이 발생하는 것
- 압력상승률이 높으면 금속성 노크 음이 발생하는 것이 디젤 노크
- 노킹이 발생하면 기관의 회전수(rpm)가 불규칙하거나 떨어짐
- 방지 : 발화성이 좋은 연료, 즉 세탄가가 높은 연료를 사용해야 함

▌ 노킹 발생 시 기관에 미치는 영향

- 기관의 회전수가 불규칙하거나 떨어진다.
- 엔진이 과열된다.
- 흡기효율이 저하된다.
- 출력이 저하된다.

▎ 피스톤 링 또는 실린더 벽의 마모

오일 소모량이 증가하고 기관의 압축압력을 저하시킨다.

▎ 실린더의 마모 원인

- 실린더 벽과 피스톤 및 피스톤 링의 접촉에 의해서
- 연소 생성물에 의해서
- 농후한 혼합기 유입으로 인하여 실린더 벽의 오일 막이 끊어지므로
- 흡입공기 중의 먼지와 이물질 등에 의해서
- 연료나 수분이 실린더 벽에 응결되어 부식작용을 일으키므로
- 실린더와 피스톤 간극의 불량으로 인하여
- 피스톤 링 이음 간극 불량으로 인하여
- 피스톤 링의 장력 과대로 인하여
- 커넥팅 로드의 휨으로 인하여

▎ 피스톤 슬랩(slap) 현상

피스톤의 운동 방향이 바뀔 때 실린더 벽에 충격을 주는 현상

▎ 피스톤과 실린더 벽 사이의 간극이 클 때 미치는 영향

- 블로바이에 의해 압축압력이 낮아진다.
- 피스톤 링의 기능 저하로 인하여 오일이 연소실에 유입되어 오일 소비가 많아진다.
- 피스톤 슬랩 현상이 발생되며 기관 출력이 저하된다.

▎ 기관에서 실린더 마모 원인

- 실린더 벽과 피스톤 및 피스톤 링의 접촉에 의한 마모
- 연소생성물(카본)에 의한 마모
- 흡입공기 중의 먼지, 이물질 등에 의한 마모 등

▎ 과급기

디젤엔진의 배기량이 일정한 상태에서 연소실에 강압적으로 많은 공기를 공급하여 흡입효율을 높이고 출력과 토크를 증대시키기 위한 장치이다.

┃ 피스톤 링

기밀작용, 열전도 작용, 오일제어 작용을 하며 압축 링과 오일 링이 있다.

┃ 윤활유

- 기능 ; 윤활작용(마멸방지), 냉각작용, 세척작용, 기밀작용, 방청작용 및 완충작용
- 윤활유 소비 증대의 원인 : 연소실에 침입하여 연소되는 것과 패킹 및 개스킷의 노화에 의한 누설이다.
- 윤활유 공급펌프에서 공급된 윤활유 전부가 엔진오일필터를 거쳐 윤활부로 가는 방식은 전류식 이다.

┃ 윤활유의 구비 조건

- 적당한 점성을 가지고 있어야 한다.
- 청정력이 커야 한다.
- 열과 산에 대하여 안정성이 있어야 한다.
- 비중이 적당해야 한다.
- 카본 생성이 적어야 한다.
- 인화점과 발화점이 높아야 한다.
- 응고점이 낮아야 한다.
- 강인한 유막을 형성해야 한다.

┃ 겨울보다 여름에는 점도가 높은 오일을 사용한다.

┃ 윤활유의 색

- 검은색 : 심한 오염
- 우유색 : 냉각수 침입
- 붉은색 : 가솔린 유입
- 회색 : 4에틸납, 연소생성물 혼입

┃ 디젤엔진의 연료 분사

- 디젤엔진에서 분사노즐이 연료를 고압으로 연소실에 분사한다.
- 디젤엔진의 연료 분사량 조정은 컨트롤 슬리브와 피니언의 관계 위치를 변화하여 조정한다.

▌ 디젤연료(경유)의 구비 조건
- 착화점이 낮을 것(세탄가가 높을 것)
- 황의 함유량이 적을 것
- 연소 후 카본 생성이 적을 것
- 점도가 적당하고, 점도지수가 클 것(온도변화에 의한 점도변화가 적을 것)
- 발열량이 클 것
- 내폭성 및 내한성이 클 것
- 인화점과 발화점이 높을 것
- 고형 미립물이나 협잡물을 함유하지 않을 것

▌ 디젤연료의 압력 조건
- 너무 낮은 원인
  - 연료필터가 막힘
  - 연료펌프의 공급 압력이 누설됨
  - 연료압력 레귤레이터에 있는 밸브의 밀착이 불량해 귀환구 쪽으로 연료가 누설됨
- 너무 높은 원인
  - 연료압력 레귤레이터 내의 밸브가 고착됨
  - 연료리턴호스나 파이프가 막히거나 휨

▌ 디젤엔진에서 연료계통의 공기빼기 순서
공급펌프 → 연료여과기 → 분사펌프

▌ 디젤엔진의 연료탱크에서 분사노즐까지 연료의 순환 순서
연료탱크 → 연료공급펌프 → 연료필터 → 분사펌프 → 분사노즐

▌ 디젤기관의 연료인 경유는 연소 노즐에서 섭동면(밀봉 단면) 및 분사펌프의 플런저와 배럴 사이의 윤활도 겸한다.

▌ 건설기계장비에 연료를 주입할 때 주의사항

- 연료 주입은 정지상태에서 해야 한다.
- 탱크의 여과망을 통해 주입한다.
- 연료 주입 시 물이나 먼지 등의 불순물이 혼합되지 않도록 주의한다.
- 정기적으로 드레인콕을 열어 연료탱크 내 수분을 제거한다.
- 연료를 취급할 때에는 화기에 주의한다.

▌ 연료탱크를 가득 채워 두는 이유

탱크 속 연료 증발로 발생된 공기 중 수분이 응축되어 물이 생기는 것과 기포를 방지하기 위해서

▌ 에어클리너(공기청정기)

- 에어클리너는 연소에 필요한 공기를 실린더로 흡입할 때, 먼지 등의 불순물을 여과하여 피스톤 등의 마모를 방지하는 역할을 한다.
- 에어클리너가 막혔을 때 배기색은 검은색이며, 출력은 저하된다.

▌ 배기가스의 색과 기관의 상태

- 무색(또는 담청색)일 때 : 정상연소
- 백색 : 기관오일 연소
- 흑색 : 혼합비 농후
- 엷은 황색 또는 자색 : 혼합비 희박
- 황색에서 흑색 : 노킹 발생
- 검은 연기 : 장비의 노후 및 연료의 질 불량
- 피스톤 링 또는 실린더 간극 : 회백색

▌ 흡·배기밸브의 구비 조건

- 열전도율이 좋을 것
- 열에 대한 팽창률이 적을 것
- 열에 대한 저항력이 클 것
- 고온에 잘 견딜 것

▌ 유압식 밸브 리프터의 장점

- 밸브 간극이 자동으로 조절된다.
- 밸브 개폐시기가 정확하다.
- 밸브기구의 내구성이 좋다.

▌ 수랭식 냉각장치의 구성

- 물 펌프 : 펌프로 냉각된 방열기 아래 탱크의 물을 순환시킨다.
- 수온조절기(정온기) : 냉각수 통로를 개폐하는 밸브로 65℃에서 열리기 시작하여 85℃에서 완전히 열린다.
- 방열기(라디에이터) : 물 통로를 순환하면서 온도가 상승한 냉각수를 공기와의 접촉으로 냉각시킨다.
- 압력식 캡 : 냉각계통의 순환압력을 $0.3 \sim 0.7 kg/cm^2$ 상승시켜, 냉각수의 비등점을 112℃로 높임으로써 열효율을 높이고, 냉각수 손실을 줄인다.
- 오버플로파이프 : 방열기 내 증기압력이 과도하게 높아졌을 때 방열기 내 증기압력을 밖으로 유출시키고 압력이 낮아져 진공이 발생하면 대기를 받아들여 방열기의 파손을 방지한다.
- 냉각팬 : 외부의 공기를 흡입하여 방열기를 냉각시킨다.
- 팬 벨트(V 벨트) : 크랭크 축의 동력을 물 펌프와 발전기에 전달하는 벨트이다. 10kg의 힘으로 누를 때 13~20mm의 이완이 있으면 정상이다.

▌ 가압식 라디에이터의 장점

- 방열기를 작게 할 수 있다.
- 냉각수의 비등점을 높일 수 있다.
- 냉각장치의 효율을 높일 수 있다.
- 냉각수 손실이 적다.

▌ 압력식 라디에이터 캡

냉각장치 내부압력이 부압이 되면 진공밸브는 열린다.

▌ 실린더 헤드 개스킷 불량으로 압축압력과 폭발압력이 낮아져 기관에서 냉각계통으로 배기가스가 누설된다.

▌ 냉각장치에서 냉각수가 줄어드는 원인과 정비 방법

- 라디에이터 캡 불량 : 부품 교체
- 히터, 라디에이터, 호스 불량 : 수리 및 부품 교체
- 서머 스타트 하우징 불량 : 개스킷 및 하우징 교체
- 워터펌프(냉각수를 순환) 불량 : 교체

▌ 냉각장치에서 수온조절기의 열림 온도가 낮을 경우 워밍업 시간이 길어지기 쉽다.

▌ 히트 레인지

디젤기관에서 시동을 돕기 위해 설치된 부품

▌ 기동 전동기의 종류

- 직권 전동기(내연기관에서 사용) : 전기자코일과 계자코일이 직렬로 접속된 것
- 분권 전동기 : 전기자코일과 계자코일이 병렬로 접속된 것
- 복권 전동기 : 전기자코일과 계자코일이 직렬, 병렬로 혼합 접속된 것

▌ 기동 전동기의 회전이 느린 원인

- 배터리 전압이 낮다.
- 축전지 케이블의 접속이 불량하다.
- 정류자와 브러시의 접촉이 불량하다.
- 정류자 및 브러시의 마멸이 과다하다.
- 계자 코일이 단락되었다.
- 브러시 스프링의 장력이 약하다.
- 전기자 코일이 접지되었다.

▌ 축전지

- 납산 축전지의 용량은 극판의 크기, 극판의 수, 황산의 양에 의해 결정된다.
- 축전지를 방전하면 양극판과 음극판의 재질은 황산납이 된다.
- 축전지 전해액은 묽은 황산을 사용하고 보충은 반드시 증류수로 한다.
- 축전지 전해액의 온도가 상승하면 비중은 내려간다(전해액의 온도와 비중은 반비례).
- 충전 시 발생되는 수소가스는 가연성·폭발성이므로 주변에 화기, 스파크 등의 인화 요인을 제거해야 한다.

■ **축전지가 과충전일 경우 발생되는 현상**

- 전해액이 갈색을 띠고 있다.
- 양극판 격자가 산화된다.
- 양극 단자 쪽의 셀 커버가 볼록하게 부풀어 있다.
- 축전지의 전해액이 빨리 줄어든다.
- 축전지를 교환 및 장착할 때 연결순서는 축전지의 (+)선을 먼저 부착하고, (−)선을 나중에 부착한다.

■ **자기방전**

- 충전된 축전지라도 방치하면서 사용하지 않으면 방전이 된다.
- 전해액의 온도·습도·비중이 높을수록, 날짜가 경과할수록 방전량이 크다.

■ **축전지 자기방전의 원인**

- 음극판의 작용물질이 황산과 화학작용으로 황산납이 되기 때문에
- 전해액 내에 포함된 불순물이 국부전지를 구성하기 때문에
- 탈락한 극판 작용물질이 축전지 내부에 퇴적되기 때문에
- 양극판의 작용물질 입자가 축전지 내부에 단락으로 인한 방전

■ **직렬 vs 병렬**

- 직렬연결 : 용량 동일, 전압 증가
- 병렬연결 : 전압 동일, 용량 증가

■ **축전지 급속 충전 시 주의사항**

- 통풍이 잘 되는 곳에서 한다.
- 충전 중인 축전지에 충격을 가하지 않도록 한다.
- 전해액 온도가 45℃를 넘지 않도록 특별히 유의한다.
- 충전시간은 가능한 짧게 한다.
- 축전지를 건설기계에서 탈착하지 않고 급속 충전할 때에는 양쪽 케이블을 분리해야 한다.

■ **납산 축전지의 용량**

12V용 납산 축전지에는 6개의 셀이 있고, 방전종지 전압은 1.75V이므로 1.75 × 6 = 10.5V이다.

▎ MF(maintenance free) 전지

- 격자의 재질은 납과 칼슘합금이다.
- 무보수용 배터리이다.
- 밀봉 촉매 마개를 사용한다.
- 전해액의 수분 보충이 필요치 않다.
- 전기 분해에서 발생하는 수소 가스나 산소 가스를 촉매로 사용하여 다시 물로 환원시킨다.
- 자기방전적이고, 보존성이 우수하다.
- 비중계가 설치되어 있어 눈으로 보면 충전상태를 알 수 있다.

▎ 축전지 터미널의 식별 방법

- 양극은 (+), 음극은 (–)의 부호로 분별한다.
- 양극은 빨간색, 음극은 검은색의 색으로도 분별한다.
- 양극은 지름이 굵고, 음극은 가늘다.
- 양극은 POS, 음극은 NEG의 문자로 분별한다.
- 부식물이 많은 쪽이 양극이다.
- ※ 축전지 터미널의 부식 방지법 : 그리스를 발라 놓는다.

▎ 전류의 3대 작용과 응용

- 발열작용 : 전구와 예열 플러그
- 화학작용 : 축전지
- 자기작용 : 발전기

▎ 교류(AC) 발전기의 특징

- 속도변화에 따른 적용 범위가 넓고 소형, 경량이다.
- 저속에서도 충전 가능한 출력전압이 발생한다.
- 출력이 크고 고속 회전에 잘 견딘다.
- 실리콘 다이오드로 정류하므로 전기적 용량이 크다.
- 다이오드를 사용하기 때문에 정류 특성이 좋다.

▎ 건설기계에 사용하는 교류 발전기의 구조

교류 발전기는 로터(로터 철심, 로터 코일, 로터 축, 슬립 링), 스테이터(스테이터 철심, 스테이터 코일), 다이오드, 브러시, 베어링, V 벨트 풀리, 팬 등으로 구성

▌ AC 발전기에서 다이오드의 역할은 교류를 정류하고 역류를 방지한다.

▌ 건설기계장비에 설치되는 좌우 전조등 회로의 연결방법은 병렬연결이다.

▌ 실드빔식 vs 세미실드빔식
- 실드빔식 : 전조등의 필라멘트가 끊어진 경우 렌즈나 반사경에 이상이 없어도 전조등 전부를 교환해야 한다.
- 세미실드빔식 : 전조등은 전구와 반사경을 분리하여 교환할 수 있다.

▌ 퓨즈
- 퓨즈의 재질은 납과 주석의 합금이다.
- 전류의 크기를 나타내는 단위는 A(암페어)이다.
- 과전류가 흐르게 될 경우에는 전체 전원을 차단해야 하므로 직렬연결되어야 한다.

▌ **전류계** : 회로 사이에 삽입되는 직렬연결 형태

▌ **전압계** : 회로에 부가되는 병렬연결 형태

▌ 유압유의 점도

점성의 정도를 나타내는 척도로 온도가 내려가면 점도는 높아지고, 온도가 상승하면 점도는 저하된다.

▌ 유압유에 점도가 서로 다른 두 종류의 오일을 혼합할 경우 열화현상을 촉진시킨다.

▌ **유압작동유의 중요 역할**
- 부식을 방지한다.
- 윤활작용, 냉각작용을 한다.
- 압력에너지를 이송한다(동력전달 기능).
- 필요한 요소 사이를 밀봉한다.

▌ 작동유의 구비 조건

- 동력을 확실하게 전달하기 위한 비압축성일 것
- 내연성, 점도지수, 체적 탄성계수 등이 클 것
- 산화 안정성이 있을 것
- 밀도, 독성, 휘발성, 열팽창 계수 등이 적을 것
- 열전도율, 장치와의 결합성, 윤활성 등이 좋을 것
- 유동점·발화점·인화점이 높고, 온도변화에 대해 점도변화가 적을 것
- 방청·방식성이 있을 것
- 비중이 낮아야 하고, 기포의 생성이 적을 것
- 강인한 유막을 형성할 것
- 물, 먼지 등의 불순물과 분리가 잘 될 것

▌ 작동유 온도 상승 시 유압계통에 미치는 영향

- 작동유의 열화 촉진
- 오일 누설의 증가
- 유압펌프의 효율 저하
- 온도변화에 의한 유압기기의 열 변형

▌ 기관의 오일 압력이 낮은 경우

- 커넥팅로드 대단부 베어링과 핀저널의 간극이 클 때
- 각 마찰 부분 윤활 간극이 마모되었을 때
- 엔진 오일에 경유가 혼입되었을 때
- 오일펌프의 마모
- 오일의 점도가 낮아졌을 때
- 아래 크랭크 케이스에 오일이 적을 때
- 크랭크 축 오일 틈새가 클 때

▌ 유압유 과열 원인

- 릴리프 밸브가 닫힌 상태로 고장일 때
- 오일 냉각기의 냉각핀이 오손되었을 때
- 유압유가 부족할 때

▌ 압력의 단위 : bar, kgf/cm², kPa, atm, psi

▌ 유압장치의 작동원리 : 파스칼의 원리
  • 유압장치의 구성 요소 : 유압펌프, 제어 밸브, 유압 액추에이터(유압실린더, 유압모터), 오일탱크
  • 파스칼의 원리 : 밀폐된 용기에 채워진 유체의 일부에 압력을 가하면 유체 내의 모든 곳에 같은 크기로 전달된다.

▌ 유압기계의 장단점

장점	• 속도 제어가 용이하다. • 에너지 축적이 가능하다. • 힘의 전달 및 증폭이 용이하다. • 소형장치로 큰 출력을 발생한다. • 무단변속이 가능하고, 정확한 위치 제어를 할 수 있다. • 과부하에 대한 안전장치가 간단하고, 정확하다.
단점	• 고압 사용으로 인한 위험성 및 이물질에 민감하다. • 오일은 가연성이 있어 화재에 위험하다. • 회로 구성이 어렵고, 누설되는 경우가 있다. • 오일의 온도에 따라서 점도가 변하므로 기계의 속도가 변한다.

▌ 펌프가 오일을 토출하지 않을 때의 원인
  • 오일탱크의 유면이 낮다.
  • 흡입관으로 공기가 유입된다.
  • 오일이 부족하다.

▌ 유압펌프에서 소음이 발생할 수 있는 원인
  • 오일의 양이 적을 때
  • 오일 속에 공기가 들어 있을 때
  • 오일의 점도가 너무 높을 때
  • 필터의 여과 입도가 너무 적은 경우
  • 펌프의 회전속도가 너무 빠른 경우

▌ **펌프**
- 기어펌프 : 정용량펌프이다.
- 베인펌프 : 토출 압력의 연동이 적고, 수명이 길다.
- 피스톤펌프 : 맥동적 토출을 하지만 다른 펌프에 비해 일반적으로 최고압 토출이 가능하고, 펌프 효율에서도 전압력 범위가 높다.
- 트로코이드 펌프(trochoid pump) : 안쪽 로터가 회전하면 바깥쪽 로터도 농시에 외선하는 유입핌프이다.

▌ **펌프의 공동현상(캐비테이션)**
- 펌프에서 진동과 소음이 발생하고, 양정과 효율이 급격히 저하되며, 날개차 등에 부식을 일으키는 등 수명을 단축시킨다.
- 필터의 여과 입도수(mesh)가 너무 높을 때 발생한다.

▌ **액추에이터(actuator, 작업장치)**
- 유압유의 압력 에너지(힘)를 기계 에너지(일)로 변환시키는 작용을 하는 장치이다.
- 유압펌프를 통하여 송출된 에너지를 직선운동이나 회전운동을 통하여 기계적 일을 하는 기기이다.
- 액추에이터의 작동속도는 유량에 의해 결정된다.

▌ **어큐뮬레이터(accumulator, 축압기)**
- 유압펌프에서 발생한 유압을 저장하고, 맥동을 소멸시키는 장치이다.
- 축압기의 용도 : 유압 에너지의 축적, 충격 압력 흡수, 유체의 맥동 감쇠, 압력 보상, 서지 압력 방지, 2차 유압회로의 구동, 액체 수송(펌프 작용), 사이클 시간 단축, 에너지 보조, 펌프 대용 및 안전장치 역할
- 축압기의 종류 중 공기 압축형 : 피스톤식, 다이어프램식, 블래더식(강철제의 용기에 기체를 봉입한 고무주머니를 넣은 구조로 된 축압기)

▌ **유압모터**
- 용량 : 입구 압력(kgf/cm^2)당 토크
- 종류 : 기어모터, 베인모터, 플런저모터 등

▌ 유압모터의 특징

- 정·역회전이 가능하다.
- 무단변속으로 회전수를 소성할 수 있다.
- 회전체의 관성력이 작으므로 응답성이 빠르다.
- 소형·경량이며, 큰 힘을 낼 수 있다.
- 자동 제어의 조작부 및 서보기구의 요소로 적합하다.
- 넓은 범위의 무단변속이 용이하다.
- 작동이 신속, 정확하다.
- 전동모터에 비하여 급속정지가 쉽다.
- 내폭성이 우수하고, 고속 추종성이 좋다.
- 시동, 정지, 역전, 변속, 가속 등을 가변용량형 펌프나 미터링 밸브에 의해서 간단히 제어 힘의 속도 제어, 연속 제어, 운동 방향 제어가 용이하다.
- 종이나 전선 등에 쓰이는 권취기와 같이 토크 제어 기계에 편리하다.

▌ 기어모터

- 구조가 간단하고, 가격이 저렴하다.
- 일반적으로 평기어를 사용하나 헬리컬기어도 사용한다.
- 유압유에 이물질이 혼입되어도 고장이 적다.
- 경량이며, 고속·저토크에 적합하다.

▌ 피스톤모터

펌프의 최고 토출압력, 평균효율이 가장 높아 고압 대출력에 사용한다.

▌ 채터링(chattering) 현상

- 릴리프 밸브 스프링의 장력이 약화될 때 발생할 수 있다.
- 유압기의 밸브 스프링 약화로 인해 밸브 면에 생기는 강제진동과 고유진동의 쇄교로 밸브가 시트에 완전히 접촉을 하지 못하고 바르르 떠는 현상이다.
- 릴리프 밸브에서 볼(ball)이 밸브의 시트(seat)를 때려 소음을 발생한다.

▌ 유압실린더

- 실린더는 열에너지를 기계 에너지로 변환하여 동력을 발생한다.
- 유체의 힘을 왕복 직선운동으로 바꾸며, 단동형, 복동형으로 나뉜다.

▌ 유압실린더의 숨돌리기 현상이 생길 때 일어나는 현상

- 작동 지연현상이 발생한다.
- 서지압이 발생한다.
- 오일의 공급이 부족해진다.
- 피스톤 작동이 불안정해진다.

▌ 유압의 제어 방법

- 압력 제어 밸브 : 일의 크기 제어
- 유량 제어 밸브 : 일의 속도 제어
- 방향 제어 밸브 : 일의 방향 제어

▌ 압력 제어 밸브

- 유압장치의 과부하 방지와 유압기기의 보호를 위하여 최고 압력을 규제하고 유압회로 내 필요한 압력을 유지하는 밸브이다.
- 종류
  - 릴리프 밸브 : 유압회로의 최고압력을 제어하는 밸브로서 회로의 압력을 일정하게 유지하는 밸브
  - 리듀싱 밸브(감압 밸브) : 유압회로에서 입구 압력을 감압하여 유압실린더 출구 설정 압력을 유지하는 밸브
  - 무부하 밸브(언로드 밸브) : 유압회로 내 압력이 일정압력에 도달하면 펌프에서 토출된 오일 전량을 직접 탱크로 돌려보내 펌프를 무부하 운전시킬 목적으로 사용하는 밸브
  - 시퀀스 밸브 : 2개 이상의 분기회로를 갖는 회로 내에서 작동순서를 회로의 압력 등에 의하여 제어하는 밸브
  - 카운터 밸런스 밸브 : 실린더가 중력으로 인해 제어속도 이상으로 낙하하는 것을 방지하는 밸브

▌ 압력 조절 밸브의 불량으로 인해 기관의 윤활유 압력이 규정보다 높게 표시될 수 있다.

▌ 유량 제어 밸브

- 액추에이터의 운동속도를 조정하기 위하여 사용되는 밸브
- 종류 : 교축 밸브, 압력보상형 유량 제어 밸브, 온도보상형 유량 제어 밸브 등

▌방향 제어 밸브

- 액추에이터로 공급되는 압축 공기의 흐름 방향을 제어하고, 시동과 정지 기능을 갖춘 밸브이다.
- 종류
  - 셔틀 밸브 : 두 개 이상의 입구와 한 개의 출구를 갖춘 밸브
  - 체크 밸브 : 유압회로에서 역류를 방지하고 회로 내 잔류압력을 유지하는 밸브
  - 디셀러레이션 밸브 : 유압모터의 속도를 감속하는 데 사용하는 밸브
  - 솔레노이드 밸브 : 전자력에 의해 자동으로 개폐되는 밸브

▌속도 제어 회로

- 미터 인 회로 : 유압실린더의 입구 측에 유량 제어 밸브를 설치하여 작동기로 유입되는 유량을 제어함으로써 작동기의 속도를 제어하는 회로
- 미터 아웃 회로 : 유압실린더 출구에 유량 제어 밸브 설치
- 블리드 오프 회로 : 유압실린더 입구에 병렬로 설치

▌유압장치의 기호

정용량형 유압펌프	가변용량 유압펌프	유압 압력계	유압(동력)원	어큐뮬레이터
무부하 밸브	릴리프 밸브	체크 밸브	단동 솔레노이드형 밸브	복동 가변식 전자 액추에이터
단동실린더	단동식 양로드형	복동식 편로드형	복동실린더 양로드형	오일탱크
필터	공기유압변환기	압력스위치	가변교축 밸브	스톱 밸브

▎ 유압 오일탱크의 기능
- 계통 내 필요한 유량 확보
- 격판에 의한 기포 분리 및 제거
- 유온을 적정하게 설정
- 작동유 수명을 연장하는 역할

▎ 유압탱크의 구비 조건
- 적당한 크기의 주유구 및 스트레이너를 설치한다.
- 드레인(배출밸브) 및 유면계를 설치한다.
- 오일에 이물질이 혼입되지 않도록 밀폐되어야 한다.

▎ 드레인 플러그
오일탱크 내의 오일을 전부 배출할 때 사용한다.

교육은 우리 자신의 무지를 점차 발견해 가는 과정이다.

– 월 듀란트 –

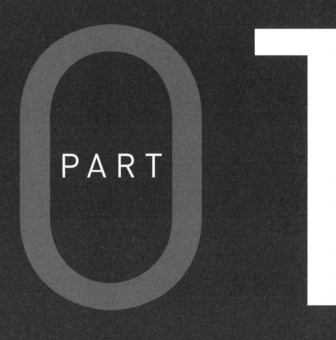

PART

01

기출복원문제

행운이란 100%의 노력 뒤에 남는 것이다.

– 랭스턴 콜먼(Langston Coleman)

제1회 │ 기출복원문제

01 도시가스배관이 매설된 도로에서 다음 그림이 의미하는 것은?

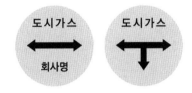

① 표지판
② 밸브박스
③ 라인마크
④ 보호판

해설
라인마크는 도시가스의 배관선로를 안내하는 표시이다.

02 도로교통법령상 안전기준을 넘는 화물의 적재허가를 받은 사람은 그 길이 또는 폭의 양끝에 빨간 헝겊으로 된 표지를 달아야 하는데, 표지 크기의 기준은?

① 너비 60cm, 길이 80cm 이상
② 너비 50cm, 길이 70cm 이상
③ 너비 40cm, 길이 60cm 이상
④ 너비 30cm, 길이 50cm 이상

해설
안전기준을 넘는 화물의 적재허가를 받은 사람은 그 길이 또는 폭의 양끝에 너비 30cm, 길이 50cm 이상의 빨간 헝겊으로 된 표지를 달아야 한다. 다만, 밤에 운행하는 경우에는 반사체로 된 표지를 달아야 한다(도로교통법 시행규칙 제26조제3항).

03 전기 관련 단위로 틀린 것은?

① A : 전류
② V : 수파수
③ W : 전력
④ Ω : 저항

해설
• V : 전압
• Hz : 주파수

04 건설기계를 운전하여 교차로에서 녹색신호로 우회전을 하려고 할 때 지켜야 할 사항으로 가장 올바른 것은?

① 우회전 신호를 행하면서 빠르게 우회전한다.
② 신호를 하고 우회전하며, 속도를 빨리하여 진행한다.
③ 신호를 행하면서 서행으로 주행하여야 하며, 보행자가 있을 때는 보행자의 통행을 방해하지 않도록 하여 우회전한다.
④ 우회전은 언제 어느 곳에서나 할 수 있다.

05 유압실린더의 구성부품이 아닌 것은?

① 피스톤로드
② 피스톤
③ 실린더
④ **커넥팅로드**

해설
유압실린더는 실린더, 실린더 튜브, 피스톤, 피스톤로드, 실린더 패킹 등으로 구성되어 있다.

06 해머작업 시 주의사항으로 옳지 않은 것은?

① **장갑을 끼고 작업한다.**
② 처음부터 큰 힘을 주어 작업하지 않는다.
③ 핸들에 묻은 기름은 잘 닦아서 사용한다.
④ 자루 부분을 확인 후 작업한다.

해설
장갑을 끼고 해머작업을 하면 장갑의 미끄럼에 의해 해머를 놓쳐 주위 사람이나 기계, 장비에 피해를 줄 수 있다.

07 건설기계의 일상점검 정비작업 내용에 속하지 않는 것은?

① **연료 분사노즐 압력**
② 라디에이터 냉각수량
③ 브레이크액 수준 점검
④ 엔진오일양

해설
연료 분사노즐의 압력은 특수정비에 해당된다.

08 예열플러그가 15~20초에서 완전히 가열되었을 경우의 설명으로 옳은 것은?

① 단락되었다.
② 접지되었다.
③ **정상상태이다.**
④ 다른 플러그가 모두 단선되었다.

09 지하에 매설된 도시가스 배관의 최고 사용압력이 저압인 경우 배관의 표면색은?

① 적색　　　　② 갈색
③ **황색**　　　　④ 회색

해설
도시가스 배관 표면색
• 저압 : 황색
• 중압 이상 : 적색

10 고압선로 주변 굴착 시 안전작업 조치사항으로 옳은 것은?

① 버킷과 붐 길이는 무시해도 된다.

☑ **고압전선에 붐이 근접하지 않도록 한다.**

③ 고압전선에 건설기계가 직접 접촉하지 않으면 작업이 가능하다.

④ 전선에 버킷을 근접하는 것은 괜찮다.

해설
고압선로 주변에서 작업 시 붐 또는 권상로프, 케이블에 의해 감전될 위험이 가장 크다.

11 축전지 전해액의 온도가 상승하면 비중은?

① 일정하다.

② 올라간다.

☑ **내려간다.**

④ 무관하다.

해설
전해액의 온도와 비중은 반비례한다.

12 건설기계관리법상 건설기계의 등록을 말소할 수 있는 경우가 아닌 것은?

① 천재지변 등으로 사용할 수 없게 된 경우

② 차대(車臺)가 등록 시의 차대와 다른 경우

③ 건설기계안전기준에 적합하지 아니하게 된 경우

☑ **건설기계조종사 면허가 취소된 때**

해설
등록의 말소 등(건설기계관리법 제6조제1항)
시·도지사는 등록된 건설기계가 다음 각 호의 어느 하나에 해당하는 경우에는 그 소유자의 신청이나 시·도지사의 직권으로 등록을 말소할 수 있다. 다만, 제호, 제5호, 제8호(제34조의2제2항에 따라 폐기한 경우로 한정한다) 또는 제12호에 해당하는 경우에는 직권으로 등록을 말소하여야 한다.
1. 거짓이나 그 밖의 부정한 방법으로 등록을 한 경우
2. 건설기계가 천재지변 또는 이에 준하는 사고 등으로 사용할 수 없게 되거나 멸실된 경우
3. 건설기계의 차대(車臺)가 등록 시의 차대와 다른 경우
4. 건설기계가 제12조에 따른 건설기계안전기준에 적합하지 아니하게 된 경우
5. 제13조제5항부터 제7항까지의 규정에 따른 정기검사 명령, 수시검사 명령 또는 정비 명령에 따르지 아니한 경우
6. 건설기계를 수출하는 경우
7. 건설기계를 도난당한 경우
8. 건설기계를 폐기한 경우
9. 제21조에 따라 건설기계해체재활용업을 등록한 자에게 폐기를 요청한 경우
10. 구조적 제작 결함 등으로 건설기계를 제작자 또는 판매자에게 반품한 경우
11. 건설기계를 교육·연구 목적으로 사용하는 경우
12. 제20조의3제1항에 대통령령으로 정하는 내구연한을 초과한 건설기계. 다만, 단서에 따른 정밀진단을 받아 연장된 경우는 그 연장기간을 초과한 건설기계
13. 건설기계를 횡령 또는 편취당한 경우

13 렌치의 사용 방법으로 옳지 않은 것은?

① 너트를 조일 때는 몸 안쪽으로 당기며 작업한다.

❹ **너트를 풀 때는 몸 바깥쪽으로 밀며 작업한다.**

③ 렌치와 너트 사이에는 쐐기를 넣어서 사용하지 않는다.

④ 볼트·너트를 풀거나 조일 때 볼트머리나 너트에 꼭 끼워져야 한다.

해설
렌치작업 시 몸 바깥쪽으로 밀며 작업하지 않는다.

14 인화성 물질이 아닌 것은?

① 아세틸렌가스

② 가솔린

③ 프로판가스

❹ **산소**

해설
산소는 조연성 물질이다.

15 피스톤의 구비 조건으로 틀린 것은?

① 고온고압에 견딜 것

② 열전도가 잘 될 것

③ 열팽창률이 적을 것

❹ **피스톤 중량이 클 것**

해설
피스톤의 구비 조건
• 피스톤의 중량이 작을 것
• 열전도가 잘 될 것
• 열팽창률이 적을 것
• 고온고압에 견딜 것
• 피스톤 상호 간의 무게 차이가 작을 것

16 건설기계관리법령상 구조변경범위 대상으로 틀린 것은?

① 조종장치의 형식변경

② 유압장치의 형식변경

③ 주행장치의 형식변경

❹ **적재함의 용량증가를 위한 구조변경**

해설
구조변경범위 등(건설기계관리법 시행규칙 제42조)
주요구조의 변경 및 개조의 범위는 다음과 같다. 다만, 건설기계의 기종변경, 육상작업용 건설기계규격의 증가 또는 적재함의 용량증가를 위한 구조변경은 이를 할 수 없다.
• 원동기 및 전동기의 형식변경
• 동력전달장치의 형식변경
• 제동장치의 형식변경
• 주행장치의 형식변경
• 유압장치의 형식변경
• 조종장치의 형식변경
• 조향장치의 형식변경
• 작업장치의 형식변경. 다만, 가공작업을 수반하지 아니하고 작업장치를 선택부착하는 경우에는 작업장치의 형식변경으로 보지 아니한다.
• 건설기계의 길이·너비·높이 등의 변경
• 수상작업용 건설기계의 선체의 형식변경
• 타워크레인 설치기초 및 전기장치의 형식변경

17 작업장에서 안전모를 쓰는 이유로 옳은 것은?

① 작업원의 사기 진작을 위해

✔ **작업원의 안전을 위해**

③ 작업원의 멋을 위해

④ 작업원의 합심을 위해

> **해설**
> 안전모의 주요 기능은 물체의 떨어짐이나 날아옴 등으로부터 근로자의 머리를 보호하는 데 있다.

18 긴 내리막길을 내려갈 때 베이퍼 록을 방지하기 위한 좋은 운전 방법은?

✔ **엔진 브레이크를 사용한다.**

② 시동을 끄고 브레이크 페달을 밟는다.

③ 변속레버를 중립으로 놓고 브레이크 페달을 밟는다.

④ 주차 브레이크를 끝까지 당긴다.

> **해설**
> 긴 내리막길을 내려갈 때는 베이퍼 록을 방지하기 위해 과도하게 브레이크 페달을 밟지 않도록 하고, 엔진 브레이크를 사용하는 것이 좋다.

19 건설기계 조종 중 고의로 인명피해를 입힌 경우 면허 처분기준으로 맞는 것은?

✔ **면허취소**

② 면허효력정지 45일

③ 면허효력정지 30일

④ 면허효력정지 15일

> **해설**
> 건설기계조종사면허의 취소·정지처분기준(건설기계관리법 시행규칙 [별표 22])
> • 고의로 인명피해(사망·중상·경상 등)를 입힌 경우 : 취소
> • 그 밖의 인명피해를 입힌 경우
> – 사망 1명마다 : 면허효력정지 45일
> – 중상 1명마다 : 면허효력정지 15일
> – 경상 1명마다 : 면허효력정지 5일

20 유압장치의 도면기호에서 유압 압력계의 기호 표시는?

②

③   ④

> **해설**
> ② 압력스위치
> ③ 축압기(어큐뮬레이터)
> ④ 스톱 밸브

21 다음 중 올바른 보호구 선택방법으로 적합하지 않은 것은?

① 사용목적에 적합하여야 한다.
② 사용방법이 간편하고 손질이 쉬워야 한다.
③ 잘 맞는지 확인하여야 한다.
✔ **품질은 떨어져도 식별하기가 쉬워야 한다.**

해설
재료의 품질이 양호해야 한다.

22 브레이크에 페이드 현상이 일어났을 때의 조치 방법으로 적절한 것은?

① 브레이크를 자주 밟아 열을 발생시킨다.
② 속도를 조금 올려준다.
✔ **작동을 멈추고 열이 식도록 한다.**
④ 주차 브레이크를 대신 사용한다.

해설
페이드 현상
브레이크를 연속하여 자주 사용하면 브레이크 드럼이 과열되어, 마찰계수가 떨어지고 브레이크가 잘 듣지 않는 것으로 짧은 시간 내에 반복 조작이나, 내리막길을 내려갈 때 브레이크 효과가 나빠지는 현상이다.

23 도시가스 배관 주위에서 굴착장비 등으로 작업할 때 준수사항으로 적합한 것은?

① 가스배관 주위 30cm까지는 장비로 작업이 가능하다.
✔ **가스배관 주위 1m 이내에서는 인력으로 작업해야 한다.**
③ 가스배관 주위 50cm까지는 사람이 직접 확인할 경우 굴착기 등으로 작업할 수 있다.
④ 가스배관 주위 2m 이내에서는 어떠한 장비의 작업도 금지한다.

해설
가스배관 주위 1m 이내에는 인력굴착으로 실시하여야 한다.

24 건설기계조종사면허를 받은 자가 면허의 효력이 정지된 때에는 며칠 이내에 관할 행정기관에 그 면허증을 반납하여야 하는가?

✔ **10일 이내**   ② 60일 이내
③ 30일 이내   ④ 100일 이내

해설
건설기계조종사면허증의 반납(건설기계관리법 시행규칙 제80조)
건설기계조종사면허를 받은 사람은 다음의 어느 하나에 해당하는 때에는 그 사유가 발생한 날부터 10일 이내에 시장·군수 또는 구청장에게 그 면허증을 반납해야 한다.
• 면허가 취소된 때
• 면허의 효력이 정지된 때
• 면허증의 재교부를 받은 후 잃어버린 면허증을 발견한 때

25 유압 제어 밸브의 분류 중 방향 제어 밸브에 속하지 않는 것은?

① 셔틀 밸브

② 체크 밸브

③ 릴리프 밸브

④ 디셀러레이션 밸브

> **해설**
> 유압 밸브의 종류
> • 압력 제어 밸브 : 릴리프 밸브, 감압 밸브, 언로딩 밸브, 시퀀스 밸브, 카운터 밸런스 밸브 등
> • 유량 제어 밸브 : 교축 밸브, 압력보상형 유량 제어 밸브, 온도보상형 유량 제어 밸브 등
> • 방향 제어 밸브 : 셔틀 밸브, 체크 밸브, 디셀러레이션 밸브, 솔레노이드 밸브 등

26 기관에 사용되는 윤활유 사용 방법으로 옳은 것은?

① 계절과 윤활유 SAE번호는 관계가 없다.

② 겨울은 여름보다 SAE번호가 큰 윤활유를 사용한다.

③ SAE번호는 일정하다.

④ 여름용은 겨울용보다 SAE번호가 크다.

> **해설**
> 윤활유의 점도는 SAE번호로 분류하며 여름은 높은 점도, 겨울은 낮은 점도를 사용한다.

27 붐의 종류가 아닌 것은?

① 원피스 붐   ② 투피스 붐

③ 로터리 붐   **④ 포피스 붐**

> **해설**
> 붐의 종류
> • 원피스 붐   • 투피스 붐
> • 로터리 붐   • 오프셋 붐

28 도로교통법상 정차 및 주차 모두가 금지되는 장소는?

① 건널목 가장자리로부터 15m 이내인 곳

② 정류장 표지판으로부터 15m 이내인 곳

③ 도로의 모퉁이로부터 5m 이내인 곳

④ 교차로 가장자리로부터 10m 이내인 곳

> **해설**
> 정차 및 주차의 금지(도로교통법 제32조)
> 모든 차의 운전자는 다음의 어느 하나에 해당하는 곳에서는 차를 정차하거나 주차하여서는 아니 된다. 다만, 이 법이나 이 법에 따른 명령 또는 경찰공무원의 지시를 따르는 경우와 위험방지를 위하여 일시정지하는 경우에는 그러하지 아니하다.
> • 교차로·횡단보도·건널목이나 보도와 차도가 구분된 도로의 보도(「주차장법」에 따라 차도와 보도에 걸쳐서 설치된 노상주차장은 제외한다)
> • 교차로의 가장자리나 도로의 모퉁이로부터 5m 이내인 곳
> • 안전지대가 설치된 도로에서는 그 안전지대의 사방으로부터 각각 10m 이내인 곳
> • 버스여객자동차의 정류지(停留地)임을 표시하는 기둥이나 표지판 또는 선이 설치된 곳으로부터 10m 이내인 곳. 다만, 버스여객자동차의 운전자가 그 버스여객자동차의 운행시간 중에 운행노선에 따르는 정류장에서 승객을 태우거나 내리기 위하여 차를 정차하거나 주차하는 경우에는 그러하지 아니하다.
> • 건널목의 가장자리 또는 횡단보도로부터 10m 이내인 곳
> • 다음의 곳으로부터 5m 이내인 곳
>   – 「소방기본법」에 따른 소방용수시설 또는 비상소화장치가 설치된 곳
>   – 「소방시설 설치 및 관리에 관한 법률」에 따른 소방시설로서 대통령령으로 정하는 시설이 설치된 곳
> • 시·도경찰청장이 도로에서의 위험을 방지하고 교통의 안전과 원활한 소통을 확보하기 위하여 필요하다고 인정하여 지정한 곳
> • 시장 등이 규정에 따라 지정한 어린이 보호구역

29 화재 분류로 잘못 연결된 것은?

① A급 화재 : 일반화재
② B급 화재 : 유류화재
③ C급 화재 : 전기화재
✅ **D급 화재 : 가스화재**

[해설]
D급 화재는 금속화재이다.

30 윤활유의 점도가 기준보다 높은 것을 사용할 때의 현상으로 맞는 것은?

① 좁은 공간에 잘 스며들어 충분한 윤활이 된다.
② 동절기에 사용하면 기관 시동이 용이하다.
③ 점차 묽어지므로 경제적이다.
✅ **윤활유 압력이 다소 높아진다.**

[해설]
점도가 너무 높으면 윤활유 압력이 다소 높아지고 엔진 시동을 할 때 필요 이상의 동력이 소모된다.

31 산업안전보건법상 근로자의 의무사항이 아닌 것은?

① 위험한 장소에는 출입금지
② 위험상황 발생 시 작업 중지 및 대피
③ 보호구 착용
✅ **사업장의 유해·위험요인에 대한 실태 파악**

[해설]
사업장의 유해·위험요인에 대한 실태 파악은 사업주의 의무사항이다.

32 건설기계관리법상 건설기계검사의 종류가 아닌 것은?

① 신규등록검사   ② 정기검사
③ 구조변경검사   ✅ **예비검사**

[해설]
건설기계검사의 종류
• 신규등록검사
• 정기검사
• 구조변경검사
• 수시검사

33 도로교통법상 안전표지의 종류가 아닌 것은?

① 주의표지   ② 규제표지
✅ **안심표지**   ④ 보조표지

[해설]
안전표지의 종류
• 주의표지   • 규제표지
• 지시표지   • 보조표지
• 노면표시

34 다음 중 굴착기의 3대 주요 장치가 아닌 것은?

① 상부 회전체   ☑ **중간 선회체**

③ 작업장치   ④ 하부 구동체

해설

굴착기의 3대 주요 장치
- 상부 선회체
- 하부 구동체
- 작업장치(전부장치)

35 작동유의 열화 및 수명을 판정하는 방법으로 적합하지 않은 것은?

① 점도상태로 확인

☑ **오일을 가열한 후 냉각되는 시간 확인**

③ 냄새로 확인

④ 색깔이나 침전물의 유무 확인

해설

열화검사법 : 냄새, 점도, 색채

36 유압모터와 유압실린더의 설명으로 맞는 것은?

① 둘 다 회전운동을 한다.

② 모터는 직선운동, 실린더는 회전운동을 한다.

③ 둘 다 왕복운동을 한다.

☑ **모터는 회전운동, 실린더는 직선운동을 한다.**

해설

모터는 회전운동, 실린더는 직선운동(왕복운동)을 한다.

37 다음 중 건설기계등록번호표 색상이 주황색 바탕에 검은색 글자인 것은?

① 관용   ② 수입용

③ 자가용   ☑ **대여사업용**

해설

번호표의 색상(시행규칙 [별표 2])
- 비사업용(관용 또는 자가용) : 흰색 바탕에 검은색 문자
- 대여사업용 : 주황색 바탕에 검은색 문자

38 트랙 구성품에 대한 설명으로 옳은 것은?

① 슈는 마멸되면 용접하여 재사용할 수 없다.

② 부싱은 마멸되면 용접하여 재사용할 수 있다.

☑ **슈는 마멸되면 용접하여 재사용할 수 있다.**

④ 링크는 마멸되면 용접하여 재사용할 수 없다.

해설

① 슈는 돌기의 길이가 2cm 정도 남을 때 용접하여 재사용할 수 있다.
② 부싱은 마멸되면 용접하여 재사용할 수 없으며, 구멍이 나기 전에 1회 180° 돌려서 재사용할 수 있다.
④ 링크는 마멸되면 용접하여 재사용할 수 있다.

39 굴착기 작업 시 안정성을 주고 장비의 밸런스를 잡기 위해 설치하는 것은?

① 카운터 웨이트 ✓   ② 붐

③ 버킷   ④ 스틱

해설
카운터 웨이트는 상부 회전체 뒷부분에 부착되며, 붐과 버킷 및 스틱에 가해지는 하중의 평형을 이루어 안정성을 유지한다.

40 유압장치에서 일일정비 점검 사항이 아닌 것은?

① 탱크의 오일양 점검

② 이음 부분의 누유 점검

③ 필터의 오염 여부 점검 ✓

④ 호스의 손상과 접촉면의 점검

해설
③은 월간정비 점검 사항이다.

41 다음 교통안전표지가 나타내는 것으로 옳은 것은?

① 최고 속도 제한 표시

② 최저 속도 제한 표시

③ 차 중량 제한 표시 ✓

④ 차간거리 제한 표시

해설
교통안전표지

최고 속도 제한	최저 속도 제한	차간거리 확보
50	30	50m

42 하부 추진체가 휠로 되어 있는 건설기계장비로 커브를 돌 때 선회를 원활하게 하는 장치는?

① 변속기   ② 최종 구동장치

③ 차동장치 ✓   ④ 트랜스퍼케이스

해설
차동장치는 하부 추진체가 휠로 되어 있는 건설기계가 커브를 돌 때, 좌우 구동바퀴의 회전속도를 다르게 하여 선회를 원활하게 하는 장치이다.

43 작업을 위한 공구관리의 요건으로 가장 거리가 먼 것은?

① 공구별로 장소를 지정하여 보관할 것

☑ **공구는 항상 최소 보유량 이하로 유지할 것**

③ 공구 사용 점검 후 파손된 공구는 교환할 것

④ 사용한 공구는 항상 깨끗이 한 후 보관할 것

해설
작업장에서의 공구보유량은 항상 점검해야 하는 사항이고, 적정수량을 파악하여 재고를 관리하여야 한다.

44 다음 중 굴착기 작업장치의 구성 요소가 아닌 것은?

① 암 ☑ **트랙 및 롤러**

③ 붐 ④ 버킷

해설
굴착기
토사 등의 굴착을 주목적으로 하는 장비로서 붐, 암, 버킷과 이들을 작동시키는 유압 실린더·파이프 등으로 구성되어 있으며, 별도 장치를 부착해 파쇄·절단 작업 등이 가능한 차량계 건설기계이다.

45 도로교통법상 안전거리의 의미는?

☑ **앞차가 갑자기 정지하게 되는 경우 그 앞차와의 충돌을 피할 수 있는 필요한 거리**

② 앞차 속도의 0.3배 거리

③ 앞차와의 평균 8m 이상 거리

④ 앞차의 진행방향을 확인할 수 있는 거리

해설
안전거리 확보 등(도로교통법 제19조제1항)
모든 차의 운전자는 같은 방향으로 가고 있는 앞차의 뒤를 따르는 경우에는 앞차가 갑자기 정지하게 되는 경우 그 앞차와의 충돌을 피할 수 있는 필요한 거리를 확보하여야 한다.

46 안전한 작업을 하기 위하여 작업복장을 선정할 때의 유의사항으로 가장 거리가 먼 것은?

① 화기사용 장소에서 방염성, 불연성의 것을 사용하도록 한다.

☑ **착용자의 취미, 기호 등에 중점을 두고 선정한다.**

③ 작업복은 몸에 맞고 동작이 편하도록 제작한다.

④ 상의의 소매나 바지자락 끝부분이 안전하고 작업하기 편리하게 잘 처리된 것을 선정한다.

해설
작업복은 작업의 안전에 중점을 둔다.

47 건설기계에서 스티어링 휠과 같이 주행 중 진행방향을 바꾸기 위한 장치를 무엇이라 하는가?

① 조종장치　② 제동장치
③ **조향장치**　④ 주행장치

해설

조향장치의 원리는 애커먼 장토식의 원리(마름모꼴 원리)를 이용한다.

48 기관에서 크랭크 축의 역할은?

① **직선운동을 회전운동으로 변환시키는 역할이다.**
② 기관의 진동을 줄이는 장치이다.
③ 원활한 직선운동을 하는 장치이다.
④ 원운동을 직선운동으로 변환시키는 장치이다.

해설

크랭크 축은 피스톤의 왕복운동(직선운동)을 커넥팅 로드를 통하여 회전운동으로 바꾸는 역할을 한다.

49 건설기계관리법상 검사의 연기에 관한 내용으로 (　)에 알맞은 것은?

> 검사연기신청을 받은 시 · 도지사 또는 검사 대행자는 그 신청일부터 (　) 이내에 검사 연기 여부를 결정하여 신청인에게 통지하여야 한다.

① **5일**　② 7일
③ 10일　④ 20일

해설

검사의 연기(건설기계관리법 시행규칙 제31조의2제2항)

검사 · 명령이행 기간 연장신청을 받은 시 · 도지사는 그 신청일부터 5일 이내에 검사 · 명령이행 기간의 연장 여부를 결정하여 신청인에게 서면으로 통지하고 검사 대행자에게 통보해야 한다. 이 경우 검사 · 명령이행 기간 연장 불허통지를 받은 자는 정기검사 등의 신청기간 만료일부터 10일 이내에 검사신청을 해야 한다.

50 브레이크 오일이 비등하여 송유 압력의 전달 작용이 불가능하게 되는 현상은?

① 페이드 현상
② **베이퍼 록 현상**
③ 사이클링 현상
④ 브레이크 록 현상

해설

베이퍼 록 현상

액체가 열에 의해서 기포가 발생하여 브레이크 페달 압력이 100% 전달되지 못하는 현상이다.

51 굴착기 붐의 작동이 느린 이유가 아닌 것은?

① 오일에 이물질 혼입

② 오일의 압력 저하

✔ **오일의 압력 과다**

④ 오일의 압력 부족

해설
굴착기 붐의 작동은 구성 오일의 압력을 이용한 유압 실린더의 상하운동이므로 과다할 때 느려지지 않는다.

52 건설기계장비에서 동력전달장치에 속하지 않는 것은?

✔ **과급기**　　② 종감속장치

③ 클러치　　④ 변속장치

해설
과급기(charger)는 엔진에 흡입되는 공기를 압축하는 장치이다.
※ 동력전달장치 : 클러치, 변속기, 추진 축, 종감속장치, 차동장치, 구동 축, 구동바퀴

53 다음 중 펌프로부터 보내진 고압의 연료를 미세한 안개모양으로 연소실에 분사하는 부품으로 알맞은 것은?

① 커먼레일　　② 분사펌프

✔ **분사노즐**　　④ 공급펌프

54 도로교통법상 철길 건널목을 통과할 때 방법으로 가장 적합한 것은?

① 신호등이 없는 철길 건널목을 통과할 때에는 서행으로 통과하여야 한다.

② 신호등이 있는 철길 건널목을 통과할 때에는 건널목 앞에서 일시정지하여 안전한지의 여부를 확인한 후에 통과하여야 한다.

✔ **신호기가 없는 철길 건널목을 통과할 때에는 건널목 앞에서 일시정지하다 안전한지의 여부를 확인한 후에 통과하여야 한다.**

④ 신호기와 관련 없이 철길 건널목을 통과할 때에는 건널목 앞에서 일시정지하다 안전한지의 여부를 확인한 후에 통과하여야 한다.

해설
철길건널목의 통과(도로교통법 제24조)
모든 차 또는 노면전차의 운전자는 철길 건널목을 통과하려는 경우에는 건널목 앞에서 일시정지하다 안전한지 확인한 후에 통과하여야 한다. 다만, 신호기 등이 표시하는 신호에 따르는 경우에는 정지하지 아니하고 통과할 수 있다.

55 건설기계조종사면허증 발급 시 첨부서류가 아닌 것은?

① 신체검사서
② 소형건설기계조종교육이수증
③ **주민등록등본**
④ 건설기계조종사면허증

해설

건설기계조종사면허(건설기계관리법 시행규칙 제71조)
㉠ 건설기계조종사면허를 받고자 하는 자는 별지의 건설기계조종사면허증발급신청서에 다음의 서류를 첨부하여 시장·군수 또는 구청장에게 제출해야 한다.
• 신체검사서
• 소형건설기계조종교육이수증(소형건설기계조종사면허증을 발급신청하는 경우에 한정한다)
• 건설기계조종사면허증(건설기계조종사면허를 받은 자가 면허의 종류를 추가하고자 하는 때에 한한다)
• 신청일 전 6개월 이내에 모자 등을 쓰지 않고 촬영한 천연색 상반신 정면사진 1장
㉡ ㉠의 경우 시장·군수 또는 구청장은 「전자정부법」에 따른 행정정보의 공동이용을 통하여 다음의 정보를 확인하여야 하며, 신청인이 확인에 동의하지 아니하는 경우에는 해당 서류의 사본을 첨부하도록 하여야 한다.
• 국가기술자격증 정보(소형건설기계조종사면허증을 발급신청하는 경우는 제외한다)
• 자동차운전면허 정보(3t 미만의 지게차를 조종하려는 경우에 한정한다)

56 작업에 필요한 수공구의 보관에 알맞지 않은 것은?

① 공구함을 준비하여 종류와 크기별로 보관한다.
② 공구는 소정의 장소에 보관한다.
③ 날이 있거나 뾰족한 물건은 위험하므로 뚜껑을 씌워 둔다.
④ **사용한 수공구는 녹슬지 않도록 손잡이 부분에 오일을 발라서 보관한다.**

해설

기름이 묻은 손잡이는 사고를 유발할 수 있으므로 공구 보관 시 손잡이를 청결하게 유지한다.

57 크롤러 타입 유압식 굴착기의 주행 동력으로 이용되는 것은?

① 전기모터
② **유압모터**
③ 변속기 동력
④ 차동장치

해설

크롤러식은 유압모터에 의해 주행을 하고, 타이어식 굴착기는 변속기나 차동장치에 의해 주행한다.

58 납산축전지에서 격리판의 역할로 옳은 것은?

① 전해액의 증발을 방지한다.

② 과산화납으로 변하는 것을 방지한다.

③ 음극판과 양극판이 절연성을 높인다.

④ 전해액의 화학작용을 방지한다.

해설
격리판(separator)
양극판과 음극판의 유압실린더의 링크에 장착되어 굴착 또는 클램셸작업에 사용한다.

59 일반적인 오일탱크의 구성품이 아닌 것은?

① 스트레이너

② 드레인 플러그

③ 압력조절기

④ 배플 플레이트

해설
압력조절기는 유압펌프의 구성품이다.

60 다음에서 설명하는 전조등은?

> • 계속 사용에 따른 광도의 변화가 적다.
> • 대기조건에 따라 반사경이 흐려지지 않는다.
> • 필라멘트가 끊어지면 전조등 전체를 교환해야 한다.

① 반사판형 전조등

② 실드빔형 전조등

③ 프로젝트형 전조등

④ 세미실드빔형 전조등

해설
실드빔형 전조등은 오래 사용해도 광도의 변화가 적고, 대기조건에 따라 반사경이 흐려지지 않는다. 그러나 반사경과 필라멘트가 일체로 되어 있어 필라멘트가 끊어지면 전조등 전체를 교환해야 한다.

01 과실로 중상 2명의 인명피해를 입힌 건설기계를 조종한 자에 대한 처분기준은?

✓ **면허효력정지 30일**

② 면허효력정지 60일

③ 면허효력정지 90일

④ 면허취소

해설

건설기계조종사면허의 취소·정지처분기준(건설기계관리법 시행규칙 [별표 22])

• 고의로 인명피해(사망·중상·경상 등)를 입힌 경우
 : 취소

• 그 밖의 인명피해를 입힌 경우
 – 사망 1명마다 : 면허효력정지 45일
 – 중상 1명마다 : 면허효력정지 15일
 – 경상 1명마다 : 면허효력정지 5일

02 화재의 분류 기준에서 휘발유로 인해 발생한 화재는?

① A급 화재

✓ **B급 화재**

③ C급 화재

④ D급 화재

해설

화재의 분류

• A급 화재 : 일반화재
• B급 화재 : 유류화재
• C급 화재 : 전기화재
• D급 화재 : 금속화재

03 건설기계관리법상 건설기계검사의 종류에 해당하는 것은?

① 계속검사

② 예방검사

✓ **수시검사**

④ 항시검사

해설

건설기계검사는 신규등록검사, 정기검사, 구조변경검사, 수시검사로 구분된다.

04 다음 유압기호 중 어큐뮬레이터를 나타낸 것은?

✓

②

③

④

해설

② 필터
③ 압력계
④ 정용량형 유압펌프

05 축전지 격리판의 필요조건으로 틀린 것은?

① 다공성이고 전해액에 부식되지 않을 것
② 기계적 강도가 있을 것
③ 전도성이 좋으며 전해액의 확산이 잘 될 것
④ 극판에 좋지 않은 물질을 내뿜지 않을 것

해설
격리판은 비전도성일 것

06 엔진의 윤활유의 압력이 높아지는 이유는?

① 윤활유량이 부족하다.
② 윤활유의 점도가 너무 높다.
③ 기관 내부의 마모가 심하다.
④ 윤활유 펌프의 성능이 좋지 않다.

해설
점도가 높으면 마찰력이 높아지기 때문에 압력이 높아진다.

07 엔진 과열의 원인이 아닌 것은?

① 헐거워진 냉각 팬
② 물 통로 내의 물때(scale)
③ 히터스위치 고장
④ 수온 조절기의 고장

08 굴착기의 선회동작이 원활하게 안 되는 원인으로 틀린 것은?

① 스윙모터의 내부가 손상되었다.
② 컨트롤 밸브 스풀이 불량하다.
③ 릴리프 밸브의 설정압력이 부족하다.
④ 버킷과 암의 상태가 불량하다.

해설
버킷이나 암과 같은 작업장치의 불량은 선회동작과 직접적인 관계가 없다.

09 디젤엔진에 사용되는 연료의 구비 조건으로 틀린 것은?

① 착화점이 높을 것
② 황의 함유량이 적을 것
③ 발열량이 클 것
④ 점도가 적당할 것

해설
경유의 구비 조건
• 착화점이 낮을 것(세탄가가 높을 것)
• 황의 함유량이 적을 것
• 발열량이 클 것
• 점도가 적당하고 점도지수가 클 것

10 무한궤도식 건설기계에서 트랙이 벗겨지는 주 원인은?

① 트랙의 서행 회전
② **트랙이 너무 이완되었을 때**
③ 파이널 드라이브의 마모
④ 보조 스프링이 파손되었을 때

해설
무한궤도식 굴착기의 트랙이 주행 중 벗겨지는 원인
• 트랙의 장력이 너무 느슨할 때
• 전부 유동륜과 스프로킷의 상부 롤러가 마모될 때
• 전부 유동륜과 스프로킷의 중심이 맞지 않을 때
• 고속 주행 중 급커브를 돌 때

11 디젤엔진의 연소실에는 연료가 어떤 상태로 공급되는가?

① 기화기와 같은 기구를 사용하여 연료를 공급한다.
② **노즐로 연료를 안개와 같이 분사한다.**
③ 가솔린 엔진과 동일한 연료 공급펌프로 공급한다.
④ 액체 상태로 공급한다.

해설
디젤엔진의 연소실에서 연료는 노즐에 의해 안개처럼 분사된다.

12 기관에서 출력 저하의 원인이 아닌 것은?

① 분사시기 늦음
② 배기계통 막힘
③ 흡기계통 막힘
④ **압력계 작동 이상**

해설
출력 저하는 흡입·배기계통 막힘이나 압축압력의 저하 및 분사시기 늦음 등에 원인이 있다.

13 수공구 취급 시 안전에 관한 사항으로 틀린 것은?

① 해머자루의 해머고정 부분 끝에 쐐기를 박아 사용 중 해머가 빠지지 않도록 한다.
② **렌치 사용 시 본인의 몸 쪽으로 당기지 않는다.**
③ 스크루 드라이버 사용 시 공작물을 손으로 잡지 않는다.
④ 스크레이퍼 사용 시 공작물을 손으로 잡지 않는다.

해설
렌치는 사용자 몸 쪽으로 당기면서 볼트나 너트를 풀거나 조이는 작업을 해야 한다.

14 건설기계에서 사용하는 작동유의 정상작동 온도 범위로 가장 적합한 것은?

① 10~30℃　　　✓ 40~60℃
③ 90~110℃　　　④ 120~150℃

해설
작동유의 온도
- 난기운전(워밍업) 시 : 오일 온도 20~27℃, 최고허용 오일 온도 80℃, 최저허용 오일 온도 40℃
- 정상적인 오일의 온도 40~60℃, 열화되는 오일의 온도 80~100℃

15 타이어식 건설장비에서 조향 바퀴의 얼라인먼트가 아닌 것은?

① 토인　　　　　② 캐스터
✓ 부스터　　　　④ 킹핀 경사각

해설
조향 바퀴의 얼라인먼트는 킹핀 경사각, 캠버, 캐스터, 토인 등 4가지 요소로 정해진다. 부스터는 압력을 높이는 승압기이다.

16 지하구조물이 설치된 지역에 도시가스가 공급되는 곳에서 굴착기를 이용하여 굴착 공사 중 지면에서 0.3m 깊이에서 물체가 발견되었다. 예측할 수 있는 것으로 맞는 것은?

① 도시가스 입상관
✓ 도시가스배관을 보호하는 보호관
③ 가스차단장치
④ 수취기

해설
도시가스배관을 지하에 매설 시 특수한 사정으로 규정에 의한 심도를 유지할 수 없어 보호관을 사용할 때 보호관 외면이 지면과 최소 0.3m 이상의 깊이를 유지하여야 한다.

17 선반작업, 드릴작업, 목공 기계작업, 연삭작업, 해머작업 등을 할 때 착용하면 불안전한 보호구는?

① 차광 안경　　　✓ 장갑
③ 방진 안경　　　④ 귀마개

해설
장갑을 끼고 해머작업을 하다가 장갑의 미끄럼에 의해 해머를 놓쳐 주위 사람이나 기계, 장비에 피해를 줄 수 있다.

18 무한궤도식 굴착기와 타이어식 굴착기의 운전 특성에 대한 설명으로 틀린 것은?

① 타이어식은 장거리 이동이 쉽고, 기동성이 양호하다.
② 타이어식은 변속 및 주행속도가 빠르다.
③ 무한궤도식은 습지, 사지에서 작업이 유리하다.
✔ **무한궤도식은 기복이 심한 곳에서 작업이 불리하다.**

해설
무한궤도식은 크롤러형 굴착기로 기복이 심한 습지, 사지에 적합하다.

19 유압유의 점도에 대한 설명으로 틀린 것은?

① 온도가 내려가면 점도는 높아진다.
② 점성의 정도를 나타내는 척도이다.
✔ **점성계수를 밀도로 나눈 값이다.**
④ 온도가 상승하면 점도는 저하된다.

해설
③은 동점성계수를 말한다.

20 디젤기관에 공급하는 연료의 압력을 높이는 것으로 조속기와 분사시기를 조절하는 장치가 설치되어 있는 것은?

✔ **연료분사펌프**
② 프라이밍펌프
③ 유압펌프
④ 플런저펌프

해설
연료분사펌프
• 디젤기관에만 있는 부품으로 연료분사장치이다.
• 연료를 연소실 내로 분사하기 위하여 높은 압력으로 압축하여 폭발순서에 따라 각 실린더의 분사노즐로 압송하는 펌프이다.
• 연료분사량을 조정하는 조속기와 분사시기조절기(타이머)가 붙어 있다.

21 교차로 통행방법으로 틀린 것은?

① 좌, 우 회전 시에는 방향지시기 등으로 신호하여야 한다.
② 교차로에서는 정차하지 못한다.
✔ **교차로에서는 반드시 경음기를 울려야 한다.**
④ 교차로에서는 다른 차를 앞지르지 못한다.

해설
규정에 따라 우회전이나 좌회전을 하기 위하여 손이나 방향지시기 또는 등화로써 신호를 하는 차가 있는 경우에 그 뒤차의 운전자는 신호를 한 앞차의 진행을 방해하여서는 아니 된다.

22 다음에서 유압 작동유가 갖추어야 할 조건으로 맞는 것은?

> ㉠ 압축성이 작을 것
> ㉡ 밀도가 작을 것
> ㉢ 열팽창 계수가 작을 것
> ㉣ 체적탄성계수가 작을 것
> ㉤ 점도지수가 낮을 것
> ㉥ 발화점이 높을 것

① ㉠, ㉡, ㉢, ㉣ ② ㉡, ㉢, ㉤, ㉥
③ ㉡, ㉢, ㉣, ㉥ ✔ ㉠, ㉡, ㉢, ㉥

해설
유압유(작동유)의 구비 조건
• 동력을 확실하게 전달하기 위한 비압축성일 것
• 내연성, 점도지수, 체적 탄성계수 등이 클 것
• 산화 안정성이 있을 것
• 밀도, 독성, 휘발성, 열팽창 계수 등이 작을 것
• 열전도율, 장치와의 결합성, 윤활성 등이 좋을 것
• 유동점·발화점·인화점이 높고 온도변화에 대해 점도변화가 적을 것
• 방청, 방식성이 있을 것
• 비중이 낮아야 하고 기포의 생성이 적을 것
• 강인한 유막을 형성할 것
• 물, 먼지 등의 불순물과 분리가 잘 될 것

23 굴착기 주차 시 주의사항으로 옳지 않은 것은?

✔ 시동 스위치의 키를 on에 놓는다.
② 주차브레이크를 확실히 걸어 장비가 움직이지 않도록 한다.
③ 평탄한 장소에 주차시킨다.
④ 전후진 레버를 중립위치로 한다.

해설
운전석을 떠날 경우에는 기관을 정지(off)시킨다.

24 50kV에서 'kV'의 뜻은?

① 0.001V ② 0.1V
③ 100V ✔ 1,000V

해설
kV(kilovolt) : 전기의 전압단위 1kV = 1,000V이다.

25 크롤러형의 굴착기를 주행 운전할 때 적합하지 않은 것은?

① 주행 시 버킷의 높이는 30~50cm가 좋다.
② 가능하면 평탄지면을 택하고, 엔진은 중속이 적합하다.
✔ 암반 통과 시 엔진속도는 고속이어야 한다.
④ 주행 시 전부장치는 전방을 향해야 좋다.

해설
암반이나 부정지 등은 트랙을 팽팽하게 조정 후 저속으로 주행한다.

26 조향 핸들의 유격이 커지는 원인이 아닌 것은?

① 피트먼 암의 헐거움
② 타이로드 엔드 볼 조인트 마모
③ 조향 바퀴 베어링 마모
✔ 타이어 마모

해설
타이어의 과다 마멸 시 조향 핸들의 조작이 무겁다.

27 무거운 물건을 들어 올릴 때 주의사항으로 가장 적합하지 않은 것은?

① 힘센 사람과 약한 사람과의 균형을 잡는다.

② 장갑에 기름을 묻히고 든다.

③ 가능한 이동식 크레인을 이용한다.

④ 약간씩 이동하는 것은 지렛대를 이용할 수도 있다.

> **해설**
> 장갑에 기름을 묻히고 들면 미끄러질 수 있으므로 적합하지 않다.

28 건설기계기관에서 크랭크 축(crank shaft)의 구성부품이 아닌 것은?

① 크랭크 암(crank arm)

② 크랭크 핀(crank pin)

③ 저널(journal)

④ 플라이 휠(fly wheel)

> **해설**
> 플라이 휠은 주철제로 만들어 크랭크 축 뒤쪽의 플렌지에 고정되어 있다.
> ※ 크랭크 축의 주요부
> • 메인 베어링 저널에서 크랭크 핀을 연결하는 크랭크 암
> • 커넥팅로드가 연결되는 크랭크 핀
> • 메인 베어링에 지지되는 메인 베어링 저널
> • 핀의 평형을 유지하기 위해 설치된 평형추(balance weight)
> • 뒤 축 끝에는 플라이 휠을 설치하기 위한 플렌지
> • 플렌지 외경에는 오일의 유출을 막는 리어 오일실 장착부
> • 앞쪽에는 캠축을 구동하기 위한 크랭크 스프로킷 장착부
> • 워터 펌프, 발전기를 구동할 수 있는 크랭크 풀리 장착부

29 피스톤과 실린더 사이의 간극이 너무 클 때 일어나는 현상은?

① 엔진의 출력 증대

② 압축압력 증가

③ 실린더 소결

④ 엔진오일의 소비 증가

> **해설**
> 피스톤 링의 기능 저하로 인하여 오일이 연소실에 유입되어 오일 소비가 많아진다.

30 유압모터의 장점이 될 수 없는 것은?

① 소형 경량으로서 큰 출력을 낼 수 있다.

② 공기와 먼지 등이 침투하여도 성능에는 영향이 없다.

③ 변속, 역전의 제어도 용이하다.

④ 속도나 방향의 제어가 용이하다.

> **해설**
> 단점으로 먼지나 이물질에 의한 고장 우려가 있다.

31 AC발전기에서 다이오드의 역할로 가장 적합한 것은?

① 교류를 정류하고 역류를 방지한다.

② 여자 전류를 조정하고 역류를 방지한다.

③ 전압을 조정한다.

④ 전류를 조정한다.

> **해설**
> 직류발전기에서는 정류자와 브러시가 교류를 정류하며 역류를 방지하고, 교류발전기에서는 다이오드가 정류한다.

32 드릴작업의 안전수칙이 아닌 것은?

① 드릴작업 후 비트는 다음 작업을 위해 분리하지 않는다.

② 장갑을 끼고 작업하지 않는다.

③ 칩을 세서할 때는 회진을 중지시킨 상대에서 솔로 제거한다.

④ 일감은 견고하게 고정시키고 손으로 잡고 구멍을 뚫지 않는다.

> **해설**
> 작업이 끝나면 드릴 비트는 척에서 분리한다.

33 검사유효기간 만료 후 건설기계를 계속 운행하고자 할 때는 어떤 검사를 받아야 하는가?

① 신규등록검사 ② 계속검사

③ 수시검사 ④ **정기검사**

> **해설**
> 건설기계 검사의 종류(건설기계관리법 제13조)
> • 신규등록검사 : 건설기계를 신규로 등록할 때 실시하는 검사
> • 정기검사 : 건설공사용 건설기계로서 3년의 범위에서 국토교통부령으로 정하는 검사유효기간이 끝난 후에 계속하여 운행하려는 경우에 실시하는 검사와 「대기환경보전법」 및 「소음·진동관리법」에 따른 운행차의 정기검사
> • 구조변경검사 : 건설기계의 주요 구조를 변경하거나 개조한 경우 실시하는 검사
> • 수시검사 : 성능이 불량하거나 사고가 자주 발생하는 건설기계의 안전성 등을 점검하기 위하여 수시로 실시하는 검사와 건설기계 소유자의 신청을 받아 실시하는 검사

34 유압식 브레이크 장치에서 제동이 풀리지 않는 원인은?

① 브레이크 오일의 점도가 낮기 때문

② 파이프 내의 공기 침입

③ 체크 밸브의 접촉 불량

④ **마스터 실린더의 리턴 구멍이 막힘**

> **해설**
> 마스터 실린더의 리턴 구멍이 막히면 브레이크 라이닝 슈가 벌어진 상태에서 되돌아오지 못하여 제동상태가 풀리지 않는다.

35 하부 주행체에서 프런트 아이들러의 작동으로 맞는 것은?

① 동력을 발생시켜 트랙으로 전달한다.

② **트랙의 진행방향을 유도한다.**

③ 트랙의 회전력을 증대시킨다.

④ 차체의 파손을 방지하고 원활한 운전이 되도록 한다.

> **해설**
> 프런트 아이들러(전부 유동륜)는 트랙 프레임 앞쪽에 부착되어 트랙의 진로를 조정하면서 주행방향을 유도하는 작용을 한다.

36 생산활동 중 신체장애와 유해물질에 의한 중독 등으로 작업성 질환에 걸려 나타난 장애를 무엇이라 하는가?

① 산업안전　　　② 안전관리
③ 안전사고　　　✔ **산업재해**

37 보호구의 구비 조건으로 가장 거리가 먼 것은?

✔ **착용이 복잡할 것**
② 유해 위험요소에 대한 방호 성능이 충분할 것
③ 재료의 품질이 우수할 것
④ 외관상 보기가 좋을 것

　해설
보호구는 착용이 편리하고 손쉬워야 효과적으로 사용할 수 있다.

38 절연용 보호구의 종류가 아닌 것은?

① 절연모　　　✔ **절연시트**
③ 절연화　　　④ 절연장갑

　해설
절연용 보호구에는 절연 안전모, 절연 고무장갑, 절연화, 절연장화, 절연복 등이 있다.

39 굴착기의 3대 주요 구성부품으로 가장 적당한 것은?

① 상부 회전체, 하부 추진체, 중간 선회체
② 작업장치, 하부 추진체, 중간 선회체
✔ **작업장치, 상부 선회체, 하부 추진체**
④ 상부 조정장치, 하부 추진체, 중간 동력장치

　해설
굴착기의 주요부는 작업장치, 상부 회전체, 하부 주행체로 구성되어 있다.

40 기계장치의 재해를 방지하기 위해 선풍기 날개에 의한 위험방지조치로 가장 적합한 것은?

✔ **망 또는 울 설치**
② 역회전 방지장치 부착
③ 과부하 방지장치 부착
④ 반발 방지장치 설치

　해설
선풍기 날개에 의한 위험방지조치로는 망 또는 울을 설치하는 것이 좋다.

41 다음 그림과 같은 안전 표지판이 나타내는 것은?

ⓥ 비상구   ② 출입금지
③ 보안경 착용   ④ 고압전기 경고

해설
안전표지

출입금지	보안경 착용	고압전기 경고
🚫	😎	⚡

42 무한궤도식 굴착기의 부품이 아닌 것은?

① 유압펌프
② 오일쿨러
ⓥ 자재이음
④ 주행모터

해설
무한궤도식은 동력전달을 유압모터가 직접트랙에 전달하기 때문에 자재이음이 없다.

43 가스장치의 누출 여부를 가장 쉽게 확인하는 방법은?

① 분말 소화기 사용
② 소리를 감지
ⓥ 비눗물을 사용
④ 냄새로 감지

해설
가스 누설은 비눗물에 의한 기포 발생 여부를 검사하면 쉽게 확인할 수 있다.

44 건설기계가 고압전선에 근접 또는 접촉함으로써 가장 많이 발생할 수 있는 사고 유형은?

ⓥ 감전   ② 화재
③ 화상   ④ 절전

해설
감전, 화상, 화재 중에서 감전이 가장 쉽게 발생할 수 있다.

45 화재 시 연소의 주요 3요소로 틀린 것은?

ⓥ 고압   ② 가연물
③ 점화원   ④ 산소

해설
연소의 3요소
• 연료(가연물)
• 열(점화원)
• 산소

46 기중 작업에서 물체의 무게가 무거울수록 붐 길이와 각도는 어떻게 하는 것이 좋은가?

① 붐 길이는 길게, 각도는 크게
② 붐 길이는 짧게, 각도는 그대로
③ 붐 길이는 길게, 각도는 작게
✓ **붐 길이는 짧게, 각도는 크게**

> **해설**
> 붐의 길이는 짧고, 붐의 각도는 크게 해야 작업 반경이 작아지므로 힘을 낼 수가 있다.

47 동일 방향으로 주행하고 있는 전·후 차간의 안전 운전 방법으로 틀린 것은?

① 뒤차는 앞차가 급정지할 때 충돌을 피할 수 있는 필요한 안전거리를 유지한다.
② 뒤에서 따라오는 차량의 속도보다 느린 속도로 진행하려고 할 때에는 진로를 양보한다.
✓ **앞차가 다른 제차를 앞지르고 있을 때는 빠른 속도로 앞지른다.**
④ 앞차는 부득이한 경우를 제외하고는 급 정지·급감속을 하여서는 안 된다.

> **해설**
> ③ 앞차가 다른 제차를 앞지르고 있을 때는 앞지르기를 해서는 안 된다.
> 모든 차의 운전자는 앞지르기를 하는 차가 있을 때에는 속도를 높여 경쟁하거나 그 차의 앞을 가로막는 등의 방법으로 앞지르기를 방해하여서는 아니 된다.

48 건설기계관리법의 목적으로 가장 적합한 것은?

① 건설기계의 동산 신용증진
② 건설기계 사업의 질서 확립
③ 공로 운행상의 원활기여
✓ **건설기계의 효율적인 관리**

> **해설**
> 건설기계관리법은 건설기계의 등록·검사·형식승인 및 건설기계사업과 건설기계조종사면허 등에 관한 사항을 정하여 건설기계를 효율적으로 관리하고 건설기계의 안전도를 확보하여 건설공사의 기계화를 촉진함을 목적으로 한다.

49 굴착기 작업 시 작업 안전사항으로 틀린 것은?

✓ **경사지 작업 시 측면 절삭을 행하는 것이 좋다.**
② 한쪽 트랙을 들 때는 암과 붐 사이의 각도는 90~110° 범위로 해서 드는 것이 좋다.
③ 타이어식 굴착기로 작업 시 안전을 위하여 아웃트리거를 받치고 작업한다.
④ 기중작업은 가능한 피하는 것이 좋다.

> **해설**
> 경사지에서 선회 동작이나 작업 장치의 조작은 장비가 균형을 잃고 전도할 우려가 있으므로 하지 않는다.

50 최고속도의 100분의 50을 줄인 속도로 운행하여야 할 경우가 아닌 것은?

① 눈이 20mm 이상 쌓인 때

☑ **비가 내려 노면에 습기가 있을 때**

③ 노면이 얼어붙우 때

④ 폭우, 폭설, 안개 등으로 가시거리가 100m 이내인 때

해설
최고속도의 100분의 50을 줄인 속도로 운행하여야 하는 경우
• 폭우·폭설·안개 등으로 가시거리가 100m 이내인 경우
• 노면이 얼어붙은 경우
• 눈이 20mm 이상 쌓인 경우

51 건설기계관리법상 건설기계의 종류로 맞는 것은?

① 16종 및 특수건설기계
② 21종(20종 및 특수건설기계)
☑ **27종(26종 및 특수건설기계)**
④ 30종(27종 및 특수건설기계)

해설
건설기계의 범위는 27종이다(건설기계관리법 시행령 제2조).

52 도로교통법상 차마의 통행을 구분하기 위한 중앙선에 대한 설명으로 옳은 것은?

① 백색 및 회색의 실선 및 점선으로 되어 있다.

② 백색의 실선 및 점선으로 되어 있다.

☑ **황색의 실선 또는 황색 점선으로 되어 있다.**

④ 황색 및 백색의 실선 및 점선으로 되어 있다.

해설
정의(도로교통법 제2조)
"중앙선"이란 차마의 통행방향을 명확하게 구분하기 위하여 도로에 황색 실선(實線)이나 황색 점선 등의 안전표지로 표시한 선 또는 중앙분리대나 울타리 등으로 설치한 시설물을 말한다. 다만, 제14조제1항 후단에 따라 가변차로(可變車路)가 설치된 경우에는 신호기가 지시하는 진행방향의 가장 왼쪽에 있는 황색 점선을 말한다.

53 건설기계관리법상 건설기계사업의 등록은 누구에게 하는가?

① 국토교통부장관
☑ **시장·군수·구청장**
③ 안전행정부장관
④ 대한건설기계협회장

해설
건설기계사업의 등록 등(건설기계관리법 제21조)
건설기계사업을 하려는 자(지방자치단체는 제외)는 대통령령으로 정하는 바에 따라 사업의 종류별로 특별자치시장·특별자치도지사·시장·군수 또는 자치구의 구청장(이하 "시장·군수·구청장")에게 등록하여야 한다.

54 다음 중 도로교통법상 술에 취한 상태의 기준은?

☑ **혈중 알코올농도가 0.03% 이상**

② 혈중 알코올농도가 0.1% 이상

③ 혈중 알코올농도가 0.15% 이상

④ 혈중 알코올농도가 0.2% 이상

해설

도로교통법상 운전이 금지되는 술에 취한 상태의 기준은 운전자의 혈중알코올농도가 0.03% 이상인 경우로 한다.

55 건설기계등록 말소신청서의 첨부서류가 아닌 것은?

① 건설기계검사증

② 건설기계등록증

☑ **건설기계운행증**

④ 말소 사유를 확인할 수 있는 서류

해설

건설기계등록의 말소 등(건설기계관리법 시행규칙 제9조) 건설기계등록의 말소를 신청하고자 하는 건설기계소유자는 건설기계등록말소신청서에 다음의 서류를 첨부하여 해당 건설기계를 등록한 시·도지사에게 제출해야 한다.
• 건설기계등록증
• 건설기계검사증
• 멸실·도난·수출·폐기·폐기요청·반품 및 교육·연구목적 사용 등 등록말소사유를 확인할 수 있는 서류

56 신개발 시험·연구목적 운행을 제외한 건설기계의 임시 운행기간은 며칠 이내인가?

① 5일 ② 10일

☑ **15일** ④ 20일

해설

임시 운행기간은 15일 이내로 한다. 다만, 신개발 건설기계를 시험·연구의 목적으로 운행하는 경우에는 3년 이내로 한다.

57 작업장에서 지켜야 할 준수사항이 아닌 것은?

① 작업장에서는 급히 뛰지 말 것

② 불필요한 행동을 삼가할 것

☑ **공구를 전달할 경우 시간절약을 위해 가볍게 던질 것**

④ 대기 중인 차량엔 고임목을 괴둘 것

해설

작업 중 공구를 던지면 공구 파손과 안전상 위험을 초래할 수 있다.

58 도로교통법에 의한 제1종 대형면허를 가진 자가 조종할 수 없는 건설기계는?

① 콘크리트 펌프

☑ **콘크리트 살포기**

③ 아스팔트 살포기

④ 노상 안정기

해설

콘크리트 살포기는 롤러운전면허가 있어야 한다.

59 유압장치의 부품을 교환 후 다음 중 가장 우선 시행하여야 할 작업은?

① 최대부하 상태의 운전
② 유압을 점검
③ **유압장치의 공기빼기**
④ 유압 오일쿨러 청소

해설
유압장치의 부품 교환을 하면 공기가 들어가므로 공기빼기를 먼저 실시해야 정상운전이 가능하다.

60 도로주행의 일반적인 주의사항으로 틀린 것은?

① 시력이 저하될 수 있으므로 터널 진입 전 헤드라이트를 켜고 주행한다.
② 고속 주행 시 급핸들조작, 급브레이크는 옆으로 미끄러지거나 전복될 수 있다.
③ **야간운전은 주간보다 주의력이 양호하며 속도감이 민감하여 과속 우려가 없다.**
④ 비 오는 날 고속주행은 수막현상이 생겨 제동효과가 감소된다.

해설
야간에는 주간보다 원근감과 속도감이 둔해지고, 물체를 확인할 수 있는 거리가 낮보다 짧기 때문에 안전운전이 더욱 필요하다.

제 **3** 회 | 기출복원문제

01 작업장의 안전수칙 중 틀린 것은?

① 공구는 오래 사용하기 위하여 기름을 묻혀서 사용한다.
② 작업복과 안전장구는 반드시 착용한다.
③ 각종 기계를 불필요하게 공회전시키지 않는다.
④ 기계의 청소나 손질은 운전을 정지시킨 후 실시한다.

해설
사용한 공구는 면 걸레로 깨끗이 닦아서 공구상자 또는 지정된 장소에 보관한다.

02 운전자는 작업 전에 장비의 정비 상태를 확인하고 점검하여야 하는데 가장 거리가 먼 것은?

① 타이어 및 궤도 차륜 상태
② 브레이크 및 클러치의 작동 상태
③ 낙석, 낙하물 등의 위험이 예상되는 작업 시 견고한 헤드 가이드 설치 상태
④ 엔진의 진공도 상태

해설
엔진의 진공도 상태는 가동 상태에서 점검한다.

03 무한궤도식 굴착기와 타이어식 굴착기의 운전 특성에 대한 설명으로 틀린 것은?

① 타이어식은 장거리 이동이 쉽고, 기동성이 양호하다.
② 타이어식은 변속 및 주행속도가 빠르다.
③ 무한궤도식은 습지, 사지에서 작업이 유리하다.
④ 무한궤도식은 기복이 심한 곳에서 작업이 불리하다.

해설
무한궤도식은 접지면적이 넓고 접지압력이 낮아 습지, 사지 등의 작업이 용이하고 견인력, 등판능력이 커 험지 작업이 가능하다.

04 굴착기 작업 시 안전한 작업방법으로 옳지 않은 것은?

① 작업 후에는 암과 버킷 실린더 로드를 최대로 줄이고 버킷을 지면에 내려놓을 것
② 암석을 옮길 때는 버킷으로 밀어내지 말 것
③ 버킷을 들어 올린 채로 브레이크를 걸어두지 말 것
④ 토사를 굴착하면서 스윙하지 말 것

05 타이어식 건설기계 장비에서 토인에 대한 설명으로 틀린 것은?

① **토인은 좌·우 앞바퀴의 간격이 앞보다 뒤가 좁은 것이다.**

② 토인은 지진성을 좋게 하고 조향을 가볍도록 한다.

③ 토인은 반드시 직진상태에서 측정해야 한다.

④ 토인 조정이 잘못되면 타이어가 편마모 된다.

해설
토인(toe-in)
바퀴를 위에서 볼 때 좌우 바퀴의 중심 간 거리가 뒷부분보다 앞부분이 약간 좁아져 안으로 향하고 있는 것을 말한다.

06 플라이휠과 압력판 사이에 설치되고 클러치 축을 통하여 변속기로 전달하는 것은?

① **클러치 판**

② 클러치 스프링

③ 클러치 커버

④ 릴리스 베어링

해설
클러치 판은 변속기 입력축의 스플라인에 조립되어 있다.

07 기계식 변속기의 클러치에서 릴리스 베어링과 릴리스 레버가 분리되어 있을 때로 맞는 것은?

① **클러치가 연결되어 있을 때**

② 접촉하면 안 되는 것으로 분리되어 있을 때

③ 클러치가 분리되어 있을 때

④ 클러치가 연결, 분리할 때

해설
릴리스 레버는 릴리스 베어링에 의해 한쪽 끝부분이 눌리면 반대쪽은 클러치 판을 누르고 있는 압력판을 분리시키는 레버이다.

08 동력전달장치에서 추진 축 길이의 변동을 흡수하도록 되어 있는 장치는?

① **슬립이음**

② 자재이음

③ 2중 십자이음

④ 차축

해설
슬립이음
동력을 전달하는 축과 축 간 이음 형태의 하나로 변속기 출력 축의 스플라인에 설치되어 주행 중 추진 축의 길이 변화를 가능케 한다.

09 기계의 회전 부분(기어, 벨트, 제연)에 덮개를 설치하는 이유는?

① 회전 부분의 속도를 높이기 위하여
② 좋은 품질의 제품을 얻기 위해서
✔ **회전 부분과 신체의 접촉을 방지하기 위하여**
④ 제품의 제작과정을 숨기기 위해서

> 해설
> 회전 부분(기어, 벨트, 체인) 등은 위험하므로 반드시 덮개를 씌어둔다.

10 타이어식 건설기계에서 브레이크를 연속하여 자주 사용하면 브레이크 드럼이 과열되어, 마찰계수가 떨어지며 브레이크가 잘 듣지 않는 것으로서 짧은 시간 내에 반복 조작이나 내리막길을 내려갈 때 브레이크 효과가 나빠지는 현상은?

① 노킹 현상
✔ **페이드 현상**
③ 하이드로플레이닝 현상
④ 채팅 현상

> 해설
> 페이드 현상
> 브레이크 패드나 브레이크 드럼 같은 제동 표면의 온도가 과도하게 높아지면 마찰계수가 낮아져서 브레이크의 성능이 떨어지는 현상을 말한다.

11 굴착기의 상부에 위치하고 엔진 등이 설치되어 있으며 360°로 회전하는 것은?

✔ **상부 회전체**
② 트랙
③ 스프로킷
④ 하부 구동체

> 해설
> 상부 회전체에는 엔진, 유압펌프, 선회장치, 제어 밸브, 조종석 등이 설치되어 있으며 최대 회전각은 360°이다.

12 트랙 프레임 위에 한쪽만 지지하거나 양쪽을 지지하는 브래킷에 1~2개가 설치되어 트랙 아이들러와 스프로킷 사이에서 트랙이 처지는 것을 방지하는 동시에 트랙의 회전위치를 정확하게 유지하는 역할을 하는 것은?

① 브레이스
② 아우터 스프링
③ 스프로킷
✔ **캐리어 롤러**

> 해설
> 상부 롤러(캐리어 롤러)는 전부 유동륜과 스프로킷 사이의 트랙이 늘어나 처지는 것을 방지하고 트랙의 회전을 정확하게 유지하는 작용을 한다.

13 타이어식 로더에 차동 제한 장치가 있을 때의 장점으로 맞는 것은?

① 충격이 완화된다.

② 조향이 원활해진다.

☑ **연약한 지반에서 작업이 유리하다.**

④ 변속이 용이하다.

해설

차동 제한 장치는 양쪽 바퀴의 회전수 차이를 일정 수준 이하로 제한하여 차량의 구동력을 효율적으로 전달하는 장치로서 진흙길이나 웅덩이를 탈출할 때 작용한다.

14 트랙 구성품에 대한 설명으로 옳은 것은?

① 슈는 마멸되면 용접하여 재사용할 수 없다.

② 부싱은 마멸되면 용접하여 재사용할 수 있다.

☑ **슈는 마멸되면 용접하여 재사용할 수 있다.**

④ 링크는 마멸되면 용접하여 재사용할 수 없다.

해설

트랙은 슈, 슈볼트, 링크, 부싱, 핀, 슈핀으로 구성되어 있다.

① 슈는 돌기의 길이가 2cm 정도 남을 때 용접하여 재사용할 수 있다.

② 부싱은 마멸되면 용접하여 재사용할 수 없으며, 구멍이 나기 전에 1회 180° 돌려서 재사용할 수 있다.

④ 링크는 마멸되면 용접하여 재사용할 수 있다.

15 무한궤도식 장비에서 트랙 장력이 느슨해 졌을 때 무엇을 주입하면서 조정하는가?

① 기어오일

☑ **그리스**

③ 엔진오일

④ 브레이크 오일

해설

트랙 장력을 조정하는 방법에는 트랙 프레임 그리스 실리더에 그리스를 주입하는 방법(유압식), 조정너트를 사용하는(기계식) 방법이 있다.

16 무한궤도식 주행 장치에서 스프로킷의 이상 마모를 방지하기 위해서 조정해야 하는 것은?

① 슈의 간격

☑ **트랙의 장력**

③ 클러치 커버

④ 아이들러의 위치

해설

트랙의 장력이 너무 팽팽하면 트랙 핀과 부싱의 내·외부 및 스프로킷 돌기 등이 마모된다.

17 산업재해를 예방하기 위한 재해예방 4원칙에 해당하지 않는 것은?

① 대량 생산의 원칙
② 예방 가능의 원칙
③ 원인 계기의 원칙
④ 대책 선정의 원칙

해설
재해예방 4원칙
• 손실 우연의 원칙
• 예방 가능의 원칙
• 원인 계기의 원칙
• 대책 선정의 원칙

18 액체약품 취급 시 비산물로부터 눈을 보호하기 위한 보안경은?

① 고글형 ② 스펙터클형
③ 프런트형 ④ 일반형

해설
눈 보호구의 종류 및 사용 구분

종류	사용 구분
차광 보안경	자외선 및 적외선 또는 강열한 가시광선이 발생하는 장소에서 눈을 보호하기 위한 것
유리 보안경	미분, 칩, 기타 비산물로부터 눈을 보호하기 위한 것
플라스틱 보안경	미분, 칩, 액체 약품 등 기타 비산물로부터 눈을 보호하기 위한 것 (고글형은 부유 부진, 액체 약품 등의 비산물로부터 눈을 보호하기 위한 것)
도수렌즈 보안경	근시, 원시 혹은 난시인 근로자가 차광 보안경, 유리 보안경을 착용해야 하는 장소에서 작업하는 경우, 빛이나 비산물 및 기타 유해물질로부터 눈을 보호함과 동시에 시력을 교정하기 위한 것

19 산업안전보건표지의 종류에서 지시표시에 해당하는 것은?

① 차량통행금지
② 고온경고
③ 안전모착용
④ 출입금지

해설
산업안전보건표지
• 금지표지 : 차량통행금지, 출입금지
• 경고표지 : 고온경고

20 기계 및 기계장치 취급 시 사고 발생 원인이 아닌 것은?

① 정리 정돈 및 조명장치가 잘 되어 있지 않을 때
② 안전장치 및 보호장치가 잘 되어 있지 않을 때
③ 불량공구를 사용할 때
④ 기계 및 기계장치가 넓은 장소에 설치되어 있을 때

해설
기계 및 장비가 좁은 곳에 설치되어 있을 때

21 수공구 정리정돈에 대하여 옳지 않은 방법은?

① 공구는 지정된 곳에 보관한다.

✓ **공구는 온도와 습도가 높은 곳에 둔다.**

③ 공구는 기계나 재료 등의 위에 올려놓지 않는다.

④ 공구는 잘 정리하여 종류와 수량을 정확히 파악해 둔다.

> **해설**
> 공구의 보관은 온도와 습도가 적당한 곳에 보관한다.

22 소켓 렌치 사용에 대한 설명으로 가장 거리가 먼 것은?

✓ **임팩트용으로만 사용되므로 수작업 시는 사용하지 않도록 한다.**

② 큰 힘으로 조일 때 사용한다.

③ 오픈 렌치와 규격이 동일하다.

④ 사용 중 잘 미끄러지지 않는다.

> **해설**
> 소켓 렌치
> 볼트 크기에 맞게 공구의 머리 부분을 갈아 끼울 수 있다. 소켓만으로는 사용할 수 없으므로, 별도의 핸들 끝에 소켓을 끼워 사용하며, 임팩트용과 수작업용 모두 사용한다.

23 해머작업 시 주의사항으로 거리가 먼 것은?

① 장갑을 끼지 않는다.

② 작업에 알맞은 무게의 해머를 사용한다.

✓ **해머는 처음부터 힘차게 때린다.**

④ 자루가 단단한 것을 사용한다.

> **해설**
> 해머로 타격할 때에는 처음과 마지막에는 힘을 많이 가하지 말아야 한다.

24 도시가스가 공급되는 지역에서 굴착공사를 하고자 하는 자는 가스배관보호를 위하여 누구와 확인 요청을 하여야 하는가?

✓ **도시가스사업자**

② 소방서장

③ 경찰서장

④ 한국가스안전공사

> **해설**
> 도시가스배관 매설상황 확인(도시가스사업법 제30조의3)
> 도시가스사업이 허가된 지역에서 굴착공사를 하려는 자는 굴착공사를 하기 전에 해당 지역을 공급권역으로 하는 도시가스사업자가 해당 토지의 지하에 도시가스배관이 묻혀 있는지에 관하여 확인하여 줄 것을 산업통상자원부령으로 정하는 바에 따라 정보지원센터에 요청하여야 한다. 다만, 도시가스배관에 위험을 발생시킬 우려가 없다고 인정되는 굴착공사로서 대통령령으로 정하는 공사의 경우에는 그러하지 아니하다.

25 가스배관의 주위에 매설물을 부설하고자 할 때는 최소한 가스배관과 몇 m 이상 이격하여 설치하여야 하는가?

① 0.2   ✓ 0.3

③ 0.4   ④ 0.5

해설
타시설물과의 이격거리 유지
배관을 지하에 매설하는 경우에는 배관의 외면과 상수도관·하수관거 통신케이블 등 타시설물과는 0.3m 이상의 간격을 유지한다.

26 도로에서 굴착작업 중 케이블 표지시트가 발견되었을 때 조치방법으로 가장 적절한 것은?

✓ 해당 설비 관리자에게 연락 후 그 지시를 따른다.

② 케이블 표지시트를 걷어내고 계속 작업한다.

③ 시설관리자에게 연락하지 않고 조심해서 작업한다.

④ 케이블 표지시트는 전력케이블과는 무관하다.

27 안전관리상 감전의 위험이 있는 곳의 전기를 차단하여 수리점검을 할 때의 조치와 관계가 없는 것은?

✓ 스위치에 통전 장치를 한다.

② 기타 위험에 대한 방지장치를 한다.

③ 스위치에 안전장치를 한다.

④ 통전 금지기간에 관한 사항이 있을 때 필요한 곳에 게시한다.

해설
전원을 차단하여 정전으로 시행하는 작업 시 통전 장치를 하면 안 된다.

28 전장품을 안전하게 보호하는 퓨즈의 사용법으로 틀린 것은?

✓ 퓨즈가 없으면 임시로 철사를 감아서 사용한다.

② 회로에 맞는 전류 용량의 퓨즈를 사용한다.

③ 오래되어 산화된 퓨즈는 미리 교환한다.

④ 과열되어 끊어진 퓨즈는 과열 원인을 찾아 먼저 수리한다.

해설
퓨즈 대용으로 철선을 사용한 경우 화재의 위험이 있다.

29 유류화재 시 소화용으로 가장 거리가 먼 것은?

① 물
② 소화기
③ 모래
④ 흙

유류화재 시 기름과 물은 섞이지 않아 기름이 물을 타고 화재가 더 확산되어 위험하다.

30 가공전선로 주변에서 굴착작업 중 보기와 같은 상황 발생 시 조치사항으로 가장 적절한 것은?

┤보기├
굴착작업 중 작업장 상부를 지나는 전선이 버킷 실린더에 의해 단선되었으나 인명과 장비에 피해는 없었다.

① 가정용이므로 작업을 마친 다음 현장 전기공에 의해 복구시킨다.
② 발생 후 1일 이내에 감독관에게 알린다.
③ 전주나 전주 위의 변압기에 이상이 없으면 무관하다.
④ 발생 즉시 인근 한국전력 사업소에 연락하여 복구하도록 한다.

해설
전력케이블에 손상이 가해지면 전력공급을 차단하거나 중단할 수 있으므로 즉시 한국전력공사에 통보해야 한다.

31 건설기계등록신청은 건설기계를 취득한 날로부터 얼마의 기간 이내에 하여야 하는가?

① 5일
② 15일
③ 1월
④ 2월

해설
등록의 신청 등(건설기계관리법 시행령 제3조)
건설기계등록신청은 건설기계를 취득한 날(판매를 목적으로 수입된 건설기계의 경우에는 판매한 날을 말한다)부터 2월 이내에 하여야 한다. 다만, 전시·사변 기타 이에 준하는 국가비상사태하에 있어서는 5일 이내에 신청하여야 한다.

32 건설기계의 소유자는 성명, 주민등록번호 및 국적의 변경이 있는 경우 등록을 한 시·도지사에게 건설기계등록사항변경신고서를 그 변경이 있은 날부터 며칠 이내에 제출하여야 하는가?

① 10일
② 30일
③ 45일
④ 60일

해설
등록사항의 변경신고(건설기계관리법 시행령 제5조)
건설기계의 소유자는 건설기계등록사항에 변경(주소지 또는 사용본거지가 변경된 경우를 제외한다)이 있는 때에는 그 변경이 있은 날부터 30일(상속의 경우에는 상속개시일부터 6개월) 이내에 건설기계등록사항변경신고서(전자문서로 된 신고서를 포함한다)에 다음의 서류(전자문서를 포함한다)를 첨부하여 규정에 따라 등록을 한 시·도지사에게 제출하여야 한다. 다만, 전시·사변 기타 이에 준하는 국가비상사태하에 있어서는 5일 이내에 하여야 한다.
• 변경내용을 증명하는 서류
• 건설기계등록증(자가용 건설기계 소유자의 주소지 또는 사용본거지가 변경된 경우는 제외한다)
• 건설기계검사증(자가용 건설기계 소유자의 주소지 또는 사용본거지가 변경된 경우는 제외한다)

33 건설기계관리법령상 수시검사를 명할 수 있는 자는?

① 행정안진부 장관
② 시·도지사 ✓
③ 경찰서장
④ 검사 대행자

> **해설**
> 수시검사 명령(건설기계관리법 시행규칙 제30조의2)
> ① 시·도지사는 법 제13조제6항에 따라 수시검사를 명령하려는 때에는 수시검사 명령의 이행을 위한 검사의 신청기간을 31일 이내로 정하여 건설기계소유자에게 별지 제20호의3서식의 건설기계 수시검사명령서를 서면으로 통지해야 한다. 다만, 건설기계소유자의 주소 등을 통상적인 방법으로 확인할 수 없거나 통지가 불가능한 경우에는 해당 시·도의 공보 및 인터넷 홈페이지에 공고해야 한다.
> ② 시·도지사는 법 제14조에 따라 검사대행자가 지정된 경우에는 제1항에 따른 건설기계 수시검사 명령의 통지 또는 공고 사실을 검사대행자에게 통보해야 하며, 이 경우 검사대행자는 시·도지사의 공고 내용을 검사대행자의 인터넷 홈페이지에 게재해야 한다.

35 건설기계조종사의 정기적성검사는 65세 미만인 경우 몇 년마다 받아야 하는가?

① 3년 　　② 5년
③ 7년 　　**④ 10년** ✓

> **해설**
> 정기적성검사(건설기계관리법 시행규칙 제81조)
> 건설기계조종사는 10년마다(단, 65세 이상인 경우는 5년마다) 시장, 군수 또는 구청장이 실시하는 정기적성검사를 받아야 한다.

34 건설기계관리법령상 건설기계 소유자가 정기검사를 받지 아니하고, 정기검사 지연기간이 30일 이내인 경우 과태료는?

① 2만원 　　② 4만원
③ 10만원 ✓ 　　④ 20만원

> **해설**
> 정기검사를 받지 아니한 때의 과태료(건설기계관리법 시행령 [별표 3])
> 10만원(신청기간 만료일부터 30일을 초과하는 경우 3일 초과 시마다 10만원을 가산하다)

36 다음 중 건설기계사업에 해당하지 않는 것은?

① 건설기계대여업
② 건설기계수출업 ✓
③ 건설기계해체재활용업
④ 건설기계정비업

> **해설**
> 건설기계사업이란 건설기계대여업, 건설기계정비업, 건설기계매매업 및 건설기계해체재활용업을 말한다.

37 건설기계조종사 면허를 받지 아니하고 건설기계를 조종한 자에 대한 벌칙은?

☑ **1년 이하의 징역 또는 1천만원 이하의 벌금**

② 100만원 이하의 벌금

③ 50만원 이하의 벌금

④ 30만원 이하의 과태료

해설
벌칙(건설기계관리법 제41조)
건설기계조종사면허를 받지 아니하고 건설기계를 조종한 자는 1년 이하의 징역 또는 1천만원 이하의 벌금에 처한다.

38 다음 중 건설기계 특별표지판을 부착하지 않아도 되는 건설기계는?

① 길이가 17m인 크레인

② 너비가 4m인 기중기

☑ **총중량이 15t인 굴착기**

④ 최소 회전반경이 14m인 모터그레이더

해설
대형건설기계(건설기계 안전기준에 관한 규칙 제2조)
• 길이가 16.7m를 초과하는 건설기계
• 너비가 2.5m를 초과하는 건설기계
• 높이가 4.0m를 초과하는 건설기계
• 최소회전반경이 12m를 초과하는 건설기계
• 총중량이 40t을 초과하는 건설기계. 다만, 굴착기, 로더 및 지게차는 운전중량이 40t을 초과하는 경우를 말한다.
• 총중량 상태에서 축하중이 10t을 초과하는 건설기계. 다만, 굴착기, 로더 및 지게차는 운전중량 상태에서 축하중이 10t을 초과하는 경우를 말한다.

39 도로에서 위험을 방지하고 교통을 안전과 원활한 소통을 확보하기 위하여 필요하다고 인정하는 때에는 구역 또는 구간을 지정하여 자동차의 속도를 제한하는 자로 맞는 것은?

① 경찰서장

② 구청장

☑ **시·도경찰청장**

④ 시·도지사

해설
자동차 등과 노면전차의 속도(도로교통법 제17조)
경찰청장이나 시·도경찰청장은 도로에서 일어나는 위험을 방지하고 교통의 안전과 원활한 소통을 확보하기 위하여 필요하다고 인정하는 경우에는 다음의 구분에 따라 구역이나 구간을 지정하여 규정에 따라 정한 속도를 제한할 수 있다.
• 경찰청장 : 고속도로
• 시·도경찰청장 : 고속도로를 제외한 도로

40 눈이 20mm 미만 쌓인 때는 최고속도의 얼마로 감속운행하여야 하는가?

① 100분의 50

② 100분의 40

③ 100분의 30

☑ **100분의 20**

해설
감속운행(도로교통법 시행규칙 제19조)
• 최고속도의 100분의 20을 줄인 속도로 운행하여야 하는 경우
 - 비가 내려 노면이 젖어있는 경우
 - 눈이 20mm 미만 쌓인 경우
• 최고속도의 100분의 50을 줄인 속도로 운행하여야 하는 경우
 - 폭우·폭설·안개 등으로 가시거리가 100m 이내인 경우
 - 노면이 얼어붙은 경우
 - 눈이 20mm 이상 쌓인 경우

41 도로교통법상 철길 건널목 통과 방법으로 틀린 것은?

① 경보기가 울리고 있는 동안에는 통과하여서는 아니 된다.

② 건널목에서 앞차가 서행하면서 통과할 때에는 그 차를 따라 서행한다.

③ 차단기가 내려지려고 할 때에는 통과하여서는 아니 된다.

④ 건널목 직전에서 일시정지하였다가 안전함을 확인한 후 통과한다.

해설

철길 건널목의 통과(도로교통법 제24조)
• 모든 차 또는 노면전차의 운전자는 철길 건널목(이하 "건널목")을 통과하려는 경우에는 건널목 앞에서 일시정지하여 안전한지 확인한 후에 통과하여야 한다. 다만, 신호기 등이 표시하는 신호에 따르는 경우에는 정지하지 아니하고 통과할 수 있다.
• 모든 차 또는 노면전차의 운전자는 건널목의 차단기가 내려져 있거나 내려지려고 하는 경우 또는 건널목의 경보기가 울리고 있는 동안에는 그 건널목으로 들어가서는 아니 된다.

42 소방용 방화 물통으로부터 몇 m 이내의 지점에 주차를 해서는 안 되는가?

① 3 ② 5

③ 7 ④ 10

해설

정차 및 주차의 금지(도로교통법 제32조)
다음의 곳으로부터 5m 이내인 곳
• 「소방기본법」에 따른 소방용수시설 또는 비상소화장치가 설치된 곳
• 「소방시설 설치 및 관리에 관한 법률」에 따른 소방시설로서 대통령령으로 정하는 시설이 설치된 곳

43 교차로에서 진로를 변경하고자 할 때에 교차로의 가장자리에 이르기 전 몇 m 이상의 지점으로부터 방향지시등을 켜야 하는가?

① 10 ② 20

③ 30 ④ 40

해설

신호의 시기 및 방법(도로교통법 시행령 [별표 2])

신호를 하는 경우	신호를 하는 시기	신호의 방법
회전교차로에 진입하려는 때	그 행위를 하려는 지점에 이르기 전 30m 이상의 지점에 이르렀을 때	왼팔을 수평으로 펴서 차체의 왼쪽 밖으로 내밀거나 오른팔을 차체의 오른쪽 밖으로 내어 팔꿈치를 굽혀 수직으로 올리거나 왼쪽의 방향지시기 또는 등화를 조작할 것

44 출발지 관할 경찰서장이 안전기준을 초과하여 운행할 수 있도록 허가하는 사항에 해당하지 않는 것은?

① 적재중량 ② 운행속도

③ 승차 인원 ④ 적재용량

해설

승차 또는 적재의 방법과 제한(도로교통법 제39조)
모든 차의 운전자는 승차 인원, 적재중량 및 적재용량에 관하여 대통령령으로 정하는 운행상의 안전기준을 넘어서 승차시키거나 적재한 상태로 운전하여서는 아니 된다. 다만, 출발지를 관할하는 경찰서장의 허가를 받은 경우에는 그러하지 아니하다.

45 교통사고 시 사상자가 발생하였을 때 운전자가 즉시 취하여야 할 조치사항 중 가장 옳은 것은?

① 증인 확보 – 정차 – 사상자 구호
② 즉시 정차 – 신고 – 위해방지
③ 즉시 정차 – 위해방지 – 신고
④ **즉시 정차 – 사상자 구호 – 신고**

해설

교통사고 시 즉시 정차하여 사상자를 먼저 구호하고 신고 및 고장차량 표지판 설치 등 필요한 조치를 취한다.

46 공기만을 실린더 내로 흡입하여 고압축비로 압축한 다음 압축열에 연료를 분사하는 작동원리의 디젤기관은?

① **압축착화 기관**
② 전기점화 기관
③ 외연기관
④ 제트기관

해설

② 전기점화 기관 : 전기 불꽃으로 실린더 안의 연료를 태우는 기관
③ 외연기관 : 실린더 밖에서 연료를 직접 연소시켜 동력을 얻는 기관
④ 제트기관 : 빨아들인 공기에 연료가 섞여 연소한 다음 발생한 가스가 고속으로 분출할 때의 반동으로 추진력을 얻는 장치

47 연료의 세탄가와 가장 밀접한 관련이 있는 것은?

① 열효율　　　② 폭발압력
③ **착화성**　　　④ 인화성

해설

경유의 착화성을 나타내는 지표로 세탄가(setane number)를 쓰고 있으며 이 값이 클수록 착화하기가 쉽다.

48 기관에서 실린더 마모 원인이 아닌 것은?

① 실린더 벽과 피스톤 및 피스톤 링의 접촉에 의한 마모
② **희박한 혼합기에 의한 마모**
③ 연소생성물(카본)에 의한 마모
④ 흡입공기 중 먼지, 이물질 등에 의한 마모

해설

실린더의 마모 원인
• 실린더 벽과 피스톤 및 피스톤 링의 접촉에 의해서
• 연소 생성물에 의해서
• 농후한 혼합기 유입으로 인하여 실린더 벽의 오일 막이 끊어지므로
• 흡입 공기 중 먼지와 이물질 등에 의해서
• 연료나 수분이 실린더 벽에 응결되어 부식 작용을 일으키므로
• 실린더와 피스톤 간극의 불량으로 인하여
• 피스톤 링 이음 간극 불량으로 인하여
• 피스톤 링의 장력 과대로 인하여
• 커넥팅 로드의 휨으로 인하여

49 윤활장치에서 오일여과기의 역할은?

① 오일의 역순환 방지 작용
② 오일에 필요한 방청 작용
③ **오일에 포함된 불순물 제거 작용**
④ 오일 계통에 압송 작용

해설

오일여과기는 오일 속에 포함되어 있는 미세한 불순물을 제거하는 기구이다.

50 건설기계운전 작업 후 탱크에 연료를 가득 채워주는 이유와 가장 관련이 적은 것은?

① 내일(다음)의 작업을 위해서
② 연료의 기포방지를 위해서
③ 연료 탱크에 수분이 생기는 것을 방지하기 위해서
④ **연료의 압력을 높이기 위해서**

해설

연료 탱크를 가득 채워 두는 이유는 탱크 속의 연료 증발로 발생된 공기 중의 수분이 응축되어 물이 생기는 것과 기포를 방지하기 위해서이다.

51 디젤기관을 시동할 때 주의사항으로 틀린 것은?

① 기온이 낮을 때는 예열 경고등이 소등되면 시동한다.
② 기관시동은 각종 조작레버가 중립위치에 있는가를 확인 후 행한다.
③ 시동과 동시에 급가속하지 않는다.
④ **시동 후 적어도 1분 정도는 시동 스위치의 스타트(ST) 위치에서 손을 떼지 않아야 한다.**

해설

엔진이 시동되면 바로 손을 뗀다. 그렇지 않고 계속 잡고 있으면 전동기가 소손되거나 탄다.

52 건설기계 운전 중 엔진이 부조를 하다가 시동이 꺼졌다. 그 원인이 아닌 것은?

① 연료필터 막힘
② 연료에 물 혼입
③ 분사 노즐이 막힘
④ **연료장치의 오버플로 호스가 파손**

해설

• 건설기계 운전 중 엔진이 부조를 하다가 시동이 꺼진 원인은 연료 공급이 되지 못할 때 생긴다.
• 오버플로 호스가 파손되면 시동을 한 후 남아서 되돌아가는 연료가 회송되지 못한다.

53 건설장비에 장착된 축전지를 급속 충전할 때 축전지의 접지 케이블을 분리시키는 이유로 맞는 것은?

① 과충전을 방지하기 위해

✔ **발전기의 다이오드를 보호하기 위해**

③ 시동스위치를 보호하기 위해

④ 기동 전동기를 보호하기 위해

해설
급속 충전할 때 많은 전류가 역으로 흘러 다이오드를 손상시킬 수가 있으므로 축전지의 접지 케이블을 분리시킨다.

54 빛을 받으면 전류가 흐르지만 빛이 없으면 전류가 흐르지 않는 전기 소자는?

① 발광 다이오드

✔ **포토 다이오드**

③ 제너 다이오드

④ pn 접합 다이오드

해설
① 발광 다이오드 : 순방향으로 전압을 가할 때 발광하는 반도체 소자
③ 제너 다이오드 : 일반 다이오드와 다르게 낮은 역방향 전압에서도 역전류가 흐르도록 만든 소자
④ pn 접합 다이오드 : p형 반도체와 n형 반도체를 접합하여 만든 것으로 한쪽 방향으로는 쉽게 전자를 통과시키지만 다른 방향으로는 통과시키지 않는 특성(정류 작용)을 가지고 있다.

55 전기회로에서 퓨즈의 설치 방법은?

✔ **직렬**　　　② 병렬

③ 직·병렬　　　④ 상관없다.

해설
퓨즈의 목적은 과전류 발생 시 회로를 끊어 전류가 더 이상 흐르지 못하도록 하기 위함이다. 병렬로 연결한다면 퓨즈가 끊어지더라도 병렬로 구성된 다른 부분으로 전류가 계속 발생이 되게 되므로 전류가 더 이상 흐르지 못하도록 하기 위한 퓨즈의 목적을 달성할 수 없다. 따라서 직렬로 연결을 해야 과전류 발생 시 회로를 끊을 수 있다.

56 유압기기에 대한 단점이다. 설명 중 틀린 것은?

① 오일은 가연성 있어 화재에 위험하다.

② 회로 구성에 어렵고 누설되는 경우가 있다.

③ 오일의 온도에 따라서 점도가 변하므로 기계의 속도가 변한다.

✔ **에너지의 손실이 적다.**

해설
유압장치의 단점
• 고압 사용으로 인한 위험성 및 이물질(공기·먼지 및 수분)에 민감하다.
• 폐유에 의한 주변 환경이 오염될 수 있다.
• 유압장치의 점검이 어렵다.
• 작동유의 온도 영향으로 정밀한 속도와 제어가 어렵다.
• 고장 원인의 발견이 어렵고, 구조가 복잡하다.
• 작동유가 높은 압력이 될 때에는 파이프를 연결하는 부분에서 새기 쉽다.

57 펌프의 최고 토출압력, 평균효율이 가장 높아 고압출력에 사용하는 유압펌프로 가장 적합한 것은?

① 기어 펌프

② 베인 펌프

③ 트로코이드 펌프

④ **피스톤 펌프**

> **해설**
> 피스톤 펌프는 일반적으로 유압펌프 중 가장 고압, 고효율인 펌프이다.

58 기관의 커넥팅 로드가 부러질 경우 직접 영향을 받는 곳은?

① 오일 팬

② 밸브

③ **실린더**

④ 실린더 헤드

> **해설**
> 커넥팅 로드가 부러지면 회전이 멈출 때까지 실린더나 실린더 블록 등을 손상시킨다.

59 오일펌프의 압력조절 밸브를 조정하여 스프링 장력을 높게 하면 어떻게 되는가?

① **유압이 높아진다.**

② 윤활유의 점도가 증가된다.

③ 유압이 낮아진다.

④ 유량의 송출량이 증가된다.

> **해설**
> 오일펌프의 압력조절 밸브를 조정하여 스프링 장벽을 높게 하면 유압이 상승한다.

60 그림과 같은 유압기호는?

① 유압밸브

② 차단밸브

③ **오일 탱크**

④ 유압실린더

01 작업환경 개선 방법으로 가장 거리가 먼 것은?

① 채광을 좋게 한다.
② 조명을 밝게 한다.
☑ **부품을 신품으로 모두 교체한다.**
④ 소음을 줄인다.

해설
작업환경 개선 항목으로 작업장 정리정돈 및 청소, 채광, 조명, 소음, 통풍, 환기, 색채조절, 온열조건, 행동장해 요인 제거 등이 있다.

02 작업 개시 전 운전자의 조치사항으로 가장 거리가 먼 것은?

① 점검에 필요한 점검 내용을 숙지한다.
② 운전하는 장비의 사양을 숙지 및 고장 나기 쉬운 곳을 파악하여야 한다.
③ 장비의 이상 유무를 작업 전에 항상 점검하여야 한다.
☑ **주행로 상에 복수의 장비가 있을 때는 충돌방지를 위하여 주행로 양측에 콘크리트 옹벽을 친다.**

해설
주행로 상에 복수의 장비가 있을 때에는 주행로 양측에 가설 고임목을 설치하여 인접 장비와의 충돌을 방지하여야 한다.

03 무한궤도식 건설기계에서 주행 불량 현상이 원인이 아닌 것은?

① 한쪽 주행모터의 브레이크 작동이 불량할 때
② 유압펌프의 토출 유량이 부족할 때
☑ **트랙에 오일이 묻었을 때**
④ 스프로킷이 손상되었을 때

04 크롤러형 굴착기가 진흙에 빠져서, 자력으로는 탈출이 거의 불가능하게 된 상태의 경우 견인방법으로 가장 적당한 것은?

① 두 대의 굴착기 버킷을 서로 걸고 견인한다.
☑ **하부기구 본체에 와이어 로프를 걸고 크레인으로 당길 때 굴착기는 주행 레버를 견인 방향으로 밀면서 나온다.**
③ 버킷으로 지면을 걸고 나온다.
④ 전부장치로 잭업시킨 후, 후진으로 밀면서 나온다.

해설
굴착기는 무게중심이 상부 회전체와 하부 주행체에 있으므로 하부기구 본체에 와이어를 걸어야 한다.

05 쇽 옵서버의 역할 중 가장 거리가 먼 것은?

✔ **① 좌우의 스프링의 힘을 균등하게 한다.**

② 스프링의 상하 운동에너지를 열에너지로 바꾸는 일을 한다.

③ 주행 중 충격에 의하여 발생된 진동을 흡수한다.

④ 스프링의 피로를 적게 한다.

해설

쇽 옵서버

진동 감쇠 장치로 쾌적한 승차감과 타이어의 접지력을 높여 안전 운전에도 대단히 중요한 역할을 한다.

06 메인 클러치의 구성품에 해당하지 않는 것은?

① 클러치 디스크

② 릴리스 레버

✔ **③ 어저스팅 암**

④ 릴리스 베어링

해설

메인 클러치(플라이 휠 클러치)는 클러치 디스크, 압력 판, 스프링, 릴리스 레버, 릴리스 베어링 등으로 구성되어 있다.

07 토크 컨버터 오일의 구비 조건이 아닌 것은?

✔ **① 점도가 높을 것**

② 착화점이 높을 것

③ 빙점이 낮을 것

④ 비점이 높을 것

해설

토크 변환기 오일의 구비 조건

• 비중이 클 것, 착화점이 높을 것, 점도가 낮을 것, 융점이 낮을 것

• 유성이 좋을 것, 내산성이 클 것, 윤활성이 클 것, 비등점이 높을 것

08 휠타입 굴착기의 동력전달장치에서 슬립 이음(슬립 조인트)이 변화를 가능하게 하는 것은?

✔ **① 축의 길이**　② 회전 속도

③ 드라이브 각　④ 축의 진동

해설

슬립 이음

동력을 전달하는 축과 축 간 이음 형태의 하나로 변속기 출력 축의 스플라인에 설치되어 주행 중 추진 축의 길이 변화를 가능케 한다.

09 벨트에 대한 안전사항으로 틀린 것은?

① 벨트를 걸 때나 벗길 때에는 기계를 정지한 상태에서 실시한다.

② 벨트의 이음쇠는 돌기가 없는 구조로 한다.

③ 벨트가 풀리에 감겨 돌아가는 부분은 덮개를 설치한다.

✔ **바닥면으로부터 2m 이내에 있는 벨트는 덮개를 제거한다.**

> **해설**
> 벨트의 회전부에는 안전 덮개가 견고히 설치되어야 한다.

10 브레이크를 연속하여 자주 사용하면 브레이크 드럼이 과열되어, 마찰계수가 떨어지고 브레이크가 잘 듣지 않는 것으로 짧은 시간 내에 반복 조작이나, 내리막길을 내려갈 때 브레이크 효과가 나빠지는 현상은?

① 자기작동

✔ **페이드**

③ 하이드로 플래닝

④ 와전류

> **해설**
> ① 자기작동 : 브레이크를 작동시키면 회전 방향 앞쪽에 있는 슈는 드럼과 함께 회전하려는 경향이 생겨 앵커핀을 중심으로 바깥쪽으로 벌어지려는 작용력으로 드럼을 강하게 압박하여 제동력을 증가시키는 작용
> ③ 수막현상 : 물에 덮인 노상을 고속으로 주행할 때 갑자기 조종성을 잃는 위험한 현상
> ④ 와전류 : 전기장이나 자기장의 변화 혹은 전자파에 의해 도체 내부에서 유도되는 전하의 움직임

11 굴착기가 수행할 수 있는 작업이 아닌 것은?

① 굴착작업   ② 파쇄작업

✔ **흡입작업**   ④ 적재작업

> **해설**
> 굴착기가 수행할 수 있는 작업
> • 땅을 파는 굴착작업
> • 구조물을 철거하는 파쇄작업
> • 토양을 고르는 정지작업
> • 토사를 옮기거나 쌓는 적재작업

12 디젤기관과 엔진오일 압력이 규정 이상으로 높아질 수 있는 원인은?

① 엔진오일이 희석되었다.

② 기관의 회전속도가 낮다.

✔ **엔진오일의 점도가 지나치게 높다.**

④ 엔진오일의 점도가 지나치게 낮다.

> **해설**
> 유압이 상승하는 원인
> • 오일 점도가 높은 경우
> • 윤활 통로가 막힌 경우
> • 유압조정밸브 스프링의 조정 불량
> • 윤활부의 간극이 작거나 이물질이 낀 경우 등

13 굴착기의 센터 조인트(선회 이음)의 기능으로 맞는 것은?

   ✔ 상부 회전체가 회전 시에도 오일관로가 꼬이지 않고 오일을 하부 주행체로 원활히 공급한다.

   ② 주행모터가 상부 회전체에 오일을 전달한다.

   ③ 하부 주행체에 공급되는 오일을 상부 회전체로 공급한다.

   ④ 자동변속장치에 의하여 스윙모터를 회전시킨다.

해설
센터 조인트는 상부 회전체의 중심부에 설치되어 있으며, 상부 회전체의 오일을 하부 주행체(주행 모터)로 공급하는 부품이다. 또 이 조인트는 상부 회전체가 회전하더라도 호스, 파이프 등이 꼬이지 않고 원활히 송유한다.

14 다음 설명 중 틀린 것은?

   ① 트랙 핀과 부싱을 뽑을 때에는 유압프레스를 사용한다.

   ② 트랙은 링크, 부싱, 슈 등으로 구성되어 있다.

   ③ 트랙 정렬이 안 되면 링크 측면의 마모원인이 된다.

   ✔ 트랙 슈는 건지형, 수중형으로 구분된다.

해설
트랙 슈는 2중 돌기, 3중 돌기, 암반용, 습지용 등이 있다.

15 무한궤도식 건설기계에서 트랙 장력을 측정하는 부위로 가장 적합한 것은?

   ① 1번 상부 롤러와 2번 상부 롤러 사이

   ② 아이들러와 스프로킷 사이

   ✔ 아이들러와 1번 상부 롤러 사이

   ④ 스프로킷과 1번 상부 롤러 사이

해설
트랙 장력은 아이들러와 1번 상부 롤러 사이에서 측정한다.

16 굴착기의 프런트 아이들러와 스프로킷이 일치되게 하기 위해서는 브래킷 옆에 무엇으로 조정하는가?

   ① 시어핀   ② 쐐기

   ③ 편심볼트   **✔ 심(shim)**

해설
프런트 아이들러와 스프로킷이 일치되게 하기 위해서는 브래킷 좌우에 심(shim)을 더하거나 빼어서 조정한다.

17 안전교육의 목적으로 맞지 않는 것은?

① 능률적인 표준작업을 숙달시킨다.

② 소비절약 및 안전보호구의 설계능력을 배양한다.

③ 위험에 대처하는 능력을 기른다.

④ 안전사고에 대한 경각심을 높인다.

해설

안전교육의 목적
- 근로자를 산업재해로부터 미연에 방지
- 재해의 발생에 따른 경제적 손실 및 정신적 손실 방지
- 안전보건 확보를 위한 지식, 기술 및 태도의 향상
- 작업의 위험에 대비하고 있다는 믿음을 통한 기업에 대한 신뢰감 상승
- 기업의 생산성과 품질 향상

18 감전 위험이 많은 작업현장에서 보호구로 가장 적절한 것은?

① 보호 장갑　　② 로프

③ 구급용품　　④ 보안경

해설

감전 위험이 발생할 우려가 있는 때에는 해당 근로자에게 절연용 보호구(절연 안전모, 절연 고무장갑, 절연화, 절연장화, 절연복 등)를 착용시켜야 한다.

19 다음 그림과 같은 안전 표지판이 나타내는 것은?

① 비상구　　　② 출입금지

③ 보안경 착용　④ 고압전기 경고

해설

안전표지

비상구	보안경 착용	고압전기 경고

20 산업 공장에서 재해의 발생을 줄이기 위한 방법 중 틀린 것은?

① 폐기물은 정해진 위치에 모아둔다.

② 공구는 소정의 장소에 보관한다.

③ 소화기 근처에 물건을 적재한다.

④ 통로나 창문 등에 물건을 세워 놓아서는 안 된다.

해설

비상시 재해를 확대시킬 수 있으므로 통로, 비상구, 배전반, 소화기, 출입구 근처에는 물건을 적재하지 않는다.

21 수공구 보관 및 사용 방법으로 틀린 것은?

① 해머작업 시 몸의 자세를 안정되게 한다.

② 담금질한 것은 함부로 두들겨서는 안 된다.

☑ **공구는 적당한 습기가 있는 곳에 보관한다.**

④ 파손, 마모된 것은 사용하지 않는다.

[해설]
수공구는 통풍이 잘 되는 보관장소에 수공구별로 보관한다.

22 스패너 사용에 관한 설명 중 가장 옳은 것은?

① 스패너와 너트 사이에 쐐기를 넣어 사용한다.

② 스패너는 너트보다 큰 것을 사용한다.

☑ **스패너 작업 시 몸의 균형을 잡는다.**

④ 스패너 자루에 파이프 등을 끼워서 사용한다.

23 금속 표면이 거칠거나 다칠 우려가 있어 각진 부분을 매끄럽게 다듬질하고자 한다. 적합한 수공구는?

① 끌　　　　　　☑ **줄**

③ 대패　　　　　④ 쇠톱

24 가스배관과의 수평거리 몇 m 이내에서 파일박기를 하고자 할 때 시험굴착을 통하여 가스배관의 위치를 확인해야 하는가?

☑ **2**　　　　　② 3

③ 4　　　　　　④ 5

[해설]
도시가스배관의 안전조치 및 손상방지기준(도시가스사업법 시행규칙 [별표 16])
도시가스배관과 수평 최단거리 2m 이내에서 파일박기를 하는 경우에는 도시가스사업자의 참관 아래 시험굴착으로 도시가스배관의 위치를 정확히 확인할 것

25 다음 중 가스배관용 폴리에틸렌관의 특징으로 틀린 것은?

① 지하매설용으로 사용된다.

☑ **도시가스 고압관으로 사용된다.**

③ 일광, 열, 충격에 약하다.

④ 부식이 되지 않는 재료이다.

[해설]
폴리에틸렌관은 사용압력이 0.4MPa 이하(중압)인 배관에만 사용하도록 제한하고 있다.

26 천연가스의 특성으로 틀린 것은?

① **누출 시 공기보다 무겁다.**

② 원래 무색, 무취이나 부취제를 첨가한다.

③ 천연고무에 대한 용해성은 거의 없다.

④ 주성분은 메탄이다.

기체상태는 공기보다 가볍다.

27 건설현장의 이동식 전기기계, 기구에 감전 사고 방지를 위한 설비로 맞는 것은?

① 대지전위상승장치

② 시건장치

③ **접지설비**

④ 피뢰기설비

전기누전(감전) 재해방지 조치사항 4가지
• (보호)접지
• 이중절연구조의 전동기계, 기구의 사용
• 비접지식 전로의 채용
• 감전 방지용 누전차단기 설치

28 안전관리상 감전의 위험이 있는 곳의 전기를 차단하여 수리점검을 할 때의 조치와 관계가 없는 것은?

① **스위치에 통전 장치를 한다.**

② 기타 위험에 대한 방지장치를 하다

③ 스위치에 안전장치를 한다.

④ 통전 금지기간에 관한 사항이 있을 시 필요한 곳에 게시한다.

전원을 차단하여 정전으로 시행하는 작업 시 통전 장치를 하면 안 된다.

29 유류화재 진화 시 가장 알맞은 소화기는?

① **분말 소화기**

② 가스압 작동수조식 소화기

③ 물 소화기

④ 산·알칼리 소화기

유류화재 사용 소화기
• 이산화탄소 소화기
• 분말 소화기
• 포 소화기

30 전기는 전압이 높을수록 위험한데, 가공전선로의 위험 정도를 건설기계 장비 운전자가 판별하는 방법으로 가장 옳은 것은?

① 전선의 전류 측정
② 전선의 소선가닥 수 확인
③ **현수애자의 개수 확인**
④ 지지물의 개수 확인

애자수가 많을수록 전압이 커진다.

31 건설기계의 신규등록은 누구에게 하는가?

① 건설기계 작업현장 관할 시·도지사
② 국토교통부 장관
③ **건설기계소유자의 주소지 또는 사용 본거지 관할 시·도지사**
④ 국무총리

등록의 신청(건설기계관리법 시행령 제3조)
건설기계를 등록하려는 건설기계의 소유자는 건설기계 등록신청서(전자문서로 된 신청서를 포함)에 구비서류(전자문서를 포함)를 첨부하여 건설기계소유자의 주소지 또는 건설기계의 사용본거지를 관할하는 특별시장·광역시장·도지사 또는 특별자치도지사(이하 "시·도지사")에게 제출하여야 한다. 이 경우 시·도지사는 규정에 따른 행정정보의 공동이용을 통하여 건설기계등록원부 등본(등록이 말소된 건설기계의 경우에 한정)을 확인하여야 하고, 그 외의 첨부서류에 대하여도 행정정보의 공동이용을 통하여 확인할 수 있는 경우에는 그 확인으로 첨부서류를 갈음하여야 하며, 신청인이 확인에 동의하지 아니하는 경우에는 이를 첨부하도록 하여야 한다.

32 건설기계등록지를 변경한 때는 등록번호표를 시·도지사에게 며칠 이내에 반납하여야 하는가?

① 5   ② **10**
③ 20   ④ 30

등록번호표의 반납(건설기계관리법 제9조)
등록된 건설기계의 소유자는 다음의 어느 하나에 해당하는 경우에는 10일 이내에 등록번호표의 봉인을 떼어낸 후 그 등록번호표를 국토교통부령으로 정하는 바에 따라 시·도지사에게 반납하여야 한다.
• 건설기계의 등록이 말소된 경우
• 건설기계의 등록사항 중 다음 사항이 변경된 경우
 – 등록된 건설기계의 소유자의 주소지 또는 사용본거지의 변경
 – 등록번호의 변경
• 등록번호표의 부착 및 봉인을 신청하는 경우

33 건설기계관리법령상 특별 표지판을 부착하여야 할 건설기계의 범위에 해당하지 않는 것은?

① **길이가 16m를 초과하는 건설기계**
② 높이가 4.0m를 초과하는 건설기계
③ 총중량이 40t을 초과하는 건설기계
④ 최소회전반경이 12m를 초과하는 건설기계

대형건설기계(건설기계 안전기준에 관한 규칙 제2조)
• 길이가 16.7m를 초과하는 건설기계
• 너비가 2.5m를 초과하는 건설기계
• 높이가 4.0m를 초과하는 건설기계
• 최소회전반경이 12m를 초과하는 건설기계
• 총중량이 40t을 초과하는 건설기계. 다만, 굴착기, 로더 및 지게차는 운전중량이 40t을 초과하는 경우를 말한다.
• 총중량 상태에서 축하중이 10t을 초과하는 건설기계. 다만, 굴착기, 로더 및 지게차는 운전중량 상태에서 축하중이 10t을 초과하는 경우를 말한다.

34 정기검사의 연기 사유가 아닌 것은?

① 건설기계를 도난당한 때

② 건설기계를 압류당한 때

③ 소유자가 국내에서 여행 중인 때

④ 건설기계대여사업을 휴지한 때

> **해설**
>
> 검사 또는 명령이행 기간의 연장(건설기계관리법 시행규칙 제31조의2)
>
> 건설기계의 소유자는 법에 따라 천재지변, 건설기계의 도난, 사고발생, 압류, 31일 이상에 걸친 정비 또는 그 밖의 부득이한 사유로 정기검사, 구조변경검사, 수시검사 또는 정기검사 명령, 수시검사 명령 또는 정비 명령의 이행을 위한 검사의 신청기간 내에 검사를 신청할 수 없는 경우에는 정기검사 등의 신청기간 만료일까지 검사·명령이행 기간 연장신청서에 연장사유를 증명할 수 있는 서류를 첨부하여 시·도지사(정기검사, 구조변경검사, 수시검사의 경우로서 법에 따라 검사대행자가 지정된 경우에는 검사대행자를 말한다)에게 제출해야 한다.

35 건설기계조종사면허를 받을 때의 결격사유에 해당하지 않는 것은?

① 앞을 보지 못하는 사람

② 건설기계조종사면허의 효력정지처분 기간 중에 있는 사람

③ 나이가 만 18세인 사람

④ 듣지 못하는 사람

> **해설**
>
> 건설기계조종사면허의 결격사유(건설기계관리법 제27조)
>
> • 18세 미만인 사람
>
> • 건설기계 조종상의 위험과 장해를 일으킬 수 있는 정신질환자 또는 뇌전증환자로서 국토교통부령으로 정하는 사람
>
> • 앞을 보지 못하는 사람, 듣지 못하는 사람 그 밖에 국토교통부령으로 정하는 장애인
>
> • 건설기계 조종상의 위험과 장해를 일으킬 수 있는 마약·대마·향정신성의약품 또는 알코올중독자로서 국토교통부령으로 정하는 사람
>
> • 건설기계조종사면허가 취소된 날부터 1년이 지나지 아니하였거나 건설기계조종사면허의 효력정지처분 기간 중에 있는 사람

36 과실로 사망 1명의 인명피해를 입힌 건설기계를 조종한 자의 처분기준은?

① 면허취소
② 면허효력정지 60일
③ **면허효력정지 45일**
④ 면허효력정지 30일

해설
건설기계조종사면허의 취소·정지처분기준(건설기계관리법 시행규칙 [별표 22])
• 고의로 인명피해(사망·중상·경상 등)를 입힌 경우
  : 취소
• 그 밖의 인명피해를 입힌 경우
  − 사망 1명마다 : 면허효력정지 45일
  − 중상 1명마다 : 면허효력정지 15일
  − 경상 1명마다 : 면허효력정지 5일

37 건설기계관리법상 건설기계형식이 의미하는 것은?

① 건설기계의 구조
② 건설기계의 규격
③ 건설기계의 구조, 규격
④ **건설기계의 구조, 규격 및 성능**

해설
정의(건설기계관리법 제2조)
"건설기계형식"이란 건설기계의 구조·규격 및 성능 등에 관하여 일정하게 정한 것을 말한다.

38 건설기계관리법령에 따른 건설기계의 종류로 맞는 것은?

① 16종 및 특수건설기계
② 21종(20종 및 특수건설기계)
③ **27종(26종 및 특수건설기계)**
④ 30종(27종 및 특수건설기계)

해설
건설기계의 범위는 27종이다(건설기계관리법 시행령 [별표 1] 참조).

39 제1종 대형 운전면허로 조종할 수 없는 건설기계는?

① 아스팔트살포기
② **굴착기**
③ 노상안정기
④ 콘크리트펌프

해설
제1종 대형 운전면허로 조종 가능한 건설기계
덤프트럭, 아스팔트살포기, 노상안정기, 콘크리트믹서트럭, 콘크리트펌프, 천공기(트럭 적재식), 콘크리트믹서트레일러, 아스팔트콘크리트재생기, 도로보수트럭, 3t 미만의 지게차

40 차마의 통행방법으로 도로의 중앙이나 좌측 부분을 통행할 수 있는 경우로 가장 적합한 것은?

① 교통 신호가 자주 바뀌어 통행에 불편을 느낄 때

② 과속 방지턱이 있어 통행에 불편할 때

③ 차량의 혼잡으로 교통소통이 원활하지 않을 때

✔ **도로의 파손, 도로공사 또는 우측 부분을 통행할 수 없을 때**

> **해설**
> 차마의 통행(도로교통법 제13조)
> 차마의 운전자는 다음에 해당하는 경우에는 도로의 중앙이나 좌측 부분을 통행할 수 있다.
> • 도로가 일방통행인 경우
> • 도로의 파손, 도로공사나 그 밖의 장애 등으로 도로의 우측 부분을 통행할 수 없는 경우
> • 도로의 우측 부분의 폭이 6m가 되지 아니하는 도로에서 다른 차를 앞지르려는 경우. 다만, 다음의 어느 하나에 해당하는 경우에는 그러하지 아니하다.
>   – 도로의 좌측 부분을 확인할 수 없는 경우
>   – 반대 방향의 교통을 방해할 우려가 있는 경우
>   – 안전표지 등으로 앞지르기를 금지하거나 제한하고 있는 경우
> • 도로의 우측 부분의 폭이 차마의 통행에 충분하지 아니한 경우
> • 가파른 비탈길의 구부러진 곳에서 교통의 위험을 방지하기 위하여 시·도경찰청장이 필요하다고 인정하여 구간 및 통행방법을 지정하고 있는 경우에 그 지정에 따라 통행하는 경우

41 도로교통법에 위반되는 행위는?

① 건널목 바로 전에 일시 정지하였다.

② 야간에 교행 할 때 전조등의 광도를 강하였다.

✔ **비탈길의 고갯마루 부근에서 앞지르기 하였다.**

④ 주간에 방향을 전환할 때 방향 지시등을 켰다.

> **해설**
> 앞지르기 금지 장소(도로교통법 제22조)
> • 교차로
> • 터널 안
> • 다리 위
> • 도로의 구부러진 곳, 비탈길의 고갯마루 부근 또는 가파른 비탈길의 내리막 등 시·도경찰청장이 도로에서의 위험을 방지하고 교통의 안전과 원활한 소통을 확보하기 위하여 필요하다고 인정하는 곳으로서 안전표지로 지정한 곳

42 도로교통법상 서행 또는 일시정지할 장소로 지정된 곳은?

① 안전지대 우측

✔ **가파른 비탈길의 내리막**

③ 좌우를 확인할 수 있는 교차로

④ 교량 위를 통행할 때

> **해설**
> 서행 또는 일시정지할 장소(도로교통법 제31조)
> • 교통정리를 하고 있지 아니하는 교차로
> • 도로가 구부러진 부근
> • 비탈길의 고갯마루 부근
> • 가파른 비탈길의 내리막
> • 시·도경찰청장이 도로에서의 위험을 방지하고 교통의 안전과 원활한 소통을 확보하기 위하여 필요하다고 인정하여 안전표지로 지정한 곳

43 밤에 도로에서 견인되는 차의 운전자가 켜야 하는 등화의 종류로 가장 적절한 것은?

① 전조등을 켜야 한다.

② 방향 지시등을 켜야 한다.

③ 실내조명등을 켜야 한다.

✔ **미등, 차폭등 및 번호등을 켜야 한다.**

해설

밤에 도로에서 차를 운행하는 경우 등의 등화(도로교통법 시행령 제19조)

• 자동차 : 자동차안전기준에서 정하는 전조등, 차폭등, 미등, 번호등과 실내조명등(실내조명등은 승합자동차와 여객자동차운송사업용 승용자동차만 해당)

• 원동기장치자전거 : 전조등 및 미등

• 견인되는 차 : 미등, 차폭등, 번호등

• 노면전차 : 전조등, 차폭등, 미등 및 실내조명등

44 교통안전시설이 표시하고 있는 신호와 경찰공무원의 수신호가 다른 경우 통행방법으로 옳은 것은?

✔ **경찰공무원의 수신호에 따른다.**

② 신호가 신호를 우선적으로 따른다.

③ 자기가 판단하여 위험이 없다고 생각되면 아무 신호에 따라도 좋다.

④ 수신호는 보조신호이므로 따르지 않아도 좋다.

해설

신호 또는 지시에 따를 의무(도로교통법 제5조)

㉠ 도로를 통행하는 보행자, 차마 또는 노면전차의 운전자는 교통안전시설이 표시하는 신호 또는 지시와 다음의 어느 하나에 해당하는 사람이 하는 신호 또는 지시를 따라야 한다.

• 교통정리를 하는 경찰공무원(의무경찰을 포함. 이하 같다) 및 제주특별자치도의 자치경찰공무원(이하 "자치경찰공무원")

• 경찰공무원(자치경찰공무원을 포함한다. 이하 같다)을 보조하는 사람으로서 대통령령으로 정하는 사람(이하 "경찰보조자")

㉡ 도로를 통행하는 보행자, 차마 또는 노면전차의 운전자는 ㉠에 따른 교통안전시설이 표시하는 신호 또는 지시와 교통정리를 하는 경찰공무원 또는 경찰보조자(이하 "경찰공무원 등")의 신호 또는 지시가 서로 다른 경우에는 경찰공무원 등의 신호 또는 지시에 따라야 한다.

45 교통사고를 야기한 도주차량 신고로 인한 벌점 상계에 대한 특혜점수는?

✓ ① 40점
② 특혜점수 없음
③ 30점
④ 120점

해설
벌점 공제(도로교통법 시행규칙 [별표 28])
인적 피해 있는 교통사고를 야기하고 도주한 차량의 운전자를 검거하거나 신고하여 검거하게 한 운전자(교통사고의 피해자가 아닌 경우로 한정한다)에게는 검거 또는 신고할 때마다 40점의 특혜점수를 부여하여 기간에 관계없이 그 운전자가 정지 또는 취소처분을 받게 될 경우 누산점수에서 이를 공제한다. 이 경우 공제되는 점수는 40점 단위로 한다.

47 기관 과열의 직접적인 원인으로 부적당한 것은?

① 팬 벨트의 느슨함
② 라디에이터의 코어 막힘
③ 냉가수의 부족
✓ ④ 타이밍 체인(timing chain)의 헐거움

해설
타이밍 체인이 헐거우면 밸브 개폐시기에 영향을 준다.
※ 기관의 과열 원인
• 윤활유 부족
• 냉각수 부족
• 물펌프 고장
• 팬 벨트 이완 절손
• 온도조절기가 열리지 않음
• 물재킷 스케일 누적
• 라디에이터 막힘

46 4행정 기관에서 크랭크 축 기어와 캠 축 기어와의 지름의 비 및 회전비는 각각 얼마인가?

① 2 : 1 및 1 : 2
② 2 : 1 및 2 : 1
✓ ③ 1 : 2 및 2 : 1
④ 1 : 2 및 1 : 2

해설
4행정 기관에서 크랭크 축 기어 2회전에 캠 축 기어 1회전이므로, 지름의 비는 1 : 2, 회전비는 2 : 1이다.

48 엔진 압축 압력이 낮을 경우 원인으로 맞는 것은?

✓ ① 압축 링이 절손 또는 과마모되었다.
② 배터리의 출력이 높다.
③ 연료펌프가 손상되었다.
④ 연료의 세탄가가 높다.

해설
압축 링이 절손되거나 마모되면 실린더 벽으로 압축 압력이 새므로 압력이 낮아진다.

49 건설기계장비로 현장에서 작업 시 온도계기는 정상인데 엔진 부조가 발생하기 시작했다. 다음 중 점검사항으로 가장 적합한 것은?

✅ **연료계통을 점검한다.**
② 충전계통을 점검한다.
③ 윤활계통을 점검한다.
④ 냉각계통을 점검한다.

> **해설**
> 엔진 부조 현상은 실린더 내에서 연료 폭발이 원활하지 못할 때 발생하는 현상이므로 연료계통을 점검한다.

50 실린더 헤드와 블록 사이에 삽입하여 압축과 폭발가스의 기밀을 유지하고 냉각수와 엔진오일이 누출되는 것을 방지하는 역할을 하는 것은?

① 헤드 오일 통로
② 헤드 밸브
③ 헤드 워터 재킷
✅ **헤드 개스킷**

> **해설**
> 헤드 개스킷(head gasket)
> 피스톤과 실린더 사이에서 기밀을 유지하고 윤활유 및 냉각수 통로로부터 누설을 방지하기 위해 사용되는 부품이다.

51 디젤기관의 전기장치에 없는 것은?

✅ **스파크 플러그**
② 글로 플러그
③ 축전지
④ 솔레노이드 스위치

> **해설**
> 스파크 플러그는 가솔린기관에 사용된다.

52 기동 전동기의 회전력 시험은 어떻게 측정하는가?

① 공전기 회전력을 측정한다.
② 중속기 회전력을 측정한다.
③ 고속기 회전력을 측정한다.
✅ **정지 시 회전력을 측정한다.**

> **해설**
> 기동 전동기의 회전력 시험은 정지 시 회전력을 측정한다.

53 전류의 자기작용을 응용한 것은?

① 전구   ② 축전지
③ 예열 플러그   ✅ **발전기**

> **해설**
> 발전기는 전류의 자기작용을, 전구와 예열 플러그는 발열작용을, 축전지는 화학작용을 응용한 것이다.

54 다음 중 전조등 회로의 구성으로 맞는 것은?

① 전조등 회로는 직렬로 연결되어 있다.

☑ **전조등 회로는 병렬로 연결되어 있다.**

③ 전조등 회로는 직렬과 단식 배선으로 연결되어 있다

④ 전조등 회로는 단식 배선이다.

> **해설**
> 일반적으로 건설기계장비에 설치되는 등화장치는 직렬 연결법이 사용되나 전조등 회로는 병렬연결이다.

56 유압회로 내의 유압유 점도가 너무 낮을 때 생기는 현상이 아닌 것은?

① 오일 누설에 영향이 있다.

② 펌프 효율이 떨어진다.

☑ **시동 저항이 커진다.**

④ 회로 압력이 떨어진다.

> **해설**
> 유압유의 점도
>
> | 너무 낮을 경우 | 너무 높을 경우 |
> |---|---|
> | • 내부 오일 누설의 증대
• 압력유지의 곤란
• 유압펌프, 모터 등의 용적효율 저하
• 기기마모의 증대
• 압력발생 저하로 정확한 작동불가 | • 동력손실 증가로 기계 효율의 저하
• 소음이나 공동현상 발생
• 유동저항의 증가로 인한 압력손실의 증대
• 내부마찰의 증대에 의한 온도의 상승
• 유압기기 작동의 불활발 |

55 엔진오일 압력 경고등이 켜지는 경우가 아닌 것은?

① 오일이 부족할 때

② 오일 필터가 막혔을 때

☑ **엔진을 급가속시켰을 때**

④ 오일 회로가 막혔을 때

> **해설**
> 엔진오일양의 부족이 주원인이며, 오일 필터나 오일 회로가 막혔을 때, 또는 오일 압력 스위치 배선불량, 엔진오일의 압력이 낮은 경우 경고등이 켜진다.

57 축압기의 용도로 적합하지 않는 것은?

① 유압 에너지의 저장

② 충격 흡수

☑ **유량 분배 및 제어**

④ 압력 보상

> **해설**
> 축압기의 용도
> 유압 에너지의 축적, 충격 압력 흡수, 압력 보상, 서지 압력 방지, 2차 유압회로의 구동, 액체 수송(펌프 작용), 사이클 시간 단축, 에너지 보조, 펌프 대용 및 안전장치의 역할

58 유압실린더의 누유검사 방법 중 틀린 것은?

① 얇은 종이를 펴서 로드에 대고 앞뒤로 움지여 본다.

② 정상적인 작동온도에서 실시한다.

③ 각 유압실린더를 몇 번씩 작동 후 점검한다.

☑ 얇은 가죽이나 V패킹으로 교환한다.

해설
얇은 가죽이나 V패킹으로 교환하면 규격품이 아니므로 누설이 된다. 그러므로 정상적인 누유검사 방법이 아니다.

59 유압회로에서 입구 압력을 감압하여 유압 실린더 출구 설정 압력 유압으로 유지하는 밸브는?

① 릴리프 밸브

☑ 리듀싱 밸브

③ 언로딩 밸브

④ 카운트밸런스 밸브

해설
① 릴리프 밸브 : 유압기기의 과부하 방지를 위한 밸브
③ 언로딩(무부하) 밸브 : 일정한 설정 유압에 달할 때 유압 펌프를 무부하로 하기 위한 밸브
④ 카운트밸런스 밸브 : 유압회로의 한 방향의 흐름에 대해서는 설정된 배압을 생기게 하고, 다른 방향의 흐름은 자유롭게 흐르게 한 밸브

60 엔진오일의 순환상태를 알 수 있는 계기는?

☑ 유압계　　② 연료계

③ 진공계　　④ 진류계

해설
유압계는 유압장치 내를 순환하는 오일의 압력을 표시하는 계기로서 운전석의 계기판에 설치되어 있다.

01 유압 구성부품을 분해하기 전에 내부압력을 제거하려면 어떻게 하는 것이 좋은가?

① 압력밸브를 밀어준다.

② 너트를 서서히 푼다.

③ **엔진 정지 후 조정레버를 모든 방향으로 작동하여 압력을 제거한다.**

④ 엔진 정지 후 상관없이 개방해도 된다.

02 타이어식 건설기계에서 전 후 주행이 되지 않을 때 점검하여야 할 곳으로 틀린 것은?

① 주차 브레이크 잠김 여부를 점검한다.

② 유니버설 조인트를 점검한다.

③ 변속 장치를 점검한다.

④ **타이로드 엔드를 점검한다.**

[해설]
타이로드 엔드 불량 시 핸들의 흔들림 및 타이어 이상마모 현상이 생긴다.

03 경사지에서 굴착기를 주 · 정차시킬 경우 틀린 것은?

① 바퀴를 고임목으로 고인다.

② 버킷을 지면에 내려놓는다.

③ 주차 브레이크를 작동시킨다.

④ **클러치를 분리하여 둔다.**

[해설]
경사지에서 굴착기를 주 · 정차시킬 경우 클러치를 분리하지 않는다.

04 건설기계장비에서 조향장치가 하는 역할은?

① 분사시기를 조정하는 장치이다.

② 제동을 쉽게 하는 장치이다.

③ **장비의 진행방향을 바꾸는 장치이다.**

④ 분사압력을 확대하는 장치이다.

[해설]
조향장치는 건설기계장비의 진행방향을 운전자가 의도하는 대로 조작할 수 있는 장치이다.

05 기관의 회전은 상승하나 차속이 증속되지 않는 원인으로 옳은 것은?

☑ **① 클러치 스프링의 장력 감소**
② 클러치 페달의 유격 과대
③ 클러치 파일럿 베어링 파손
④ 릴리스 포크 마모

해설
주행 중 급가속할 때 엔진의 회전은 상승하여도 차속이 증속되지 않는 원인
• 클러치 스프링의 장력이 감소하거나 클러치 페달의 자유유격이 작은 때
• 클러치 디스크 판 또는 압력판이 마모되었을 때
• 클러치 디스크 판에 오일이 묻었을 때
• 릴리스 레버의 조정이 불량한 경우

06 클러치 판(clutch plate)의 변형을 방지하는 것은?

① 압력판(pressure plate)
☑ **② 쿠션(cushion) 스프링**
③ 토션(torsion) 스프링
④ 릴리스 레버 스프링

해설
쿠션 스프링은 파도 모양으로 된 판 스프링을 라이닝과 라이닝 사이에 설치하여 클러치를 급격히 접속시켰을 때에 스프링이 변형되어 동력의 전달을 원활히 하며 클러치 판의 변형, 편마멸, 파손을 방지한다.
① 압력판은 클러치 커버에 지지 되어 클러치 페달을 놓았을 때 클러치 스프링의 장력에 의해 클러치 판을 플라이 휠에 압착시키는 작용을 한다.
③ 토션 스프링은 회전 시 충격을 흡수한다.
④ 릴리스 레버는 릴리스 베어링에 의해 한쪽 끝부분이 눌리면 반대쪽은 클러치 판을 누르고 있는 압력판을 분리시키는 레버이며, 굽히는 힘이 반복되어 작용하기 때문에 충분한 강도와 강성이 있어야 한다.

07 다음 중 토크 변환기 오일의 구비 조건으로 알맞은 것은?

☑ **① 점도가 낮을 것**
② 비중이 작을 것
③ 착화점이 낮을 것
④ 비점이 낮을 것

해설
토크 변환기 오일의 구비 조건
• 비중이 클 것, 점도가 낮을 것, 착화점이 높을 것, 융점이 낮을 것
• 유성이 좋을 것, 내산성이 클 것, 윤활성이 클 것, 비등점이 높을 것

08 휠 로더의 휠 허브에 있는 유성기어 장치에서 유성기어가 핀과 용착될 때 일어나는 현상은?

① 바퀴의 회전속도가 빨라진다.
② 바퀴의 회전속도가 늦어진다.
☑ **③ 바퀴가 돌지 않는다.**
④ 평소와 관계없다.

해설
휠 허브에 있는 유성기어 장치에서 유성기어가 핀과 용착되면 바퀴가 돌지 못한다.

09 동력전달장치에서 토크 컨버터에 대한 설명 중 틀린 것은?

① 조작이 용이하고 엔진에 무리가 없다.
② 기계적인 충격을 흡수하여 엔진의 수명을 연장한다.
③ 부하에 따라 자동적으로 변속한다.
④ **일정 이상의 과부하가 걸리면 엔진이 정지한다.**

장비에 부하가 걸리면 터빈 측에 하중이 작용하므로 토크 컨버터의 터빈속도는 펌프 측 속도보다 느려진다.

10 브레이크장치에서 베이퍼 록 현상이 발생하는 원인이 아닌 것은?

① 긴 내리막길에서 과도한 브레이크 사용
② **엔진 브레이크를 장기간 사용**
③ 드럼과 라이닝의 끌림에 의한 가열
④ 오일의 변질에 의한 비등점의 저하

베이퍼 록 현상이 일어나면 브레이크가 제대로 작동되지 않으므로 저단 기어를 유지하면서 엔진 브레이크를 사용하는 것이 바람직하다.
※ 베이퍼 록 발생 원인
  • 긴 내리막에서 과도한 브레이크를 사용할 때
  • 주차 브레이크를 작동시킨 상태에서 주행할 때
  • 브레이크 드럼과 라이닝의 끌림에 의한 가열
  • 브레이크 오일의 변질에 의한 비점의 저하 및 불량한 오일을 사용할 때
  • 마스터 실린더나 브레이크 슈 리턴 스프링 쇠손에 의한 잔압의 저하
  • 라이닝 간격이 너무 적을 때

11 굴착기의 버킷을 용도별로 분류할 때 콘크리트, 암석 등을 파쇄, 소할하는 등의 작업에 적합한 장치는?

① 일반 버킷 ② 클램셸 버킷
③ 셔블 버킷 ④ **브레이커**

굴착기 작업장치
• 굴착(hoe) 버킷 : 기본적인 굴착기로 토사의 굴착 및 상차에 사용
• 클램셸(clamshell) 버킷 : 조개 모양의 버킷으로 암과 유압실린더의 링크에 장착되어 굴착 또는 클램셸 작업에 사용
• 셔블(shovel) 버킷 : 굴착기 진행방향의 토사를 퍼올리는 데 사용
• 브레이커(breaker) : 콘크리트, 암석 등을 파쇄, 소할하는 등의 작업에 사용

12 크레인에서 최대 작업반지름을 나타낸 것으로 가장 적절한 것은?

① **선회장치의 중심에서 훅의 중심까지의 수평거리**
② 크레인의 후부 선단에서 화물 선단까지의 거리
③ 크레인의 총 길이
④ 붐의 길이

13 무한궤도식 굴착기의 하부 추진체의 동력 전달 순서로 맞는 것은?

① 기관 → 컨트롤밸브 → 센터조인트 → 유압펌프 → 주행모터 → 트랙
② 기관 → 컨트롤밸브 → 센터조인트 → 주행모터 → 유압펌프 → 트랙
③ 기관 → 센터조인트 → 주행모터 → 유압펌프 → 컨트롤밸브 → 주행모터 → 트랙
④ **기관 → 유압펌프 → 컨트롤밸브 → 센터조인트 → 주행모터 → 트랙**

14 트랙의 주요 구성품이 아닌 것은?

① 슈핀 ② **스윙기어**
③ 링크 ④ 핀

해설
트랙은 슈, 슈볼트, 링크, 부싱, 핀, 슈핀으로 구성되어 있다.

15 굴착기 트랙의 장력 조정 방법으로 맞는 것은?

① 하부 롤러의 조정 방식으로 한다.
② **트랙 조정용 실린더에 그리스를 주입한다.**
③ 캐리어 롤러의 조정 방식으로 한다.
④ 트랙 조정용 심(shim)을 끼워서 한다.

해설
트랙 장력의 조정은 그리스를 실린더에 주입하여 조정하는 유압식과 조정나사로 조정하는 기계식이 있다.

16 무한궤도식 굴착기에서 가장 크게 감속하는 장치는?

① 피니언 베벨 기어
② 트랜스미션
③ **파이널 드라이브**
④ 스프로킷

해설
파이널 드라이브는 최종 감속장치를 말하는 것으로 견인력을 증가시킨다.

17 자연적 재해가 아닌 것은?

① 지진 ② 태풍
③ 홍수 ④ **방화**

해설
• 자연적 재해 : 지진, 태풍, 홍수 등 자연현상에서 의해서 사람의 생활패턴에 큰 영향을 미치는 피해
• 인위적 재해 : 화재나 범죄와 같이 사람에 의해서 발생되는 재해

18 다음 중 장갑을 끼고 작업할 때 가장 위험한 작업은?

① 건설기계 운전 작업

② 타이어 교환 작업

☑ **해머작업**

④ 오일 교환 작업

해설
장갑을 끼고 해머 작업을 하다가 장갑의 미끄럼에 의해 해머를 놓쳐 주위의 사람이나 기계, 장비에 피해를 줄 수 있다.

19 안전표지 중 안내 표지의 바탕색으로 맞는 것은?

① 백색　　② 흑색

③ 적색　　☑ **녹색**

해설
안전표지 바탕색 중 녹색은 안내, 적색은 금지, 노란색은 경고 표지색이다.

20 운반 작업을 할 때 틀린 것은?

☑ **드럼통과 봄베는 굴려서 운반한다.**

② 공동 운반에서는 서로 협조하여 작업한다.

③ 긴 물건은 앞쪽을 위로 올린다.

④ 무리한 몸가짐으로 물건을 들지 않는다.

해설
드럼통과 봄베 등을 굴려서 운반해서는 안 된다.

21 수공구 사용 시 안전사고 원인에 해당하지 않는 것은?

① 힘에 맞지 않는 공구를 사용하였다.

☑ **수공구의 성능을 알고 선택하였다.**

③ 사용방법이 미숙하였다.

④ 사용공구의 점검 및 정비를 소홀히 하였다.

22 복스 렌치가 오픈 렌치보다 많이 사용되는 이유로 가장 적합한 것은?

☑ **볼트·너트 주위를 완전히 싸게 되어 있어서 사용 중에 미끄러지지 않는다.**

② 여러 가지 크기의 볼트·너트에 사용할 수 있다.

③ 값이 싸며, 적은 힘으로 작업할 수 있다.

④ 가볍고, 사용하는 데 양손으로도 사용할 수 있다.

23 해머(hammer)작업에 대한 내용으로 잘못된 것은?

✔️ ① 작업자가 서로 마주 보고 두드린다.

② 녹슨 재료 사용 시 보안경을 사용한다.

③ 타격 범위에 장해물을 없도록 한다.

④ 작게 시작하여 차차 큰 행정으로 작업하는 것이 좋다.

> **해설**
> 해머작업 시 작업자와 마주 보고 일을 하면 사고의 우려가 있다.

24 도시가스가 공급되는 지역에서 굴착공사를 하기 전에 도로 부분의 지하에 가스배관의 매설 여부는 누구에게 요청하여야 하는가?

① 굴착공사 관할 시장·군수·구청장

✔️ ② 굴착공사 관할 정보지원센터

③ 굴착공사 관할 경찰서장

④ 굴착공사 관할 소방서장

> **해설**
> 도시가스배관 매설상황 확인(도시가스사업법 제30조의3)
> 도시가스사업이 허가된 지역에서 굴착공사를 하려는 자는 굴착공사를 하기 전에 해당 지역을 공급권역으로 하는 도시가스사업자가 해당 토지의 지하에 도시가스배관이 묻혀 있는지에 관하여 확인하여 줄 것을 산업통상자원부령으로 정하는 바에 따라 정보지원센터에 요청하여야 한다. 다만, 도시가스배관에 위험을 발생시킬 우려가 없다고 인정되는 굴착공사로서 대통령령으로 정하는 공사의 경우에는 그러하지 아니하다.

25 도시가스배관을 지하에 매설할 경우 상수도관 등 다른 시설물과의 이격거리는 몇 m 이상 유지해야 하는가?

① 0.1

✔️ ② 0.3

③ 0.6

④ 1.0

> **해설**
> 타시설물과의 이격거리 유지
> 배관을 지하에 매설하는 경우에는 배관의 외면과 상수도관·하수관거 통신케이블 등 타시설물과는 0.3m 이상의 간격을 유지한다.

26 도로굴착공사로 인하여 가스배관이 20m 이상 노출되면 가스누출 경보기를 설치하도록 규정되어 있다. 이때 가스 누출 경보기는 몇 m마다 설치하도록 되어 있는가?

① 10

② 15

✔️ ③ 20

④ 25

> **해설**
> 제조소 및 공급소 밖의 배관(도시가스사업법 시행규칙 [별표 5])
> 굴착으로 인하여 20m 이상 노출된 배관에 대하여는 20m마다 누출된 도시가스가 체류하기 쉬운 장소에 가스누출경보기를 설치할 것

27 감전재해 사고발생 시 취해야 할 행동순서가 아닌 것은?

❶ 피해자 구출 후 상태가 심할 경우 인공호흡 등 응급조치를 한 후 작업을 직접 마무리하도록 도와준다.

② 피해자가 지닌 금속체가 전선 등에 접촉되었는가를 확인한다.

③ 설비의 전기 공급원 스위치를 내린다.

④ 전원을 끄지 못했을 때는 고무장갑이나 고무장화를 착용하고 피해자를 구출한다.

해설
감전으로 의식불명인 경우는 감전사고를 발견한 사람이 즉시 환자에게 인공호흡을 시행하여 우선 환자가 의식을 되찾게 한 다음 의식을 회복하면 즉시 가까운 병원으로 후송하여야 한다.

28 작업현장에서 전기기구를 취급할 때 틀린 사항은?

① 동력기구 사용 시 정전되었다면 전원 스위치를 끈다.

② 퓨즈가 끊어졌다고 함부로 손을 대어서는 안 된다.

❸ 보호덮개를 씌우지 않은 백열전등으로 된 작업등을 사용한다.

④ 안전점검 사항을 확인하고 스위치를 넣는다.

해설
노출된 부분에 직접적으로 접촉할 수 있어, 화재나 감전 사고가 발생할 가능성이 높기 때문에 백열전등에는 보호덮개를 씌워 사용한다.

29 소화작업의 기본 요소가 아닌 것은?

① 가연물질을 제거하면 된다.

② 산소를 차단하면 된다.

③ 점화원을 냉각시키면 된다.

❹ 연료를 기화시키면 된다.

해설
연료를 기화시키면 화재위험이 증가한다.

30 가공전선로 주변에서 굴착작업 중 보기와 같은 상황 발생 시 조치사항으로 가장 적절한 것은?

┌─보기─┐
굴착작업 중 작업장 상부를 지나는 전선이 버킷 실린더에 의해 단선되었으나 인명과 장비에 피해는 없었다.
└──────┘

① 가정용이므로 작업을 마친 다음 현장 전기공에 의해 복구시킨다.

② 발생 후 1일 이내에 감독관에게 알린다.

③ 전주나 전주 위의 변압기에 이상이 없으면 무관하다.

❹ 발생 즉시 인근 한국전력 사업소에 연락하여 복구하도록 한다.

해설
전력케이블에 손상이 가해지면 전력공급이 차단되거나 중단될 수 있으므로 즉시 한국전력공사에 통보해야 한다.

31 전시, 사변 기타 이에 준하는 국가비상사태하에서 건설기계를 취득한 때에는 며칠 이내에 등록을 신청하여야 하는가?

☑ **5일**　　② 7일
③ 10일　　④ 15일

해설

등록의 신청 등(건설기계관리법 시행령 제3조)
건설기계등록신청은 건설기계를 취득한 날(판매를 목적으로 수입된 건설기계의 경우에는 판매한 날을 말한다)부터 2월 이내에 하여야 한다. 다만, 전시·사변 기타 이에 준하는 국가비상사태하에 있어서는 5일 이내에 신청하여야 한다.

32 건설기계등록사항에 변경이 있는 때에는 그 변경이 있은 날부터 며칠 이내에 관할 시·도지사에게 신고서를 제출하여야 하는가?(단, 주소지 또는 사용본거지의 변경이 아니다)

① 7일　　② 10일
③ 15일　　☑ **30일**

해설

등록사항의 변경신고(건설기계관리법 시행령 제5조)
건설기계의 소유자는 건설기계등록사항에 변경(주소지 또는 사용본거지가 변경된 경우를 제외한다)이 있는 때에는 그 변경이 있은 날부터 30일(상속의 경우에는 상속개시일부터 6개월) 이내에 건설기계등록사항변경신고서(전자문서로 된 신고서를 포함한다)에 다음의 서류(전자문서를 포함한다)를 첨부하여 규정에 따라 등록을 한 시·도지사에게 제출하여야 한다. 다만, 전시·사변 기타 이에 준하는 국가비상사태하에 있어서는 5일 이내에 하여야 한다.
• 변경내용을 증명하는 서류
• 건설기계등록증(자가용 건설기계 소유자의 주소지 또는 사용본거지가 변경된 경우는 제외한다)
• 건설기계검사증(자가용 건설기계 소유자의 주소지 또는 사용본거지가 변경된 경우는 제외한다)

33 정기검사연기신청을 하였으나 불허통지를 받은 자는 언제까지 정기검사를 신청하여야 하는가?

① 불허통지를 받은 날부터 5일 이내
② 불허통지를 받은 날부터 10일 이내
③ 정기검사신청기간 만료일부터 5일 이내
☑ **정기검사신청기간 만료일부터 10일 이내**

해설

검사 또는 명령이행 기간의 연장(건설기계관리법 시행규칙 제31조의2)
검사·명령이행 기간 연장 불허통지를 받은 자는 정기검사 등의 신청기간 만료일부터 10일 이내에 검사신청을 해야 한다.

34 검사소 이외의 장소에서 출장검사를 받을 수 있는 건설기계에 해당하는 것은?

① 덤프트럭
② 콘크리트믹서트럭
③ 아스팔트살포기
☑ **지게차**

해설

덤프트럭, 콘크리트믹서트럭, 콘크리트펌프(트럭적재식), 아스팔트살포기, 트럭지게차는 검사소에서 검사를 받아야 한다.

35 건설기계조종사의 정기적성검사는 65세 미만인 경우 몇 년마다 받아야 하는가?

① 3년   ② 5년

③ 7년   ✔ **10년**

해설

정기적성검사(건설기계관리법 시행규칙 제81조)
건설기계조종사는 10년마다(단, 65세 이상인 경우는 5년마다) 시장, 군수 또는 구청장이 실시하는 정기적성 검사를 받아야 한다.

36 건설기계관련법상 건설기계 대여를 업으로 하는 것은?

✔ **건설기계대여업**

② 건설기계정비업

③ 건설기계매매업

④ 건설기계해체재활용업

해설

② 건설기계정비업 : 건설기계를 분해·조립 또는 수리 하고 그 부분품을 가공제작·교체하는 등 건설기계 를 원활하게 사용하기 위한 모든 행위(경미한 정비 행위 등 국토교통부령으로 정하는 것은 제외한다)를 업으로 하는 것을 말한다.
③ 건설기계매매업 : 중고(中古) 건설기계의 매매 또는 그 매매의 알선과 그에 따른 등록사항에 관한 변경신 고의 대행을 업으로 하는 것을 말한다.
④ 건설기계해체재활용업 : 폐기 요청된 건설기계의 인수(引受), 재사용 가능한 부품의 회수, 폐기 및 그 등록말소 신청의 대행을 업으로 하는 것을 말한다.

37 무면허 건설기계 조종사에 대한 벌칙은?

① 100만원 이하의 벌금

② 200만원 이하의 벌금

③ 300만원 이하의 벌금

✔ **1천만원 이하의 벌금**

해설

건설기계조종사면허를 받지 아니하고 건설기계를 조종 한 자는 1년 이하의 징역 또는 1천만원 이하의 벌금에 처한다.

38 건설기계의 구조변경 및 개조의 범위에 대 하여 설명한 것 중 틀린 것은?

① 전동기의 형식변경

✔ **기종변경**

③ 유압장치의 형식변경

④ 원동기의 형식변경

해설

구조변경범위 등(건설기계관리법 시행규칙 제42조)
주요구조의 변경 및 개조의 범위는 다음과 같다. 다만, 건설기계의 기종변경, 육상작업용 건설기계규격의 증 가 또는 적재함의 용량증가를 위한 구조변경은 이를 할 수 없다.
• 원동기 및 전동기의 형식변경
• 동력전달장치의 형식변경
• 제동장치의 형식변경
• 주행장치의 형식변경
• 유압장치의 형식변경
• 조종장치의 형식변경
• 조향장치의 형식변경
• 작업장치의 형식변경. 다만, 가공작업을 수반하지 아 니하고 작업장치를 선택부착하는 경우에는 작업장치 의 형식변경으로 보지 아니한다.
• 건설기계의 길이·너비·높이 등의 변경
• 수상작업용 건설기계의 선체의 형식변경
• 타워크레인 설치기초 및 전기장치의 형식변경

39 자동차 전용도로의 정의로 가장 적합한 것은?

① **자동차만 다닐 수 있도록 설치된 도로**
② 보도와 차도의 구분이 없는 도로
③ 보도와 차도의 구분이 있는 도로
④ 자동차 고속 주행의 교통에만 이용되는 도로

> **해설**
> 정의(도로교통법 제2조)
> "자동차전용도로"란 자동차만 다닐 수 있도록 설치된 도로를 말한다.

40 노면의 결빙이나 폭설 시 평상시보다 얼마나 감속 운행하여야 하는가?

① $\dfrac{40}{100}$ ② $\dfrac{50}{100}$

③ $\dfrac{30}{100}$ ④ $\dfrac{20}{100}$

> **해설**
> 자동차의 감속운행(도로교통법 시행규칙 제19조제2항)
> • 최고속도의 100분의 20을 줄인 속도로 운행하여야 하는 경우
> – 비가 내려 노면이 젖어 있는 경우
> – 눈이 20mm 미만 쌓인 경우
> • 최고속도의 100분의 50을 줄인 속도로 운행하여야 하는 경우
> – 폭우·폭설·안개 등으로 가시거리가 100m 이내인 경우
> – 노면이 얼어붙은 경우
> – 눈이 20mm 이상 쌓인 경우

41 건널목 안에서 차가 고장이 나서 운행할 수 없게 되었다. 운전자의 조치 사항으로 가장 잘못된 것은?

① 철도 공무원이나 경찰 공무원에게 즉시 알려 차를 이동하기 위한 필요한 조치를 한다.
② 차를 즉시 건널목 밖으로 이동시킨다.
③ 승객을 하차시켜 즉시 대피시킨다.
④ **현장을 그대로 보존하고 경찰 공무원에게 고장 신고를 한다.**

> **해설**
> 모든 차 또는 노면전차의 운전자는 건널목을 통과하다가 고장 등의 사유로 건널목 안에서 차 또는 노면전차를 운행할 수 없게 된 경우에는 즉시 승객을 대피시키고 비상신호기 등을 사용하거나 그 밖의 방법으로 철도공무원이나 경찰공무원에게 그 사실을 알려야 한다.

42 다음 중 정차 및 주차가 금지되어 있지 않은 장소는?

① 건널목
② 교차로
③ 횡단보도
④ **경사로의 정상부근**

> **해설**
> 경사로의 정상부근은 앞지르기 금지장소로 서행할 장소이다.

43 신호등에 녹색 등화 시 차마의 통행방법으로 틀린 것은?

① 차마는 다른 교통에 방해되지 않을 때에 천천히 우회전할 수 있다.

② 차마는 직진할 수 있다.

☑ **차마는 비보호 좌회전표시가 없는 곳에서도 언제든지 좌회전을 할 수 있다.**

④ 차마는 좌회전을 하여서는 아니 된다.

해설

녹색의 등화 신호의 뜻
• 차마는 직진 또는 우회전할 수 있다.
• 비보호좌회전지 또는 비보호좌회전표시가 있는 곳에서는 좌회전할 수 있다.

44 승차 또는 적재의 방법과 제한에서 운행상의 안전기준을 넘어서 승차 및 적재가 가능한 것으로 맞는 것은?

① 관할 시·군수의 허가를 받은 때

☑ **출발지를 관할하는 경찰서장의 허가를 받은 때**

③ 도착지를 관할하는 경찰서장의 허가를 받은 때

④ 동·읍·면장의 허가를 받은 때

해설

승차 또는 적재의 방법과 제한(도로교통법 제39조)
모든 차의 운전자는 승차 인원·적재중량 및 적재용량에 관하여 대통령령으로 정하는 운행상의 안전기준을 넘어서 승차시키거나 적재한 상태로 운전하여서는 아니 된다. 다만, 출발지를 관할하는 경찰서장의 허가를 받은 경우에는 그러하지 아니하다.

45 교통사고가 발생하였을 때 가장 먼저 취할 조치는?

① 경찰 공무원에게 신고한 다음 피해자를 구호한다.

② 즉시 피해자 가족에게 알리고 합의한다.

☑ **즉시 사상자를 구호하고 경찰 공무원에게 신고한다.**

④ 승무원에게 사상자를 알리게 하고 회사에 알린다.

해설

사고발생 시의 조치(도로교통법 제54조)
㉠ 차 또는 노면전차의 운전 등 교통으로 인하여 사람을 사상하거나 물건을 손괴(이하 "교통사고")한 경우에는 그 차 또는 노면전차의 운전자나 그 밖의 승무원(이하 "운전자 등")은 즉시 정차하여 다음의 조치를 하여야 한다.
• 사상자를 구호하는 등 필요한 조치
• 피해자에게 인적 사항(성명·전화번호·주소 등을 말한다) 제공
㉡ ㉠의 경우 그 차 또는 노면전차의 운전자 등은 경찰공무원이 현장에 있을 때에는 그 경찰공무원에게, 경찰공무원이 현장에 없을 때에는 가장 가까운 국가경찰관서(지구대, 파출소 및 출장소를 포함)에 다음의 사항을 지체 없이 신고하여야 한다. 다만, 차 또는 노면전차만 손괴된 것이 분명하고 도로에서의 위험방지와 원활한 소통을 위하여 필요한 조치를 한 경우에는 그러하지 아니하다.
• 사고가 일어난 곳
• 사상자 수 및 부상 정도
• 손괴한 물건 및 손괴 정도
• 그 밖의 조치사항 등

46 디젤엔진의 배기량이 일정한 상태에서 연소실에 강압적으로 많은 공기를 공급하여 흡입효율을 높이고 출력과 토크를 증대시키기 위한 장치는?

① 연료 압축기

② 냉각 압축 펌프

③ 에어 컴프레서

✔ **과급기**

해설

과급기
배기량이 일정한 상태에서 연소실에 강압적으로 많은 공기를 주입, 엔진폭발력을 높여 힘과 토크를 증대시키는 장치이다.

47 다음 중 착화성이 가장 좋은 연료는?

① 가솔린   ✔ **경유**

③ 등유   ④ 중유

해설

휘발유는 인화성이 좋고, 경유는 착화성이 좋다.

48 기관에서 실린더 마모가 가장 큰 부분은?

① 실린더 아랫부분

✔ **실린더 윗부분**

③ 실린더 중간 부분

④ 실린더 연소실 부분

해설

실린더의 폭발압력으로 첫 번째 피스톤링을 실린더 벽으로 밀어내는 작용을 하게 되어 윗부분(상사점)에서 가장 큰 마모가 일어난다.

49 디젤기관에서 윤활유 압력이 낮은 원인이 아닌 것은?

✔ **점도지수가 높은 오일을 사용하였다.**

② 윤활유의 양이 부족하다.

③ 오일펌프가 과대 마모되었다.

④ 윤활유 압력 릴리프 밸브가 열린 채 고착되었다.

해설

점도가 높으면 마찰력이 높아지기 때문에 압력이 높아진다.

50 오일 필터의 여과 입도가 너무 조밀할 때 가장 발생하기 쉬운 현상은?

① 오일 누출 현상

✔ **공동현상**

③ 맥동현상

④ 블로바이 현상

해설

공동현상은 작동유(유압유) 속에 용해 공기가 기포로 되어 있는 상태로 오일 필터의 여과 입도가 너무 조밀할 때 발생하기 쉽다.

51 예열 플러그를 빼서 보았더니 심하게 오염 되어 있다. 그 원인은?

    ① 불완전 연소 또는 노킹

    ② 엔진 과열

    ③ 플러그의 용량 과다

    ④ 냉각수 부족

> **해설**
> 예열 플러그가 심하게 오염되어 있으면 불완전 연소 또는 노킹의 원인이 된다.

52 시동 스위치를 시동위치로 했을 때 솔레노 이드 스위치는 작동되나 기동 전동기는 작 동되지 않은 원인과 관계없는 것은?

    ① 축전지 용량의 1/2 방전

    ② 시동 스위치 불량

    ③ 엔진 내부 피스톤 고착

    ④ 전기자 코일 개회로

> **해설**
> 시동 스위치가 불량하면 스위치를 작동시켜도 솔레노 이드 스위치가 작동되지 않는다.

53 축전지 전해액이 자연 감소되었을 때 보충 에 가장 적합한 것은?

    ① 증류수   ② 우물물

    ③ 경수   ④ 수돗물

> **해설**
> 축전지 전해액의 보충은 반드시 증류수로 한다. 따라서 초산, 빗물, 세제, 묽은 황산, 휘발유, 등 기타 철분이 함유된 물질 등으로 보충을 하여서는 안 된다.

54 교류발전기에서 교류를 직류로 바꾸는 것은?

    ① 계자   ② 슬립 링

    ③ 브러시   **④ 다이오드**

> **해설**
> 직류발전기에서는 정류자와 브러시가, 교류발전기에 서는 다이오드가 교류를 직류로 바꾼다.

55 전기장치 회로에 사용하는 퓨즈의 재질로 적합한 것은?

    ① 스틸 합금

    ② 구리 합금

    ③ 알루미늄 합금

    ④ 납과 주석 합금

> **해설**
> 전기장치 회로에 사용하는 퓨즈의 재질은 납과 주석의 합금이다.

56 유압장치의 작동원리는 어떤 이론에 바탕 을 둔 것인가?

    ① 보일의 법칙

    ② 에너지 보존 법칙

    ③ 열역학 제1법칙

    ④ 파스칼의 원리

> **해설**
> 파스칼의 원리는 밀폐된 유체의 어느 한 부분에 압력을 가하면 그 압력은 모든 방향으로 동일하게 전달된다는 것으로 유체압력 전달원리라고도 한다.

57 유압장치에서 기어 펌프의 특징이 아닌 것은?

① 구조가 다른 펌프에 비해 간단하다.
② 유압 작동유의 오염에 비교적 강한 편이다.
③ 피스톤 펌프에 비해 효율이 떨어진다.
✔ **가변 용량형 펌프로 적당하다.**

해설
기어 펌프
구조가 소형이며 간단하고 가격도 싸지만 가변 용량이 곤란하며 누설이 많아 최고 압력이 7MPa 이하인 펌프이다. 즉, 누설방지가 어려워 효율이 낮으며 가변 용량형으로 제작할 수 없다.

58 유압회로에서 유량 제어를 통하여 작업속도를 조절하는 방식에 속하지 않는 것은?

① 미터 아웃 회로
② 미터 인 회로
✔ **블리드 온 회로**
④ 블리드 오프 회로

해설
① 미터 아웃 회로 : 배출 쪽 관로에 설치한 바이패스 관로의 흐름을 제어함으로써 속도를 제어하는 회로
② 미터 인 회로 : 공급 쪽 관로에 설치한 바이패스 관의 흐름을 제어함으로써 속도를 제어하는 회로
③ 블리드 오프 회로 : 공급 쪽 관로에 바이패스 관로를 설치하여 바이패스로의 흐름을 제어함으로써 속도를 제어하는 회로

59 릴리프 밸브 등에서 밸브 시트를 때려 비교적 높은 소리를 내는 진동현상을 무엇이라 하는가?

✔ **채터링**　② 캐비테이션
③ 점핑　　　④ 서지압

해설
채터링(chattering)
유압기의 밸브 스프링 약화로 인해 밸브면에 생기는 강제 진동과 고유 진동의 쇄교로 밸브가 시트에 완전 접촉을 하지 못하고 바르르 떠는 현상

60 그림의 유압 기호는 무엇을 표시하는가?

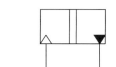

✔ **공기유압변환기**
② 중압기
③ 촉매컨버터
④ 어큐뮬레이터

해설
유압기호

중압기	어큐뮬레이터

01 유압유의 압력이 상승하지 않을 때의 원인을 점검하는 것으로 가장 거리가 먼 것은?

① 펌프의 토출량 점검
② 유압회로의 누유상태 점검
③ 릴리프 밸브의 작동상태 점검
④ **펌프 설치 고정 볼트의 강도 점검**

해설
유압회로 내에서의 흐름이 원활하지 않다는 의미가 되며 각종 밸브나 펌프의 작동 상황 등 흐름을 방해할 원인을 점검하는 데 주안점을 두어야 한다.

02 유압펌프 점검에서 작동유 유출 여부 점검사항이 아닌 것은?

① 정상작동 온도로 난기 운전을 실시하여 점검하는 것이 좋다.
② 고정 볼트가 풀린 경우에는 추가 조임을 한다.
③ 작동유 유출 점검은 운전자가 관심을 가지고 점검해야 한다.
④ **하우징에 균열이 발생되면 패킹을 교환한다.**

해설
하우징에 균열이 발생되면 하우징 자체를 수리 또는 교환한다.

03 다음 중 장비로 교량 주행 시 안전사항으로 가장 거리가 먼 것은?

① **신속히 통과한다.**
② 장비의 무게 및 중량을 고려한다.
③ 교량의 폭을 확인한다.
④ 교량의 통과 하중을 고려한다.

해설
장비로 교량 주행 시 신속히 통과하는 것은 위험과 교량에 충격을 초래할 수 있다.

04 유압식 동력조향장치의 특징이 아닌 것은?

① 앞바퀴의 시미현상을 막아준다.
② **사용자마다 다른 조향력을 보인다.**
③ 구조가 복잡하며 가격이 비싼 편이다.
④ 노면으로부터 충격과 진동을 흡수한다.

해설
동력조향장치는 작은 조직력으로 조향조작이 가능해 누구든 비슷한 수준의 조향력을 나타낸다.

05 건설기계에서 스티어링 클러치에 대한 설명으로 틀린 것은?

① 조향, 환향 클러치라고도 한다.

② 주행 중 진행방향을 바꾸기 위한 장치이다.

③ 전달된 회전력을 좌우 별도로 단속할 수 있다.

☑ 트랙이 설치된 장비는 동력을 끊은 반대쪽으로 돌게 된다.

해설
조향 클러치는 좌우의 주행 구동축과 차륜 또는 복대장치 사이의 클러치로 한쪽을 끊으면 그 방향의 구동이 끊겨 조향이 가능하다.

06 클러치에 대한 설명으로 틀린 것은?

① 클러치는 수동식 변속기에 사용된다.

② 클러치 용량이 너무 크면 엔진이 정지하거나 동력 전달 시 충격이 일어나기 쉽다.

☑ 엔진 회전력보다 클러치 용량이 적어야 한다.

④ 클러치 용량이 너무 적으면 클러치가 미끄러진다.

해설
클러치 용량은 클러치가 전달할 수 있는 회전력을 말하며, 용량이 너무 크면 마찰판이 접촉할 때 충격이 커져 엔진이 정지되기 쉽고, 용량이 작으면 클러치가 미끄러져 마찰면의 마멸이 빨라진다. 따라서 클러치 용량은 엔진 최대 토크의 1.5~2.5배이어야 한다.

07 토크 변환기에서 오일의 과다한 압력을 방지하는 밸브는?

① 체크 밸브

② 스로틀 밸브

☑ 압력조정 밸브

④ 매뉴얼 밸브

해설
① 체크 밸브 : 방향 제어 밸브로서 역방향 흐름장비 밸브
② 스로틀 밸브(교축 밸브) : 밸브 내 오일 통로의 단면적을 외부로부터 변화시켜 통로에 저항을 증감시켜 유량을 조절하는 밸브
④ 매뉴얼 밸브 : 수동으로 라인 압력의 통로를 변환시키는 유압 제어 밸브

08 휠 로더의 휠 허브에 있는 유성기어 장치에서 유성기어가 핀과 용착될 때 일어나는 현상은?

① 바퀴의 회전속도가 빨라진다.

② 바퀴의 회전속도가 늦어진다.

☑ 바퀴가 돌지 않는다.

④ 평소와 관계없다.

해설
휠 허브에 있는 유성기어 장치에서 유성기어가 핀과 용착되면 바퀴가 돌지 못한다.

09 벨트를 풀리에 걸 때는 어떤 상태에서 걸어야 하는가?

☑ ① 회전을 중지시킨 후 건다.
② 저속으로 회전시키면서 건다.
③ 중속으로 회전시키면서 건다.
④ 고속으로 회전시키면서 건다.

해설
벨트를 풀리에 걸때는 반드시 회전을 정지시킨 다음에 한다.

10 타이어의 골격을 형성하는 부위는?

☑ ① 카커스   ② 트레드
③ 숄더   ④ 비드

해설
카커스(carcass)
타이어에서 고무로 피복된 코드를 여러 겹으로 겹친 층에 해당하며 공기압이나 충격에 견디는 골격 역할을 하는 구조이다.

11 굴착기에 부착하여 콘크리트를 파괴하는 장치는?

① 블레이드   ☑ ② 브레이커
③ 암   ④ 클램프

해설
브레이커는 콘크리트, 암석 등을 파쇄, 소할하는 등의 작업에 적합한 장치이다.

12 굴착기 등 건설기계운전 작업장에서 이동 및 선회 시 안전을 위해서 행하는 적절한 조치로 맞는 것은?

☑ ① 경적을 울려서 작업장 주변 사람에게 알린다.
② 버킷을 내려서 점검하고 작업한다.
③ 급방향 전환을 위하여 위험 시간을 최대한 줄인다.
④ 굴착작업으로 안전을 확보한다.

13 크롤러식 굴착기에서 상부 회전체의 회전에는 영향을 주지 않고 주행 모터에 작동유를 공급할 수 있는 부품은?

① 컨트롤 밸브
☑ ② 센터조인트
③ 사축형 유압모터
④ 언로더 밸브

해설
센터조인트는 상부 회전체의 중심부에 설치되어 있으며, 상부 회전체의 오일을 하부 주행체(주행 모터)로 공급하는 부품이다.

14 트랙 장치의 구성품 중 트랙 슈와 슈를 연결하는 부품은?

① 부싱과 캐리어 롤러
✔ **트랙 링크와 핀**
③ 아이들러와 스프로킷
④ 하부 롤러와 상부 롤러

15 굴착기에서 그리스를 주입하지 않아도 되는 곳은?

① 버킷 핀   ② 링키지
✔ **트랙 슈**   ④ 선회 베어링

해설
트랙 슈는 지면에 닿으므로 그리스를 주입하지 않는다.

16 무한궤도식 건설기계에서 트랙의 장력을 너무 팽팽하게 조정했을 때 미치는 영향으로 가장 거리가 먼 것은?

① 트랙 링크의 마모
② 프런트 아이들러의 마모
✔ **트랙의 이탈**
④ 스프로킷의 마모

해설
트랙의 이탈은 장력이 너무 헐거울 때 생긴다.

17 재해조사 목적을 가장 확실하게 설명한 것은?

✔ **적절한 예방대책을 수립하기 위하여**
② 재해를 발생케 한 자의 책임을 추궁하기 위하여
③ 재해 발생 상태와 그 동기에 대한 통계를 작성하기 위하여
④ 작업능률 향상과 근로기강 확립을 위하여

해설
재해조사의 목적은 재해의 발생 원인을 분명하게 밝힘으로써 가장 적절한 재해방지대책을 수립하여 동종 및 유사재해를 미연에 방지하는 것이다.

18 다음 중 보호안경을 끼고 작업해야 하는 사람과 가장 거리가 먼 것은?

① 산소용접 작업 시
② 그라인더 작업 시
✔ **건설기계장비 일상점검 작업 시**
④ 장비의 하부에서 점검, 정비 작업 시

해설
보호안경은 물체가 날아 흩어질 위험이 있는 작업 또는 하부작업을 할 때 반드시 착용해야 한다.

19 산업안전 보건표지에서 그림이 나타내는 것은?

① 비상구 없음 표시
② 방사선위험 표시
③ 탑승금지 표시
④ **보행금지 표시**

> **해설**
> 안전표지

방사선위험 표시	탑승금지 표시

20 안전장치 선정 시 고려 사항에 해당하지 않는 것은?

① 위험 부분에는 안전 방호 장치가 설치되어 있을 것
② 강도나 기능 면에서 신뢰도가 클 것
③ 작업하기에 불편하지 않는 구조일 것
④ **안전장치 기능 제거를 용이하게 할 것**

> **해설**
> 안전장치는 고장이나 점검 등 특별한 작업을 제외하고는 제거하여서는 안 된다.
> 안전장치 선정 시 고려 사항
> • 안전장치의 사용에 따라 방호가 완전할 것
> • 안전장치의 기능 면에서 신뢰도가 클 것
> • 정기점검 이외에는 사람의 손으로 조정할 필요가 없을 것

21 수공구 보관 및 사용 방법 중 옳지 않은 것은?

① 물건에 해머를 대고 몸의 위치를 정한다.
② 담금질한 것은 함부로 두들겨서는 안 된다.
③ **숫돌은 강도 유지를 위하여 적당한 습기가 있어야 한다.**
④ 파손, 마모된 것은 사용하지 않는다.

> **해설**
> 수분과 습기에 숫돌이 깨지거나 부서질 수 있어 습기가 없는 곳에 보관한다.

22 수공구를 취급 시 지켜야 할 안전수칙으로 옳은 것은?

① 줄질 후 쇳가루는 입으로 불어낸다.
② 해머작업 시 손에 장갑을 끼고 한다.
③ **사용 전에 충분한 사용법을 숙지하고 익히도록 한다.**
④ 큰 회전력이 필요한 경우 스패너에 파이프를 끼워서 사용한다.

> **해설**
> 스패너에 파이프를 끼든가 해머로 두들겨서 사용하지 않는다.

23 해머(hammer)작업 시 옳은 것은?

① 해머의 타격면에 기름을 발라 줄 것

☑ **해머로 타격할 때 처음과 마지막에 힘을 많이 가하지 말 것**

③ 다치지 않게 장갑을 착용할 것

④ 열처리된 재료는 반드시 해머작업을 할 것

> **해설**
> ① 해머의 타격면에 기름을 바르지 말 것
> ③ 장갑을 착용하고 해머작업을 하지 말 것
> ④ 열처리된 재료는 해머작업을 하지 말 것

24 도로나 아파트 단지의 땅속을 굴착하고자 할 때 도시가스 배관이 묻혀있는지 확인하기 위하여 가장 먼저 해야 할 일은?

☑ **그 지역에 가스를 공급하는 도시가스 회사에 가스배관의 매설 유무를 확인한다.**

② 그 지역 주민들에게 물어본다.

③ 굴착기로 땅속을 파서 가스배관이 있는지 직접 확인한다.

④ 해당 구청 토목과에 확인한다.

25 굴착공사를 위하여 가스 배관에 근접하여 H파일을 설치하고자 할 때 가장 근접하여 설치할 수 있는 수평거리는?

① 10cm   ② 20cm

☑ **30cm**   ④ 50cm

> **해설**
> 도시가스 배관과 수평거리 30cm 이내에서는 파일박기를 하지 말 것

26 액화천연가스에 대한 설명 중 틀린 것은?

① 기체 상태는 공기보다 가볍다.

② 가연성으로서 폭발의 위험성이 있다.

③ LNG라고 하며 메탄이 주성분이다.

☑ **액체 상태로 배관을 통하여 수요자에게 공급된다.**

> **해설**
> 기체 상태로 배관을 통하여 수요자에게 공급된다.

27 가공선로에서 건설기계 운전, 작업 시 안전대책으로 가장 거리가 먼 것은?

① 안전한 작업계획을 수립한다.

② 장비 사용을 위한 신호수를 정한다.

③ 가공선로에 대한 감전 방지 수단을 강구한다.

☑ **가급적 짐은 가공선로 하단에 보관한다.**

> **해설**
> 짐을 가공선로 하단에 보관하면 작업 시 선로에 접촉될 수 있어 위험하다.

28 퓨즈가 끊어졌을 때 조치방법으로 틀린 것은?

① 탈락한 퓨즈와 같은 용량으로 교환한다.

✓ **탈락한 퓨즈보다 더 큰 용량으로 교환한다.**

③ 퓨즈의 색상이 같은 것으로 교환한다.

④ 탈락한 퓨즈와 같은 모양인 것으로 교환한다.

> **해설**
> 퓨즈 교체 시에는 동일한 용량의 것을 사용하여야 한다. 높은 용량의 퓨즈로 교환 시 전기배선 손상의 원인 및 화재의 위험이 있다.

29 소화작업에 대한 설명으로 틀린 것은?

① 산소의 공급을 차단한다.

✓ **유류화재 시 표면에 물을 붓는다.**

③ 가연물질의 공급을 차단한다.

④ 점화원을 발화점 이하의 온도로 낮춘다.

> **해설**
> 유류는 물보다 비중이 가벼워 주수소화 시 물 위에 떠서 유면이 확대되기 때문에 화재 확대의 우려가 크므로 위험하다.

30 도로에 있는 한전 맨홀에 근접하여 굴착작업 시 가장 올바른 것은?

① 맨홀 뚜껑을 경계로 하여 뚜껑이 손상되지 않도록 하고 나머지는 임의로 작업한다.

② 교통에 지장이 되므로 주인 및 관련 기관이 모르게 야간에 신속히 작업하고 되메운다.

✓ **한전 직원의 입회하에 안전하게 작업한다.**

④ 접지선이 노출되면 제거한 후 계속 작업한다.

31 건설기계사업을 영위하고자 하는 자는 누구에게 등록하여야 하는가?

✓ **시장·군수·구청장**

② 전문 건설기계정비업자

③ 국토교통부장관

④ 건설기계 폐기업자

> **해설**
> **건설기계사업의 등록 등(건설기계관리법 제21조)**
> 건설기계사업을 하려는 재(지방자치단체는 제외한다)는 대통령령으로 정하는 바에 따라 사업의 종류별로 특별자치시장·특별자치도지사·시장·군수 또는 자치구의 구청장(이하 "시장·군수·구청장")에게 등록하여야 한다.

32 자가용 건설기계 등록번호표의 색상은?

① 주황색 바탕에 흰색 문자
② 적색 바탕에 흰색 문자
③ **흰색 바탕에 검정색 문자**
④ 녹색 바탕에 흰색 문자

해설

등록번호표의 색상(건설기계관리법 시행규칙 [별표 2])
• 비사업용(관용 또는 자가용) : 흰색 바탕에 검은색 문자
• 대여사업용 : 주황색 바탕에 검은색 문자

33 성능이 불량하거나 사고가 빈발한 건설기계에 대해 실시하는 검사는?

① **수시검사**　　② 정기검사
③ 구조변경검사　④ 예비검사

해설

건설기계 검사의 종류(건설기계관리법 제13조)
• 신규등록검사 : 건설기계를 신규로 등록할 때 실시하는 검사
• 정기검사 : 건설공사용 건설기계로서 3년의 범위에서 국토교통부령으로 정하는 검사유효기간이 끝난 후에 계속하여 운행하려는 경우에 실시하는 검사와 「대기환경보전법」 제62조 및 「소음·진동관리법」 제37조에 따른 운행차의 정기검사
• 구조변경검사 : 건설기계의 주요 구조를 변경하거나 개조한 경우 실시하는 검사
• 수시검사 : 성능이 불량하거나 사고가 자주 발생하는 건설기계의 안전성 등을 점검하기 위하여 수시로 실시하는 검사와 건설기계 소유자의 신청을 받아 실시하는 검사

34 정기검사 신청을 받은 검사대행자는 며칠 이내에 검사일시 및 장소를 신청인에게 통지하여야 하는가?

① 3일　　　　② **5일**
③ 15일　　　④ 20일

해설

검사의 연기(건설기계관리법 시행규칙 제31조의2제2항)
검사·명령이행 기간 연장신청을 받은 시·도지사는 그 신청일부터 5일 이내에 검사·명령이행 기간의 연장 여부를 결정하여 신청인에게 서면으로 통지하고 검사대행자에게 통보해야 한다. 이 경우 검사·명령이행 기간 연장 불허통지를 받은 자는 정기검사 등의 신청기간 만료일부터 10일 이내에 검사신청을 해야 한다.

35 해당 건설기계 운전의 국가기술자격소지자가 건설기계 조종 시 면허를 받지 않고 건설기계를 조종할 경우는?

① **무면허이다.**
② 사고 발생 시만이 무면허이다.
③ 면허를 가진 것으로 본다.
④ 도로주행만 하지 않으면 괜찮다.

해설

건설기계조종사면허를 받으려는 사람은 「국가기술자격법」에 따른 해당 분야의 기술자격을 취득하고 적성검사에 합격하여야 한다.

36 건설기계조종사면허가 취소되거나 효력 정지처분을 받은 후에도 건설기계를 계속하여 조종한 자에 대한 벌칙은?

① 과태료 50만원

 1년 이하의 징역 또는 1천만원 이하의 벌금

③ 최소기간 연장조치

④ 조종사면허 취득 절대 불가

해설

1년 이하의 징역 또는 1천만원 이하의 벌금
• 거짓이나 그 밖의 부정한 방법으로 등록을 한 자
• 등록번호를 지워 없애거나 그 식별을 곤란하게 한 자
• 구조변경검사 또는 수시검사를 받지 아니한 자
• 정비명령을 이행하지 아니한 자
• 사용·운행 중지 명령을 위반하여 사용·운행한 자
• 사업정지명령을 위반하여 사업정지기간 중에 검사를 한 자
• 형식승인, 형식변경승인 또는 확인검사를 받지 아니 하고 건설기계의 제작 등을 한 자
• 사후관리에 관한 명령을 이행하지 아니한 자
• 내구연한을 초과한 건설기계 또는 건설기계 장치 및 부품을 운행하거나 사용한 자
• 내구연한을 초과한 건설기계 또는 건설기계 장치 및 부품의 운행 또는 사용을 알고도 말리지 아니하거나 운행 또는 사용을 지시한 고용주
• 부품인증을 받지 아니한 건설기계 장치 및 부품을 사용한 자
• 부품인증을 받지 아니한 건설기계 장치 및 부품을 건설기계에 사용하는 것을 알고도 말리지 아니하거나 사용을 지시한 고용주
• 매매용 건설기계를 운행하거나 사용한 자
• 폐기인수 사실을 증명하는 서류의 발급을 거부하거나 거짓으로 발급한 자
• 폐기요청을 받은 건설기계를 폐기하지 아니하거나 등록번호표를 폐기하지 아니한 자
• 건설기계조종사면허를 받지 아니하고 건설기계를 조종한 자
• 건설기계조종사면허를 거짓이나 그 밖의 부정한 방법으로 받은 자
• 소형 건설기계의 조종에 관한 교육과정의 이수에 관한 증빙서류를 거짓으로 발급한 자

• 술에 취하거나 마약 등 약물을 투여한 상태에서 건설 기계를 조종한 자와 그러한 자가 건설기계를 조종하는 것을 알고도 말리지 아니하거나 건설기계를 조종하도록 지시한 고용주
• 건설기계조종사면허가 취소되거나 건설기계조종사 면허의 효력정지처분을 받은 후에도 건설기계를 계속 하여 조종한 자
• 건설기계를 도로나 타인의 토지에 버려둔 자

37 건설기계의 조종 중 과실로 재산피해를 입 힌 때 피해금액이 50만원이면 면허효력정 지 기간은?

① **1일** ② 2일

③ 3일 ④ 7일

해설

피해금액 50만원마다 1일씩 정지하며 90일을 넘지 못한다.

38 임시운행 사유에 해당하지 않는 것은?

① 등록신청을 하기 위하여 건설기계를 등록지로 운행하고자 할 때

✔ **등록신청 전에 건설기계 공사를 하기 위하여 임시로 사용하고자 할 때**

③ 수출을 하기 위해 건설기계를 선적지로 운행할 때

④ 신개발 건설기계를 시험 운행하고자 할 때

해설
미등록 건설기계의 임시운행 사유(건설기계관리법 시행규칙 제6조)
• 등록신청을 하기 위하여 건설기계를 등록지로 운행하는 경우
• 신규등록검사 및 확인검사를 받기 위하여 건설기계를 검사장소로 운행하는 경우
• 수출을 하기 위하여 건설기계를 선적지로 운행하는 경우
• 수출을 하기 위하여 등록말소한 건설기계를 점검·정비의 목적으로 운행하는 경우
• 신개발 건설기계를 시험·연구의 목적으로 운행하는 경우
• 판매 또는 전시를 위하여 건설기계를 일시적으로 운행하는 경우

39 자동차 제1종 대형면허로 조종할 수 있는 건설기계는?

① 굴착기　　　　② 불도저
③ 기중기　　　　✔ **덤프트럭**

해설
제1종 대형 운전면허로 조종 가능한 건설기계
덤프트럭, 아스팔트살포기, 노상안정기, 콘크리트믹서트럭, 콘크리트펌프, 천공기(트럭 적재식), 콘크리트믹서트레일러, 아스팔트콘크리트재생기, 도로보수트럭, 3t 미만의 지게차

40 보도와 차도가 구분된 도로에서 중앙선이 설치되어 있는 경우 차마의 통행방법으로 옳은 것은?

① 중앙선 좌측

✔ **중앙선 우측**

③ 좌·우측 모두

④ 보도의 좌측

해설
차마의 운전자는 도로(보도와 차도가 구분된 도로에서는 차도를 말한다)의 중앙(중앙선이 설치되어 있는 경우에는 그 중앙선을 말한다. 이하 같다) 우측 부분을 통행하여야 한다.

41 신호등이 없는 철길 건널목 통과방법 중 맞는 것은?

① 차단기가 올라가 있으면 그대로 통과해도 된다.

✔ **반드시 일시정지를 한 후 안전을 확인하고 통과한다.**

③ 신호등이 진행신호일 경우에도 반드시 일시정지를 하여야 한다.

④ 일시정지를 하지 않아도 좌우를 살피면서 서행으로 통과하면 된다.

해설
철길 건널목의 통과(도로교통법 제24조)
• 모든 차 또는 노면전차의 운전자는 철길 건널목(이하 "건널목")을 통과하려는 경우에는 건널목 앞에서 일시정지하여 안전한지 확인한 후에 통과하여야 한다. 다만, 신호기 등이 표시하는 신호에 따르는 경우에는 정지하지 아니하고 통과할 수 있다.
• 모든 차 또는 노면전차의 운전자는 건널목의 차단기가 내려져 있거나 내려지려고 하는 경우 또는 건널목의 경보기가 울리고 있는 동안에는 그 건널목으로 들어가서는 아니 된다.

42 주차 및 정차 금지 장소는 건널목의 가장 자리로부터 몇 m 이내인 곳인가?

① 5　　　　　　　☑ 10

③ 20　　　　　　④ 30

해설

정차 및 주차의 금지(도로교통법 제32조)

모든 차의 운전자는 다음의 어느 하나에 해당하는 곳에서는 차를 정차하거나 주차하여서는 아니 된다. 다만, 이 법이나 이 법에 따른 명령 또는 경찰공무원의 지시를 따르는 경우와 위험방지를 위하여 일시정지하는 경우에는 그러하지 아니하다.

- 교차로·횡단보도·건널목이나 보도와 차도가 구분된 도로의 보도(「주차장법」에 따라 차도와 보도에 걸쳐서 설치된 노상주차장은 제외한다)
- 교차로의 가장자리나 도로의 모퉁이로부터 5m 이내인 곳
- 안전지대가 설치된 도로에서는 그 안전지대의 사방으로부터 각각 10m 이내인 곳
- 버스여객자동차의 정류지(停留地)임을 표시하는 기둥이나 표지판 또는 선이 설치된 곳으로부터 10m 이내인 곳. 다만, 버스여객자동차의 운전자가 그 버스여객자동차의 운행시간 중에 운행노선에 따르는 정류장에서 승객을 태우거나 내리기 위하여 차를 정차하거나 주차하는 경우에는 그러하지 아니하다.
- 건널목의 가장자리 또는 횡단보도로부터 10m 이내인 곳
- 다음의 곳으로부터 5m 이내인 곳
  - 「소방기본법」에 따른 소방용수시설 또는 비상소화장치가 설치된 곳
  - 「소방시설 설치 및 관리에 관한 법률」에 따른 소방시설로서 대통령령으로 정하는 시설이 설치된 곳
- 시·도경찰청장이 도로에서의 위험을 방지하고 교통의 안전과 원활한 소통을 확보하기 위하여 필요하다고 인정하여 지정한 곳
- 시장 등이 지정한 어린이 보호구역

43 자동차에서 팔을 차체의 밖으로 내어 45° 밑으로 펴서 위아래로 흔들고 있을 때의 신호는?

☑ 서행신호　　　② 정지신호

③ 주의 신호　　　④ 앞지르기 신호

해설

신호의 시기 및 방법(도로교통법 시행령 [별표 2])

신호를 하는 경우	신호를 하는 시기	신호의 방법
서행할 때	그 행위를 하려는 때	팔을 차체의 밖으로 내어 45° 밑으로 펴서 위아래로 흔들거나 자동차안전기준에 따라 장치된 제동등을 깜박일 것
정지할 때	그 행위를 하려는 때	팔을 차체의 밖으로 내어 45° 밑으로 펴거나 자동차안전기준에 따라 장치된 제동등을 켤 것
뒤차에게 앞지르기를 시키려는 때	그 행위를 시키려는 때	오른팔 또는 왼팔을 차체의 왼쪽 또는 오른쪽 밖으로 수평으로 펴서 손을 앞뒤로 흔들 것

44 경찰 공무원의 수신호 중 틀린 것은?

① 직진신호　　　② 정지신호

③ 우회신호　　　☑ 추월신호

해설

경찰공무원등이 표시하는 수신호의 종류

- 손으로 할 때 : 진행, 좌·우 회전, 정지
- 신호봉으로 할 때 : 진행, 좌·우 회전, 정지

45 다음 교통안전표지에 대한 설명으로 맞는 것은?

① 최고 중량 제한 표시
② 최고 시속 30km 속도 제한 표시
③ 최저 시속 30km 속도 제한 표시
④ 차간거리 최저 30m 제한 표시

> **해설**
> 교통안전표지

차 중량 제한	최고 속도 제한	차간거리 확보
5.5 t	50	50m

46 디젤기관의 순환운동 순서로 맞는 것은?

① 공기압축 → 가스폭발 → 공기흡입 → 배기 → 점화
② 연료흡입 → 연료분사 → 공기압축 → 착화연소 → 연소 · 배기
③ 공기흡입 → 공기압축 → 연소 · 배기 → 연료분사 → 착화연소
④ 공기흡입 → 공기압축 → 연료분사 → 착화연소 → 배기

> **해설**
> 디젤기관은 공기만을 흡입한 후 공기를 압축하고 연료를 분사하는 압축착화기관이다.

47 노킹이 발생할 때 기관에 미치는 영향이 아닌 것은?

① 기관 회전수가 높아진다.
② 엔진이 과열된다.
③ 흡기효율이 저하된다.
④ 출력이 저하된다.

> **해설**
> 노킹이 발생하면 기관의 회전수가 불규칙하거나 떨어진다.

48 피스톤 링의 절개부를 서로 120° 방향으로 끼우는 이유는?

① 벗겨지지 않게 하기 위해
② 절개구 쪽으로 압축가스가 새는 것을 방지하기 위해
③ 피스톤의 강도를 보강하기 위해
④ 냉각을 돕기 위해

> **해설**
> 피스톤 링의 절개구를 일치시킬 경우 압축 또는 폭발압력의 누출이 생기기 쉬우므로 링은 보통 3개를 120° 방향으로 서로 상위시켜 조립한다.

49 유압유에 포함된 불순물을 제거하기 위해 유압 펌프 흡입관에 설치하는 것은?

① 부스터
② 스트레이너
③ 공기 청정기
④ 어큐뮬레이터

> **해설**
> 스트레이너(여과기)
> 파이프라인의 스케일이나 불순물 제거 및 관내 불순물에 의한 기기의 고장을 사전에 방지하여 기기를 보호한다.

50 디젤기관 연료계통에 응축수가 생기면 시동이 어렵게 되는데 이 응축수는 주로 어느 계절에 가장 많이 생기는가?

① 봄　　　　　② 여름

③ 가을　　　　④ 겨울

> **해설**
> 디젤기관 연료계통은 동절기에는 연료탱크 내부와 바깥공기의 온도 차이로 내부에 응축수가 발생할 수 있기 때문에 가급적 연료를 가득 채울 것을 권장한다.

51 디젤엔진이 잘 시동되지 않거나 시동되더라도 출력이 약한 원인으로 맞는 것은?

① 플라이 휠이 마모되었을 때

② 냉각수 온도가 100℃ 정도 되었을 때

③ 연료분사펌프의 기능이 불량할 때

④ 연료탱크 상부에 공기가 들어 있을 때

> **해설**
> 연료 펌프가 올바르게 작동하지 않으면 차량이 정상적으로 가속되지 않고, 엔진이 갑자기 꺼질 수 있으며, 주행 중 갑작스러운 동력 손실이 발생할 수 있다.
> ① 플라이 휠이 마모되는 곳은 클러치가 닫는 면과 스타팅모터의 피니언에 의해 링기어가 마모될 수 있다. 이는 직접적인 원인은 아니다.
> ② 엔진의 온도를 낮출 때 필요한 냉각수의 적정 온도는 70~95℃ 정도인데, 만약 이 수준의 냉각수 온도 범위를 벗어나 레드존(red zone) 영역까지 올라가면 오버히트(overheat)가 발생한다.
> ④ 연료탱크에 공기는 항상 들어 있고 만약 연료 파이프에 공기가 들어 있다면 문제와 같을 수 있다.

52 기동전동기의 회전이 느린 원인이 아닌 것은?

① 배터리 단자의 접속이 불량하다.

② 기온이 너무 높다.

③ 배터리 전압이 낮다.

④ 계자 코일이 단락되었다.

> **해설**
> 기동전동기의 회전이 느린 원인
> • 배터리 전압이 낮다.
> • 축전지 케이블의 접속이 불량하다.
> • 정류자와 브러시의 접촉이 불량하다.
> • 정류자 및 브러시의 마멸이 과다하다.
> • 계자 코일이 단락되었다.
> • 브러시 스프링의 장력이 약하다.
> • 전기자 코일이 접지되었다.

53 축전지 터미널의 식별방법이 아닌 것은?

① 부호(+, -)로 식별

② 굵기로 분별

③ 문자(P, N)로 분별

④ 요철로 분별

> **해설**
> 축전지 터미널은 부호, 굵기, 문자, 색깔로 구분한다.

54 AC 발전기에서 전류가 흐를 때 전자석이 되는 것은?

① 계자 철심　　　**☑ 로터**

③ 스테이터 철심　　④ 아마추어

> **해설**
> • 교류 발전기는 로터와 로터 코일에 전류가 흐르면 철심이 자석이 된다.
> • 직류 발전기는 계자 철심이 전자석이 된다.

55 전자 제어 디젤 분사장치에서 연료를 제어 하기 위해 센서로부터 각종 정보(가속페달 의 위치, 기관속도, 분사시기, 흡기, 냉각 수, 연료온도 등)를 입력받아 전기적 출력 신호로 변환하는 것은?

① 컨트롤 로드 액추에이터

☑ 엔진 제어 유닛(ECU)

③ 컨트롤 슬리브 액추에이터

④ 자기진단(self diagnosis)

> **해설**
> 엔진 제어 유닛(ECU) 또는 엔진 제어 모듈(ECM)은 엔진 내부 동작을 다양하게 제어하는 전자 제어 장치이다.

56 유압기계의 장점이 아닌 것은?

① 속도 제어가 용이하다.

② 에너지 축적이 가능하다.

☑ 유압장치는 점검이 간단하다.

④ 힘의 전달 및 증폭이 용이하다.

> **해설**
> 고장 원인의 발견이 어렵고, 구조가 복잡하다.

57 유압펌프에서 소음이 발생할 수 있는 원인 이 아닌 것은?

① 오일의 양이 적을 때

☑ 펌프의 속도가 느릴 때

③ 오일 속에 공기가 들어 있을 때

④ 오일의 점도가 너무 높을 때

> **해설**
> 유압펌프에서 소음이 나는 원인은 오일의 점도가 너무 높아 부하를 받거나 흡입될 때 공기가 빨려 들어가면 소리가 난다.

58 기관의 실린더 수가 많을 때의 장점이 아 닌 것은?

① 기관의 진동이 적다.

② 저속회전이 용이하고 큰 동력을 얻을 수 있다.

☑ 연료소비가 적고 큰 동력을 얻을 수 있다.

④ 가속이 원활하고 신속하다.

> **해설**
> 기관의 실린더 수가 많아지면 연료소비가 많아진다.

59 액추에이터의 운동속도를 조정하기 위하여 사용되는 밸브는?

① 압력 제어 밸브
② 온도 제어 밸브
③ **유량 제어 밸브**
④ 방향 제어 밸브

해설
① 압력 제어 밸브 : 일의 크기 제어
④ 방향 제어 밸브 : 일의 방향 제어

60 그림의 유압기호는 무엇을 표시하는가?

① 오일쿨러
② 유입탱크
③ **유압펌프**
④ 유압모터

01 현장에서 오일의 열화를 찾아내는 방법이 아닌 것은?

① 색깔의 변화나 수분·침전물의 유무 확인
② 흔들었을 때 생기는 거품이 없어지는 양상 확인
③ 자극적인 악취의 유무 확인
④ **오일을 가열했을 때 냉각되는 시간 확인**

해설
현장에서 오일의 열화를 찾아내는 방법
• 유압유 색깔의 변화나 수분 및 침전물의 유무를 확인
• 유압유를 흔들었을 때 거품이 발생하는가 확인
• 유압유에서 자극적인 악취가 발생하는가 확인
• 유압유의 외관으로 판정 : 색채, 냄새, 점도

02 유압펌프가 오일을 토출하지 않을 경우 점검 항목 중 틀린 것은?

① 오일 탱크에 오일이 규정량으로 들어 있는지 점검한다.
② 흡입 스트레이너가 막혀 있지 않은지 점검한다.
③ 흡입 관로에서 공기를 빨아들이지 않는지 점검한다.
④ **토출 측 회로의 압력이 너무 낮은지 점검한다.**

해설
유압펌프가 오일을 토출하지 않을 경우 흡입 측 회로의 압력이 너무 낮은지 점검한다.

03 굴착 작업 시 작업능력이 떨어지는 원인으로 맞는 것은?

① 트랙 슈에 주유가 안 됨
② **릴리프 밸브의 조정 불량**
③ 조향 핸들 유격 과다
④ 아워미터 고장

해설
릴리프 밸브의 조정 불량으로 유압이 낮아지면 작업능력이 떨어진다.

04 동력조향장치의 장점과 거리가 먼 것은?

① 작은 조작력으로 조향 조작이 가능하다.
② 조향 핸들의 시미 현상을 줄일 수 있다.
③ 설계·제작 시 조향 기어비를 조작력에 관계없이 선정할 수 있다.
④ **조향 핸들 유격 조정이 자동으로 되어 볼 조인트 수명이 반영구적이다.**

해설
동력조향장치
• 장점
– 작은 조작력으로 큰 조향 조작을 할 수 있다.
– 조향 기어비를 조작력에 관계없이 선정할 수 있다.
– 굴곡이 있는 노면에서의 충격을 도중에서 흡수하므로 조향 휠에 전달되는 것을 방지할 수 있다.
– 전륜 펑크 시 조향 휠이 갑자기 꺾이지 않아 위험도가 낮다.
• 단점
– 기계식에 비하여 구조가 복잡하다.
– 경제적으로 불리하다.

05 굴착기의 양쪽 주행레버만 조작하여 급회전하는 것을 무슨 회전이라고 하는가?

① 급회전
② 피벗 회전
③ 원웨이 회전
④ 스핀 회전

해설
굴착기의 조향방법
• 스핀 회전 : 주행레버 2개를 동시에 반대 방향으로 조작하면 2개의 주행모터가 서로 반대 방향으로 구동되어 굴착기 중심을 지지점으로 하여 선회하는 방식이다.
• 피벗 회전 : 주행레버를 1개만 조작하면 반대쪽 트랙중심을 지지점으로 하여 선회하는 방법이다.

06 클러치의 미끄러짐은 언제 가장 현저하게 나타나는가?

① 공전
② 저속
③ 가속
④ 고속

해설
클러치의 미끄러짐은 가속할 때 큰 회전력이 작용하므로 클러치 용량이 감소하여 일어나기 쉽다.

07 토크 컨버터의 오일의 흐름 방향을 바꾸어 주는 것은?

① 펌프
② 터빈
③ 변속기축
④ 스테이터

08 유성기어 장치의 주요 부품은?

① 평기어, 유성기어, 후진기어, 링기어
② 선기어, 유성기어, 랙기어, 링기어
③ 링기어, 스퍼기어, 유성기어 캐리어, 선기어
④ 선기어, 유성기어, 유성기어 캐리어, 링기어

해설
유성기어 장치는 선기어, 유성기어, 유성기어 캐리어, 링기어로 구성되어 엔진에서 나오는 동력을 변속하여 추진 축에 전달하는 장치로서 오버 드라이브 장치와 자동 변속기에 이용되는 가장 중요한 부분이다.

09 벨트를 풀리에 장착 시 작업 방법에 대한 설명으로 옳은 것은?

① 회전체를 정지시킨 후 건다.
② 고속으로 회전시키면서 건다.
③ 저속으로 회전시키면서 건다.
④ 평속으로 회전시키면서 건다.

해설
벨트를 풀리에 걸 때는 회전은 정지시키고 걸어야 한다.

10 타이어에서 트레드 패턴과 관련 없는 것은?

① 제동력, 구동력 및 견인력
② 조향성, 안정성
③ **편평률**
④ 타이어의 배수효과

해설
타이어 편평률은 타이어의 폭(W)에 대한 높이(H)의 비를 나타낸 것이다.

11 무한궤도식 굴착기의 부품이 아닌 것은?

① 유압펌프　　② 오일쿨러
③ **자재이음**　　④ 주행모터

해설
무한궤도식은 동력전달을 유압모터가 직접 트랙에 전달하기 때문에 자재이음이 없다.

12 무한궤도식 굴착기의 하부 주행체를 구성하는 요소가 아닌 것은?

① **선회 고정장치**　② 주행모터
③ 스프로킷　　④ 트랙

해설
선회 고정장치는 상부 회전체와 하부 구동체를 고정하는 장치이다.

13 크롤러 타입 유압식 굴착기의 주행 동력으로 이용되는 것은?

① 선기모터　　② **유압모터**
③ 변속기 동력　④ 차동장치

해설
크롤러식은 유압모터에 의해 주행을 하고, 타이어식 굴착기는 변속기나 차동장치에 의해서 주행한다.

14 무한궤도식(굴착기)에서 트랙을 분리해야 할 경우가 아닌 것은?

① 트랙 교환 시
② **트랙롤러 교환 시**
③ 스프로킷 교환 시
④ 아이들러 교환 시

해설
트랙을 분리해야 할 경우
• 트랙이 벗겨졌을 때
• 트랙을 교환하고자 할 때
• 핀, 부싱 등을 교환하고자 할 때
• 프런트 아이들러 및 스프로킷을 교환하고자 할 때

15 무한궤도식 건설기계에서 트랙을 쉽게 분리하기 위해 설치한 것은?

① 슈판　　　② 링크
③ **마스터 핀**　④ 부싱

해설
불도저 트랙 링크는 핀과 부싱으로 되어 있어 쉽게 분해할 수 있도록 된 것이 마스터 핀이다.

16 무한궤도식 건설기계에서 프런트 아이들러의 주된 역할은?

① 동력을 전달시킨다.

② 공회전을 방지한다.

✔ **트랙의 진로 방향을 유도한다.**

④ 트랙의 회전을 조정한다.

해설
프런트 아이들러는 진로 방향 유도와 트랙의 회전을 돕는다.

17 사고를 많이 발생시키는 원인 순서로 나열한 것은?

① 불안전 행위 > 불가항력 > 불안전 조건

② 불안전 조건 > 불안전 행위 > 불가항력

✔ **불안전 행위 > 불안전 조건 > 불가항력**

④ 불가항력 > 불안전 조건 > 불안전 행위

18 안전 보호구에 해당하지 않는 것은?

① 안전모   ② 안전화

✔ **안전가드레일**   ④ 안전장갑

해설
안전가드레일은 안전시설로 볼 수 있다.

19 안전·보건표지의 종류와 형태에서 그림의 안전 표지판이 나타내는 것은?

① 병원 표지   ② 비상구 표지

✔ **녹십자 표지**   ④ 안전지대 표지

해설
녹십자 표지는 안전의식을 고취시키기 위하여 필요한 장소에 부착한다.

20 굴착기를 크레인으로 들어 올릴 때 틀린 것은?

① 굴착기 중량에 맞는 크레인을 사용한다.

✔ **굴착기의 앞부분부터 들리도록 와이어를 묶는다.**

③ 와이어는 충분한 강도가 있어야 한다.

④ 배관 등에 와이어가 닿지 않도록 한다.

해설
크레인으로 굴착기를 들어 올릴 때는 평형을 이루어 올린다.

21 바이스 사용 시 주의사항으로 옳은 것은?

① 바이스 조를 앤빌로 사용하지 않는다.

② 바이스를 꼭 조이기 위해서 손잡이를 길게 사용한다.

③ 가공물을 손상시킬 수 있는 바이스에는 조(jaw) 보호판을 사용하지 않는다.

④ 용접이나 납땜으로 바이스를 수리한다.

해설

② 바이스를 단단하게 설치한다. 바이스 바닥의 모든 구멍에 볼트를 넣는다. 너트 안에 용수철 와셔를 사용한다.

③ 가공물을 손상시킬 수 있는 바이스에는 조(jaw) 보호판을 사용한다.

④ 용접이나 납땜으로 바이스를 수리하지 않는다.

22 스패너의 사용 시 주의사항으로 틀린 것은?

① 스패너 손잡이에 파이프를 이어서 사용하지 말 것

② 미끄러지지 않도록 조심성 있게 죌 것

③ 스패너는 당기지 말고 밀어서 사용할 것

④ 치수를 맞추기 위하여 스패너와 너트 사이에 다른 물건을 끼워서 사용하지 말 것

해설

너트에 스패너를 깊이 물리도록 하여 조금씩 앞으로 당기는 식으로 풀고 조인다.

23 실린더 헤드 등 면적이 넓은 부분에서 볼트를 조이는 방법으로 맞는 것은?

① 규정토크로 한 번에 조인다.

② 중심에서 외측을 향하여 대각선으로 조인다.

③ 외측에서 중심을 향하여 대각선으로 조인다.

④ 조이기 쉬운 곳부터 조인다.

해설

실린더 헤드의 볼트를 조일 때는 중심 부분에서 외측으로 토크 렌치를 이용하여 대각선으로 조인다.

24 항타기는 부득이한 경우를 제외하고 가스 배관과의 수평거리를 최소한 몇 m 이상 이격하여 배치하여야 하는가?

① 1

② 2

③ 3

④ 5

해설

항타기는 도시가스배관과 수평거리가 2m 이상 되는 곳에 설치할 것. 다만, 부득이하여 수평거리 2m 이내에 설치할 때에는 하중진동을 완화할 수 있는 조치를 할 것

25 가스 공급압력이 중압 이상의 배관 상부에 보호판을 사용하고 있다. 이 보호판에 대한 설명으로 틀린 것은?

① 배관 직상부 30cm 상단에 매설되어 있다.
② 두께가 4mm 이상의 철판으로 방식 코팅되어 있다.
❸ 보호판은 가스가 누출되지 않도록 하기 위한 것이다.
④ 보호판은 철판으로 장비에 의한 배관손상을 방지하기 위하여 설치한 것이다.

가스 공급압력이 중압 이상의 배관 상부에 사용하고 있다.

26 도시가스 배관의 안전조치 및 손상방지를 위해 다음과 같이 안전조치를 해야 하는데 굴착공사자는 굴착공사 예정지역의 위치에 어떤 조치를 하여야 하는가?

> 도시가스사업자는 굴착공사자에게 연락하여 굴착공사 현장 위치와 매설배관 위치를 굴착공사자와 공동으로 표시할 것인지 각각 단독으로 표시할 것인지를 결정하고, 굴착공사 담당자의 인적사항 및 연락처, 굴착공사 개시예정일시가 포함된 결정사항을 정보지원센터에 통지할 것

① 황색 페인트로 표시
② 적색 페인트로 표시
❸ 흰색 페인트로 표시
④ 청색 페인트로 표시

도시가스배관의 안전조치 및 손상방지기준(도시가스사업법 시행규칙 [별표 16])

① 굴착공사 현장위치와 매설배관 위치를 공동으로 표시하기로 결정한 경우 굴착공사자와 도시가스사업자가 준수하여야 할 조치사항은 다음과 같다.
　㉠ 굴착공사자는 굴착공사 예정지역의 위치를 흰색 페인트로 표시할 것
　㉡ 도시가스사업자는 굴착예정 지역의 매설배관 위치를 굴착공사자에게 알려주어야 하며, 굴착공사자는 매설배관 위치를 매설배관 바로 위의 지면에 황색 페인트로 표시할 것
　㉢ 대규모굴착공사, 긴급굴착공사 등으로 인해 페인트로 매설배관 위치를 표시하는 것이 곤란한 경우에는 ㉠과 ㉢에도 불구하고 표시 말뚝·표시 깃발·표지판 등을 사용하여 표시할 수 있다.
　㉣ 도시가스사업자는 ㉡과 ㉢에 따른 표시 여부를 확인해야 하며, 표시가 완료된 것이 확인되면 즉시 그 사실을 정보지원센터에 통지할 것
② 굴착공사 현장위치와 매설배관 위치를 각각 단독으로 표시하기로 결정한 때 굴착공사자와 도시가스사업자가 준수하여야 할 조치사항은 다음과 같다.
　㉠ 굴착공사자는 굴착공사 예정지역의 위치를 흰색 페인트로 표시하고, 그 결과를 정보지원센터에 통지할 것
　㉡ 정보지원센터는 ㉠에 따라 통지받은 사항을 도시가스사업자에게 통지할 것
　㉢ 도시가스사업자는 ㉡에 따라 통지를 받은 후 48시간 이내에 매설배관의 위치를 매설배관 바로 위의 지면에 황색 페인트로 표시하고, 그 사실을 정보지원센터에 통지할 것

27 다음 중 감전재해의 요인이 아닌 것은?

① 충전부에 직접 접촉하거나 안전거리 이내 접근 시

② 절연 열화·손상·파손 등에 의해 누전된 전기기기 등에 접촉 시

③ **작업 시 절연장비 및 안전장구 착용**

④ 전기기기 등의 외함과 대지 간의 정전용량에 의한 전압 발생부분 접촉 시

28 전기작업에서 안전작업상 적절하지 않은 것은?

① **저압 전력선에는 감전 우려가 없으므로 안심하고 작업할 것**

② 퓨즈는 규정에 맞는 것을 끼울 것

③ 전선이나 코드의 접속부는 절연물로서 완전히 피복하여 둘 것

④ 전기장치는 사용 후 스위치를 off할 것

해설
전력선은 피복으로 감싸여 있어도 인체와 접촉하면 감전 우려가 있다.

29 유류화재 시 소화방법으로 가장 부적절한 것은?

① B급 화재 소화기를 사용한다.

② **다량의 물을 부어 끈다.**

③ 모래를 뿌린다.

④ A, B, C 소화기를 사용한다.

해설
기름으로 인한 화재의 경우 기름과 물은 섞이지 않기 때문에 기름이 물을 타고 더 확산된다.

30 굴착으로부터 전력 케이블을 보호하기 위하여 시설하는 것이 아닌 것은?

① 표지시트

② 지중선로 표시기

③ **모래**

④ 보호판

해설
모래는 주로 도시가스관을 보호하기 위해 사용한다.

31 건설기계 매매업의 등록을 하고자 하는 자의 구비서류로 맞는 것은?

① 건설기계 매매업 등록필증
② 건설기계 보험증서
③ 건설기게 등록증
✔ **하자보증금예치증서 또는 보증보험증서**

해설
건설기계 매매업의 등록을 하고자 하는 자의 구비서류 (건설기계관리법 시행규칙 제62조)
• 사무실의 소유권 또는 사용권이 있음을 증명하는 서류
• 주기장소재지를 관할하는 시장·군수·구청장이 발급한 주기장시설보유확인서
• 5천만원 이상의 하자보증금예치증서 또는 보증보험증서

32 등록번호표제작자는 등록번호표 제작 등의 신청을 받은 날로 부터 며칠 이내에 제작하여야 하는가?

① 3일   ② 5일
✔ **7일**   ④ 10일

해설
등록번호표제작 등의 통지 등(건설기계관리법 시행규칙 제17조)
등록번호표제작자는 규정에 의하여 등록번호표제작 등의 신청을 받은 때에는 7일 이내에 등록번호표제작 등을 하여야 하며, 등록번호표제작 등 통지(명령)서는 이를 3년간 보존하여야 한다.

33 건설기계 신규등록검사를 실시할 수 있는 자는?

① 군수   ✔ **검사대행자**
③ 구청장   ④ 행정안전부장관

해설
신규등록검사(건설기계관리법 시행규칙 제21조)
신규등록검사를 받으려는 자는 건설기계신규등록검사신청서에 구비서류를 첨부하여 등록지의 시·도지사에게 제출하여야 한다. 다만, 검사대행자를 지정한 경우에는 검사대행자에게 이를 제출해야 하고, 검사대행자는 받은 신청서 중 타워크레인 신규등록검사신청서가 있는 경우에는 법에 따라 국토교통부장관이 지정한 타워크레인 검사업무 총괄기관(이하 "총괄기관")이 해당 검사신청의 접수 및 검사업무의 배정을 할 수 있도록 그 신청서와 첨부서류를 총괄기관에 즉시 송부해야 한다.

34 건설기계 검사의 연기 사유에 해당하지 않는 것은?

① 건설기계의 사고발생
✔ **10일 이내의 정비**
③ 건설기계의 도난
④ 천재지변

해설
검사 또는 명령이행 기간의 연장(건설기계관리법 시행규칙 제31조의2)
건설기계의 소유자는 법에 따라 천재지변, 건설기계의 도난, 사고발생, 압류, 31일 이상에 걸친 정비 또는 그 밖의 부득이한 사유로 정기검사, 구조변경검사, 수시검사 또는 정기검사 명령, 수시검사 명령 또는 정비 명령의 이행을 위한 검사의 신청기간 내에 검사를 신청할 수 없는 경우에는 정기검사 등의 신청기간 만료일까지 검사·명령이행 기간 연장신청서에 연장사유를 증명할 수 있는 서류를 첨부하여 시·도지사(정기검사, 구조변경검사, 수시검사의 경우로서 법에 따라 검사대행자가 지정된 경우에는 검사대행자를 말한다)에게 제출해야 한다.

35 건설기계 조종사 면허에 관한 사항으로 틀린 것은?

① 자동차운전면허로 운전할 수 있는 건설기계도 있다.

② 면허를 받고자 하는 자는 국·공립병원, 시·도지사가 지정하는 의료기관의 적성검사에 합격하여야 한다.

③ 특수건설기계 조종은 국토교통부장관이 지정하는 면허를 소지하여야 한다.

④ **특수건설기계 조종은 특수조종면허를 받아야 한다.**

해설
건설기계조종사면허의 종류(건설기계관리법 시행규칙 제75조 [별표 21])
특수건설기계에 대한 조종사면허의 종류는 건설기계관리법 시행규칙 제73조에 따라 운전면허를 받아 조종하여야 하는 특수건설기계를 제외하고는 건설기계조종사면허 중에서 국토교통부장관이 지정하는 것으로 한다.

36 과실로 경상 6명의 인명피해를 입힌 건설기계를 조종한자의 처분기준은?

① 면허효력정지 10일

② 면허효력정지 20일

③ **면허효력정지 30일**

④ 면허효력정지 60일

해설
건설기계조종사면허의 취소·정지처분기준(건설기계관리법 시행규칙 제79조 관련 [별표 22])
• 고의로 인명피해(사망·중상·경상 등을 말한다)를 입힌 경우 : 취소
• 그 밖의 인명피해를 입힌 경우
 – 사망 1명마다 : 면허효력정지 45일
 – 중상 1명마다 : 면허효력정지 15일
 – 경상 1명마다 : 면허효력정지 5일

37 시·도지사의 지정을 받지 아니하고 등록번호표를 제작한 자에 대한 벌칙은?

✓ ① 2년 이하의 징역 또는 2천만원 이하의 벌금

② 1년 이하의 징역 또는 1천만원 이하의 벌금

③ 2백만원 이하의 벌금

④ 1백만원 이하의 벌금

해설

2년 이하의 징역 또는 2천만원 이하의 벌금
- 등록되지 아니한 건설기계를 사용하거나 운행한 자
- 등록이 말소된 건설기계를 사용하거나 운행한 자
- 시·도지사의 지정을 받지 아니하고 등록번호표를 제작하거나 등록번호를 새긴 자
- 검사대행자 또는 그 소속 직원에게 재물이나 그 밖의 이익을 제공하거나 제공 의사를 표시하고 부정한 검사를 받은 자
- 건설기계의 주요 구조나 원동기, 동력전달장치, 제동장치 등 주요 장치를 변경 또는 개조한 자
- 무단 해체한 건설기계를 사용·운행하거나 타인에게 유상·무상으로 양도한 자
- 제작결함의 시정명령을 이행하지 아니한 자
- 등록을 하지 아니하고 건설기계사업을 하거나 거짓으로 등록을 한 자
- 등록이 취소되거나 사업의 전부 또는 일부가 정지된 건설기계사업자로서 계속하여 건설기계사업을 한 자

38 건설기계의 소유자가 개명을 하여 신상에 변경이 있을 때 그 변경이 있는 날부터 며칠 이내에 신고서를 시·도지사에게 제출하여야 하는가?

① 10일　　② 14일
③ 21일　　✓ ④ 30일

해설

등록사항의 변경신고(건설기계관리법 시행령 제5조)
건설기계의 소유자는 건설기계등록사항에 변경(주소지 또는 사용본거지가 변경된 경우를 제외한다)이 있는 때에는 그 변경이 있는 날부터 30일(상속의 경우에는 상속개시일부터 6개월) 이내에 건설기계등록사항변경신고서(전자문서로 된 신고서를 포함한다)에 다음의 서류(전자문서를 포함한다)를 첨부하여 규정에 따라 등록을 한 시·도지사에게 제출하여야 한다. 다만, 전시·사변 기타 이에 준하는 국가비상사태하에 있어서는 5일 이내에 하여야 한다.
- 변경내용을 증명하는 서류
- 건설기계등록증(자가용 건설기계 소유자의 주소지 또는 사용본거지가 변경된 경우는 제외한다)
- 건설기계검사증(자가용 건설기계 소유자의 주소지 또는 사용본거지가 변경된 경우는 제외한다)

39 1년 간 벌점에 대한 누산점수가 최소 몇 점 이상이면 운전면허가 취소되는가?

✓ ① 121　　② 190
③ 201　　④ 271

해설

벌점·누산점수 초과로 인한 면허 취소(도로교통법 시행규칙 [별표 28])
1회의 위반·사고로 인한 벌점 또는 연간 누산점수가 다음 표의 벌점 또는 누산점수에 도달한 때에는 그 운전면허를 취소한다.

기간	벌점 또는 누산점수
1년 간	121점 이상
2년 간	201점 이상
3년 간	271점 이상

40 도로주행에 대한 설명으로 가장 거리가 먼 것은?

① 도로 파손으로 인한 장애물로 도로의 우측 부분을 통행할 수 없을 때 도로의 좌측 부분을 통행할 수 있다.

☑ 도로의 차선 구분이 좌측 부분을 확인할 수 없을 경우에는 도로 중앙을 통행할 수 없다.

③ 차마는 안전표지로서 특별히 진로변경이 금지된 곳에서는 진로를 변경해서는 안 된다.

④ 차마의 교통을 원활하게 하기 위한 가변차로가 설치된 곳도 있다.

> **해설**
> 차마의 운전자는 다음에 해당하는 경우에는 도로의 중앙이나 좌측 부분을 통행할 수 있다.
> • 도로가 일방통행인 경우
> • 도로의 파손, 도로공사나 그 밖의 장애 등으로 도로의 우측 부분을 통행할 수 없는 경우
> • 도로의 우측부분의 폭이 6m가 되지 아니하는 도로에서 다른 차를 앞지르려는 경우. 다만, 다음의 어느 하나에 해당하는 경우에는 그러하지 아니하다.
>   – 도로의 좌측 부분을 확인할 수 없는 경우
>   – 반대 방향의 교통을 방해할 우려가 있는 경우
>   – 안전표지 등으로 앞지르기를 금지하거나 제한하고 있는 경우
> • 도로의 우측 부분의 폭이 차마의 통행에 충분하지 아니한 경우
> • 가파른 비탈길의 구부러진 곳에서 교통의 위험을 방지하기 위하여 시·도경찰청장이 필요하다고 인정하여 구간 및 통행방법을 지정하고 있는 경우에 그 지정에 따라 통행하는 경우

41 도로교통법상 앞지르기 시 앞지르기 당하는 차의 조치로 가장 적절한 것은?

① 앞지르기 할 수 있도록 좌측 차로로 변경한다.

② 일시 정지나 서행하여 앞지르기 시킨다.

☑ 속도를 높여 경쟁하거나 가로막는 등 방해해서는 안 된다.

④ 앞지르기를 하여도 좋다는 신호를 반드시 해야 한다.

> **해설**
> 앞지르기 방법 등(도로교통법 제21조)
> ㉠ 모든 차의 운전자는 다른 차를 앞지르려면 앞차의 좌측으로 통행하여야 한다.
> ㉡ 자전거 등의 운전자는 서행하거나 정지한 다른 차를 앞지르려면 제1항에도 불구하고 앞차의 우측으로 통행할 수 있다. 이 경우 자전거 등의 운전자는 정지한 차에서 승차하거나 하차하는 사람의 안전에 유의하여 서행하거나 필요한 경우 일시정지하여야 한다.
> ㉢ ㉠과 ㉡의 경우 앞지르려고 하는 모든 차의 운전자는 반대 방향의 교통과 앞차 앞쪽의 교통에도 주의를 충분히 기울여야 하며, 앞차의 속도·진로와 그 밖의 도로상황에 따라 방향지시기·등화 또는 경음기(警音機)를 사용하는 등 안전한 속도와 방법으로 앞지르기를 하여야 한다.
> ㉣ 모든 차의 운전자는 ㉠부터 ㉢까지 또는 규정에 따른 방법으로 앞지르기를 하는 차가 있을 때에는 속도를 높여 경쟁하거나 그 차의 앞을 가로막는 등의 방법으로 앞지르기를 방해하여서는 아니 된다.

42 도로교통법령상 일시정지 안전표지판이 설치된 횡단보도에서 규정을 위반하여 운전한 경우에 해당하는 것은?

① 경찰공무원이 진행신호를 하여 일시정지 하지 않고 통과하였다.

② 횡단보도 직전에 일시정지하여 안전을 확인한 후 통과하였다.

☑ **보행자가 없으므로 그대로 통과하였다.**

④ 연속적으로 진행 중인 앞차의 뒤를 따라 진행할 때 일시정지하였다.

> **해설**
> 횡단보도에 보행자가 없어도 경찰공무원의 진행신호가 없었다면 일시정지하여야 한다.

43 차의 신호에 대한 설명 중 틀린 것은?

① 신호는 그 행위가 끝날 때까지 하여야 한다.

☑ **신호의 시기 및 방법은 운전자가 편리한 대로 한다.**

③ 방향전환, 횡단, 유턴, 서행, 정지 또는 후진 시 신호를 하여야 한다.

④ 진로 변경 시에는 손이나 등화로 할 수 있다.

> **해설**
> 차의 신호를 하는 시기와 방법은 대통령령으로 정한다.

44 도로교통법상 통고처분의 수령을 거부하거나 범칙금을 기간 안에 납부치 못한 자에 대한 처리는 어떻게 되는가?

① 면허의 효력이 정지된다.

② 면허증이 취소된다

③ 연기신청을 한다.

☑ **즉결 심판에 회부된다.**

> **해설**
> 통고처분 불이행자 등의 처리(도로교통법 제165조)
> 경찰서장 또는 제주특별자치도지사는 다음 각 호의 어느 하나에 해당하는 사람에 대해서는 지체 없이 즉결심판을 청구하여야 한다. 다만, 제2호에 해당하는 사람으로서 즉결심판이 청구되기 전까지 통고받은 범칙금액에 100분의 50을 더한 금액을 납부한 사람에 대해서는 그러하지 아니하다.
> 1. 제163조제1항 각 호의 어느 하나에 해당하는 사람
> 2. 제164조제2항에 따른 납부기간에 범칙금을 납부하지 아니한 사람

45 타이어식 건설기계의 좌석 안전띠는 속도가 최소 몇 km/h 이상일 때 설치하여야 하는가?

① 10　　　　　　☑ **30**

③ 40　　　　　　④ 50

> **해설**
> 지게차, 전복보호구조 또는 전도보호구조를 장착한 건설기계와 30km/h 이상의 속도를 낼 수 있는 타이어식 건설기계에는 기준에 적합한 좌석 안전띠를 설치하여야 한다.

46 고속 디젤기관의 장점으로 틀린 것은?

① 열효율이 가솔린기관보다 높다.

② 인화점이 높은 경유를 사용하므로 취급이 용이하다.

④ **가솔린기관보다 최고 회전수가 빠르다.**

④ 연료 소비량이 가솔린기관보다 적다.

해설
rpm은 디젤기관보다 가솔린기관이 높다.

47 엔진 과열의 원인으로 가장 거리가 먼 것은?

① 라디에이터 코어 불량

② 냉각계통의 고장

③ 정온기가 닫혀서 고장

④ **연료의 품질 불량**

해설
품질이 불량한 연료를 사용하면 실린더 내에서 노킹 혹은 노크하는 소리가 난다.

※ 엔진 과열의 원인
  • 라디에이터 코어의 막힘, 불량
  • 냉각장치 내부의 물때(scale) 과다
  • 정온기가 닫혀서 고장
  • 윤활유 부족
  • 냉각수 부족
  • 물펌프 고장
  • 팬 벨트 이완 및 절손
  • 이상연소(노킹 등)
  • 압력식 캡의 불량

48 건설기계기관의 압축압력 측정 시 측정방법으로 맞지 않는 것은?

① 기관의 분사노즐(또는 점화플러그)은 모두 제거한다.

② 배터리의 충전상태를 점검한다.

③ 기관을 정상온도로 작동시킨다.

④ **습식시험을 먼저 하고 건식시험을 나중에 한다.**

해설
건식시험을 먼저 하고 습식시험을 나중에 한다.

49 디젤기관의 연료 여과기에 장착되어 있는 오버플로 밸브의 역할이 아닌 것은?

① 연료계통의 공기를 배출한다.

② 연료공급 펌프의 소음 발생을 방지한다.

③ 연료필터 엘리먼트를 보호한다.

④ **분사펌프의 압송 압력을 높인다.**

해설
분사펌프의 압송 압력은 펌프 및 플런저와 스프링의 장력 등에 따라 달라진다.

50 디젤기관 운전 중 흑색의 배기가스를 배출하는 원인으로 틀린 것은?

① 공기청정기 막힘
② 압축 불량
③ 노즐 불량
④ **오일팬 내 유량 과다**

해설
오일팬 내의 유량 과다는 연소실 내로 흡입될 수 있어 연소로 인해 백색 연기가 날 수 있다.

51 기관 시동장치에서 링기어를 회전시키는 구동 피니언은 어느 곳에 부착되어 있는가?

① 클러치　　② 변속기
③ **기동 전동기**　④ 뒤차축

해설
벤딕스 구동 피니언은 기동 전동기에 부착되어 있다. 엔진스위치를 돌리면, 축전지의 전류에 의하여 시동모터가 회전되고 동시에 시동모터의 피니언기어가 튀어나와 크랭크 축 뒤에 부착되어 있는 링기어(플라이 휠)를 회전시켜 엔진이 기동된다. 엔진이 기동되면 피니언기어는 링기어에서 자동으로 원위로 돌아간다.

52 기동 전동기의 피니언과 기관의 플라이 휠 링기어가 치합되는 방식 중 피니언의 관성과 직류 직권 전동기가 무부하에서 고속 회전하는 특성을 이용한 방식은?

① 피니언 섭동식
② **벤딕스식**
③ 전기자 섭동식
④ 전자식

해설
기동 전동기 구동 방식
• 벤딕스식 : 원심력에 의하여 피니언 기어를 링기어에 접촉
• 전기자 섭동식 : 전기자를 오프셋(off set)하여 접촉
• 피니언 섭동식 : 전자석 스위치를 이용하여 피니언을 링기어에 접촉

53 전류의 3대 작용이 아닌 것은?

① 발열작용
② 자기작용
③ **원심력작용**
④ 화학작용

해설
전류의 3대 작용
• 발열작용
• 자기작용
• 화학작용

54 조명에 관련된 용어의 설명으로 틀린 것은?

✔ ① 조도의 단위는 lm(루멘)이다.

② 피조면의 밝기는 조도로 나타낸다.

③ 광도의 단위는 cd(칸델라)이다.

④ 빛의 밝기를 광도라 한다.

해설

조도의 단위는 lx(럭스)이다.

55 건설기계 장비 작업 시 계기판에서 오일 경고등이 점등되었을 때 우선 조치사항으로 가장 적절한 조치는?

① 엔진을 분해한다.

✔ ② 즉시 시동을 끄고 오일계통을 점검한다.

③ 엔진오일을 교환하고 운전한다.

④ 냉각수를 보충하고 운전한다.

해설

오일 경고등이 점등되었을 때는 오일계통에 이상이 발생한 것이므로 즉시 시동을 끄고 오일계통을 점검한다.

56 유압유의 노화 촉진 원인이 아닌 것은?

① 유온이 높을 때

② 다른 오일이 혼입되었을 때

③ 수분이 혼입되었을 때

✔ ④ 플러싱을 했을 때

해설

플러싱은 유압계통 내를 깨끗이 청소하는 것으로 노화를 방지하는 일이다.

※ 유압유의 노화 촉진 원인

· 유온이 80℃ 이상으로 높을 때

· 다른 오일과 혼합하여 사용하는 경우

· 유압유에 수분이 혼입된 경우

57 다음 중 유압을 일로 바꾸는 장치는?

① 압력스위치

② 유압 디퓨저

③ 유압 어큐뮬레이터

✔ ④ 유압 액추에이터

해설

유압장치는 유압펌프, 유압밸브, 유압 액추에이터, 오일탱크로 크게 나눌 수 있다.

· 유압펌프 : 오일탱크에서 기름을 흡입하여 유압밸브에서 소요되는 압력과 유량(일에 필요한 최대의 힘과 속도)을 공급하는 장치이다.

· 유압밸브 : 유압 액추에이터에서 일을 할 경우, 그 요구에 맞도록 기름을 조정하여 액추에이터에 공급하는 장치이다.

· 유압 액추에이터 : 유압밸브에서 기름을 공급받아 실질적으로 일을 하는 장치로서 직선운동을 하는 유압실린더와 회전운동을 하는 유압모터로 분류된다.

· 오일탱크 : 사람의 혈액에 해당하는 기름을 저장하는 부품으로서 작동유에서 발생되는 열을 식히고 순환하고 돌아온 기름 속 먼지나 녹 등을 침전시키는 역할을 한다.

· 유압 어큐뮬레이터 : 유압펌프에서 발생한 유압을 저장하고 맥동을 소멸시키는 장치이다.

58 유압회로 내에서 서지압(surge pressure)이란?

❶ **과도하게 발생하는 이상 압력의 최댓값**

② 정상적으로 발생하는 압력의 최댓값

③ 정상적으로 발생하는 압력의 최솟값

④ 과도하게 발생하는 이상 압력의 최솟값

해설
서지압
유압회로 내의 밸브를 갑자기 닫을 때 오일의 속도 에너지가 압력 에너지로 변화하면서 일시적으로 압력이 크게 증가하는 현상을 말한다.

59 다음 중 감압밸브를 사용하는 이유로 적합한 것은?

❶ **분기회로에서 2차 측 압력을 낮게 하고자 할 때**

② 귀환회로에 잔류압력을 유지하고자 할 때

③ 귀환회로에 잔류압력을 낮게 하고자 할 때

④ 공급회로에 압력을 높게 하고자 할 때

해설
감압밸브(reducing valve)
회로에서 1차 측(입구) 압력 여하에 따라 미리 설정한 2차 측(출구) 압력을 일정하게 유지하려는 목적으로 사용한다.

60 유압장치의 기호회로도에 사용되는 유압기호의 표시방법으로 적합하지 않은 것은?

① 기호에는 흐름의 방향을 표시한다.

② 각 기기의 기호는 정상상태 또는 중립상태를 표시한다.

❸ **기호는 어떠한 경우에도 회전하여서는 안 된다.**

④ 기호에는 각 기기의 구조나 작용압력을 표시하지 않는다.

해설
유압장치 기호에도 회전표시를 할 수 있다.

교육이란 사람이 학교에서 배운 것을 잊어버린 후에 남은 것을 말한다.

– 알버트 아인슈타인 –

PART

02

모의고사

제1회~제7회   모의고사
정답 및 해설

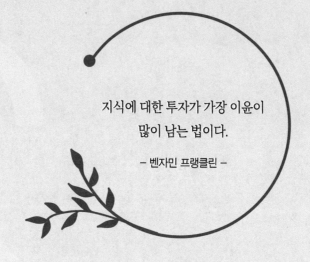

지식에 대한 투자가 가장 이윤이
많이 남는 법이다.

– 벤자민 프랭클린 –

01 디젤기관의 운전 중 검은 색 매연이 심하게 배출될 때 섬섬하여야 할 사항이 아닌 것은?

① 공기청정기의 막힘 점검
② 분사시기 점검
③ 분사펌프의 점검
④ 연료라인에 공기 혼입 여부 점검

02 유압유의 점검사항과 관계없는 것은?

① 점도
② 윤활성
③ 소포성
④ 마멸성

03 건설기계 작업 시 주의사항으로 틀린 것은?

① 운전석을 떠날 경우에는 기관을 정지시킨다.
② 주행 시 작업장치는 진행방향으로 한다.
③ 주행 시 가능한 평탄한 지면으로 주행한다.
④ 후진 시 후진 후 사람 및 장애물 등을 확인한다.

04 조향장치의 특성에 관한 설명 중 틀린 것은?

① 조향조작이 경쾌하고 자유로워야 한다.
② 노면으로부터의 충격이나 원심력 등의 영향을 받지 않아야 한다.
③ 회전 반경이 되도록 커야 한다.
④ 타이어 및 조향장치의 내구성이 커야 한다.

05 굴착기의 한쪽 주행레버만 조작하여 회전하는 것을 무엇이라 하는가?

① 급회전
② 피벗회전
③ 스핀회전
④ 원웨이회전

06 클러치의 구비 조건 중 틀린 것은?

① 동력의 차단이 확실할 것
② 과열되지 않을 것
③ 구조가 복잡할 것
④ 회전 부분의 평형이 좋을 것

07 장비에 부하가 걸릴 때 토크 컨버터의 터빈 속도는 어떻게 되는가?

① 빨라진다.
② 느려진다.
③ 일정하다.
④ 관계없다.

08 기관의 맥동적인 회전을 관성력을 이용하여 원활한 회전으로 바꾸는 역할을 하는 것은?

① 크랭크 축
② 피스톤
③ 플라이 휠
④ 커넥팅 로드

09 벨트를 풀리에 걸 때 가장 올바른 방법은?

① 저속으로 회전 상태
② 회전 중지 상태
③ 고속으로 회전 상태
④ 중속으로 회전 상태

10 전기장치에 대한 설명으로 옳지 않은 것은?

① 모든 계기 사용 시 최대 측정 범위를 초과하지 않아야 한다.
② 전류계는 부하에 병렬로 접속해야 한다.
③ 축전지 전원 결선 시에는 합선되지 않도록 한다.
④ 절연된 전극이 접지되지 않도록 해야 한다.

11 굴착기의 기본 작업 과정으로 맞는 것은?

① 스윙 → 굴착 → 붐 상승 → 적재 → 스윙 → 굴착
② 붐 상승 → 굴착 → 스윙 → 적재 → 굴착 → 스윙
③ 굴착 → 스윙 → 붐 상승 → 적재 → 스윙 → 굴착
④ 굴착 → 붐 상승 → 스윙 → 적재 → 스윙 → 굴착

12 굴착기 상부 회전체에서 선회장치의 구성요소가 아닌 것은?

① 선회모터
② 차동장치
③ 링기어
④ 스윙 볼 레이스

13 유압식 굴착기에서 센터 조인트의 기능은?

① 상·하부의 연결을 기계적으로 해준다.
② 상부 회전체의 오일을 하부 주행 모터에 공급한다.
③ 상부 회전체의 중심 역할을 한다.
④ 엔진에 연결되어 상부 회전체에 동력을 공급한다.

14 무한궤도식 굴착기의 조향작용은 무엇으로 하는가?

① 차동장치
② 오일쿨러
③ 유압펌프
④ 유압모터

15 다음 보기 중 무한궤도형 건설기계에서 트랙긴도 조정방법으로 모두 맞는 것은?

┌─ 보기 ─────────────────┐
│ ㉠ 그리스식   ㉡ 너트식 │
│ ㉢ 전자식   ㉣ 유압식 │
└────────────────────────┘

① ㉠, ㉡
② ㉠, ㉢
③ ㉠, ㉡, ㉢
④ ㉡, ㉢, ㉣

16 하부 주행체에서 프런트 아이들러의 작동으로 맞는 것은?

① 동력을 발생시켜 트랙으로 전달한다.
② 트랙의 진행방향을 유도한다.
③ 트랙이 회전력을 증대시킨다.
④ 차체의 파손을 방지하고 원활한 운전이 되도록 한다.

17 산업재해의 용어에서 물건이 주체가 되어 날아와 사람에게 맞음을 뜻하는 말은?

① 물체에 맞음
② 부딪힘
③ 넘어짐
④ 떨어짐

18 추락물의 위험이 있는 곳에 가장 적절한 보호구는?

① 귀마개
② 안전모
③ 보안경
④ 안전장갑

19 안전·보건표지의 종류와 형태에서 그림의 표지로 맞는 것은?

① 안전복 착용
② 안전모 착용
③ 보안면 착용
④ 출입금지

20 송전, 변전 건설공사 시 지게차, 크레인, 호이스트 등을 사용하여 중량물을 운반할 때의 안전수칙 중 잘못된 것은?

① 올려진 짐의 아래 방향에 사람을 출입시키지 않는다.
② 법정 자격이 있는 자가 운전한다.
③ 미리 화물의 중량, 중심의 위치 등을 확인하고, 허용 무게를 넘는 화물을 싣지 않는다.
④ 작업원은 중량물 위에나 지게차의 포크 위에 탑승한다.

21 드라이버 사용 시 바르지 못한 것은?

① 드라이버 날 끝이 나사 홈의 너비와 길이에 맞는 것을 사용한다.
② (−) 드라이버 날 끝은 평평한 것이어야 한다.
③ 이가 빠지거나 둥글게 된 것은 사용하지 않는다.
④ 필요에 따라서 정으로 대신 사용한다.

22 볼트 너트를 가장 안전하게 조이거나 풀 수 있는 공구는?

① 소켓 렌치
② 파이프 렌치
③ 스패너
④ 조정 렌치

23 토크 렌치 사용방법으로 올바른 것은?

① 핸들을 잡고 밀면서 사용한다.
② 토크 증대를 위해 손잡이에 파이프를 끼워서 사용하는 것이 좋다.
③ 게이지에 관계없이 볼트 및 너트를 조이면 된다.
④ 볼트나 너트 조임력을 규정 값에 정확히 맞도록 하기 위해 사용한다.

24 가스배관 작업 시 주의사항으로 틀린 것은?

① 가스배관과의 수평거리 30cm 이내에서 파일박기를 금지할 것
② 가스배관의 좌우 1m 이내의 부분은 인력으로 굴착할 것
③ 공사 착공 전에 도시가스사업자와 현장협의를 통해 각종 사항 및 안전조치를 상호 확인할 것
④ 가스배관과의 수평거리 3m 이내에서 파일박기를 하고자 할 때 도시가스 사업자의 입회하여 시험굴착을 할 것

26 도시가스 배관이 매설된 도로에서 굴착작업을 할 때 준수사항으로 틀린 것은?

① 가스배관이 매설된 지점에서는 도시가스 회사의 입회하에 작업한다.
② 가스배관은 도로에 라인마크를 하기 때문에 라인마크가 없으면 직접 굴착해도 된다.
③ 어떤 지점을 굴착하고자 할 때는 라인마크, 표지판, 밸브박스 등 가스배관의 유무를 확인하는 방법도 있다.
④ 가스배관의 매설유무는 반드시 도시가스 회사에 유무 조회를 하여야 한다.

27 전기기기에 의한 감전사고를 방지하기 위한 설비로 다음 중 가장 중요한 것은?

① 고압계
② 접지 설비
③ 방폭등
④ 대지 전위 상승장치

25 배관 내부의 압력이 중압인 도시가스 배관이 지하에 매설되어 있다. 배관 표면의 색상은?

① 붉은색　　② 황색
③ 회색　　　④ 녹색

28 연소의 3요소에 해당하지 않는 것은?

① 물　　　② 공기
③ 불　　　④ 가연물

29 목재 섬유 등 일반화재에도 사용되며, 가솔린과 같은 유류나 화학 약품의 화재에도 적당하나, 전기화재는 부적당한 특징이 있는 소화기는?

① ABC소화기   ② 모래

③ 포소화기   ④ 분말소화기

30 가공 전선로에서 건설기계 운전·작업 시 안전대책으로 가장 거리가 먼 것은?

① 안전한 작업계획을 수립한다.

② 장비 사용을 위한 신호수를 정한다.

③ 가공 전선로에 대한 감전 방지 수단을 강구한다.

④ 가급적 물건은 가공 전선로 하단에 보관한다.

31 건설기계 등록 신청은 누구에게 하는가?

① 소유자의 주소지 또는 건설기계 사용 본거지를 관할하는 시·도지사

② 행정안전부 장관

③ 소유자의 주소지 또는 건설기계 소재지를 관할하는 검사소장

④ 소유자의 주소지 또는 건설기계 소재지를 관할하는 경찰서장

32 건설기계등록을 말소한 때에는 등록번호표를 며칠 이내에 시·도지사에게 반납하여야 하는가?

① 10일   ② 15일

③ 20일   ④ 30일

33 대형 건설기계의 특별표지 부착대상으로 맞는 것은?

① 너비 2.3m 이상

② 높이 3.5m 이상

③ 총중량 40t 초과 시

④ 축하중 8t 이상

34 건설기계 정기검사 신청기간 내에 정기검사를 받은 경우 정기검사의 유효기간 시작일을 바르게 설명한 것은?

① 신청기간 내에 검사를 받은 다음 날부터

② 종전 검사유효기간 만료일의 다음 날부터

③ 신청기간에 관계없이 검사를 받은 날의 다음 날부터

④ 종전 검사유효기간 만료일부터

35 건설기계관리법상 건설기계 조종사의 면허를 받을 수 있는 자는?

① 뇌전증환자
② 마약 또는 알코올 중독자
③ 듣지 못하는 사람
④ 파산자로서 복권되지 아니한 자

36 건설기계 운전자가 조종 중 고의로 경상 1명의 사고를 일으킬 때 면허 처분기준은?

① 면허취소
② 면허효력정지 30일
③ 면허효력정지 20일
④ 면허효력정지 10일

37 건설기계관리법상 제작자로부터 건설기계를 구입한 자가 무상으로 사후관리를 받을 수 있는 법정기간은?(단, 주행거리 및 사용시간은 사후관리 기간 내에 있다)

① 6월   ② 12월
③ 18월   ④ 24월

38 건설기계의 등록 말소사유에 해당하지 않는 것은?

① 거짓이나 그 밖의 부정한 방법으로 등록을 한 경우
② 건설기계를 교육·연구 목적으로 사용하는 경우
③ 최고(催告)를 받고 지정된 기한까지 정기검사를 받지 아니한 경우
④ 건설기계조종사 면허가 취소된 때

39 제1종 대형면허소지자가 조종할 수 없는 건설기계는?

① 불도저
② 콘크리트펌프
③ 아스팔트살포기
④ 노상안정기

40 도로에서 차로별 통행구분에 따라 통행하여야 한다. 위반이 아닌 경우는?

① 여러 차로를 연속적으로 가로지르는 행위
② 갑자기 차로를 바꾸어 옆 차선에 끼어드는 행위
③ 두 개의 차로를 걸쳐서 운행하는 행위
④ 일방통행 도로에서 중앙 좌측 부분을 통행하는 행위

41 주행 중 진로를 변경하고자 할 때 운전자가 지켜야 할 사항으로 틀린 것은?

① 후사경 등으로 수위의 교통상황을 확인한다.
② 신호를 실시하여 뒤차에 알린다.
③ 다른 차를 앞지르려면 앞차의 우측으로 통행하여야 한다.
④ 뒤차와 충돌을 피할 수 있는 거리를 확보할 수 없을 때는 진로를 변경하지 않는다.

43 도로교통법상 올바른 정차 방법은?

① 정차는 도로의 모퉁이에서도 할 수 있다.
② 안전지대가 설치된 도로에서는 안전지대에 정차할 수 있다.
③ 도로의 우측 가장자리에 타 교통에 방해가 되지 않도록 정차할 수 있다.
④ 정차는 교차로의 가장자리에서 할 수 있다.

42 긴급 자동차에 관한 설명 중 틀린 것은?

① 소방자동차, 구급 자동차는 항시 우선권과 특례의 적용을 받는다.
② 긴급 용무 중일 때에만 우선권과 특례의 적용을 받는다.
③ 우선권과 특례의 적용을 받으려면 경광등을 켜고 경음기를 울려야 한다.
④ 긴급 용무임을 표시할 때는 제한속도 준수 및 앞지르기 금지 일시정지 의무 등의 적용은 받지 않는다.

44 다음 안전표지가 뜻하는 것은?

① 차폭 제한
② 차 높이 제한
③ 차간거리 확보
④ 터널의 높이

45 도로교통법상 운전자의 준수사항이 아닌 것은?

① 운행 시 고인 물을 튀게 하여 다른 사람에게 피해를 주지 않을 의무
② 운행 시 동승자에게도 좌석안전띠를 매도록 주의를 환기할 의무
③ 출석 지시서를 받은 때 운전하지 않을 의무
④ 운전 중에 휴대용 전화를 사용하지 않을 의무

46 4행정 기관에서 엔진이 4,000rpm일 때 분사펌프의 회전수(rpm)는?

① 1,000   ② 2,000
③ 4,000   ④ 8,000

47 기관 과열 시 일어날 수 있는 현상은?

① 연료가 응결될 수 있다.
② 실린더 헤드 변형이 발생할 수 있다.
③ 흡입효율이 좋아진다.
④ 열효율이 좋아진다.

48 기관의 오일 압력이 낮은 경우와 관계없는 것은?

① 크랭크 케이스에 오일이 적다.
② 크랭크 축 오일 틈새가 크다.
③ 오일 펌프가 불량하다.
④ 오일 릴리프 밸브가 막혔다.

49 디젤기관에 사용하는 분사노즐의 종류가 아닌 것은?

① 핀틀(pintle)형
② 스로틀(throttle)형
③ 홀(hole)형
④ 싱글 포인트(single point)형

50 엔진작동 중 냉각수 온도가 정상적으로 올라가지 않을 때, 과랭의 원인으로 맞는 것은?

① 수온 조절기의 열림
② 팬 벨트의 헐거움
③ 물펌프 불량
④ 냉각수 부족

51 교류 전기에서 저압은 최소 몇 kV 이하 인가?

① 0.6

② 1

③ 1.5

④ 7

52 기동 전동기의 브러시는 본래 길이의 얼마 정도 마모되면 교환하는가?

① 1/2 이상

② 1/3 이상

③ 2/3 이상

④ 3/4 이상

53 다음 중 충전장치의 발전기는 어떤 축에 의하여 구동되는가?

① 크랭크 축

② 캠 축

③ 추진 축

④ 변속기 입력 축

54 세미실드빔 형식을 사용하는 건설기계장비에서 전조등이 점등되지 않을 때 가장 올바른 조치 방법은?

① 렌즈를 교환한다.

② 전조등을 교환한다.

③ 반사경을 교환한다.

④ 전구를 교환한다.

55 엔진 오일양 점검에서 오일게이지에 상한 선(full)과 하한선(low) 표시가 되어 있을 때, 가장 적합한 것은?

① low 표시에 있어야 한다.

② low와 full 표시 사이에서 low에 가까이 있으면 좋다.

③ low와 full 표시 사이에서 full에 가까이 있으면 좋다.

④ full 표시 이상이 되어야 한다.

56 유압유에 점도가 서로 다른 2종류의 오일을 혼합하였을 경우에 대한 설명으로 맞는 것은?

① 열화 현상을 촉진시킨다.
② 점도가 달라지나 사용에는 전혀 지장이 없다.
③ 오일 첨가제의 좋은 부분만 작동하므로 오히려 더욱 좋다.
④ 혼합은 권장 사항이며, 사용에는 전혀 지장이 없다.

57 유압장치에 사용되는 블래더형 어큐뮬레이터(축압기)의 고무주머니 내에 주입되는 물질로 맞는 것은?

① 압축공기
② 유압 작동유
③ 스프링
④ 질소

58 유압장치의 수명 연장을 위한 가장 중요한 요소는?

① 오일 탱크의 세척
② 오일 냉각기의 점검 및 세척
③ 오일 펌프의 교환
④ 오일 필터의 점검 및 교환

59 유압장치에서 고압 소용량, 저압 대용량 펌프를 조합 운전할 때, 작동 압력이 규정 압력 이상으로 상승할 때 동력 절감을 하기 위해 사용하는 밸브는?

① 감압 밸브
② 릴리프 밸브
③ 시퀀스 밸브
④ 무부하 밸브

60 유압탱크의 구비 조건과 가장 거리가 먼 것은?

① 적당한 크기의 주유구 및 스트레이너를 설치한다.
② 드레인(배출 밸브) 및 유면계를 설치한다.
③ 오일에 이물질이 혼입되지 않도록 밀폐되어야 한다.
④ 오일 냉각을 위한 쿨러를 설치한다.

🖐 정답 및 해설 p.194

01 유압 작동부에서 오일이 누유되고 있을 때 가장 먼저 점검해야 할 곳은?

① 실(seal)　　② 피스톤
③ 기어　　　　④ 펌프

02 유압장치에서 일일 정비 점검 사항이 아닌 것은?

① 유량 점검
② 이음 부분의 누유 점검
③ 필터
④ 호스의 손상과 접촉면의 점검

03 굴착기 운전 시 작업안전 사항으로 적합하지 않은 것은?

① 스윙하면서 버킷으로 암석을 부딪쳐 파쇄하는 작업을 하지 않는다.
② 안전한 작업 반경을 초과해서 하중을 이동시킨다.
③ 굴착하면서 주행하지 않는다.
④ 작업을 중시할 때는 파낸 모서리부터 장비를 이동시킨다.

04 유압식 조향장치의 핸들 조작이 무거운 원인으로 가장 거리가 먼 것은?

① 유압이 낮다.
② 타이어의 공기 압력이 너무 낮다.
③ 유압계통 내에 공기가 유입되었다.
④ 펌프의 회전이 빠르다.

05 건설기계에서 스티어링 클러치에 대한 설명으로 틀린 것은?

① 전달된 회전력을 좌우 별도로 단축할 수 있다.
② 주행 중 진행방향을 바꾸기 위한 장치이다.
③ 조향 시 어느 한쪽을 차단하고 다른 쪽의 구동축만 구동시킨다.
④ 조향 클러치라고도 한다.

06 클러치 차단이 불량한 원인이 아닌 것은?

① 릴리스 레버의 마멸
② 클러치판의 흔들림
③ 페달 유격이 과대
④ 토션 스프링의 약화

07 토크컨버터 구성요소 중 기관에 의해 직접 구동되는 것은?

① 터빈　　　　② 펌프
③ 스테이터　　④ 가이드 링

08 기계식 변속기가 장착된 건설기계에서 클러치 스프링의 장력이 약하면 어떤 현상이 발생되는가?

① 주행속도가 빨라진다.
② 기관의 회전속도가 빨라진다.
③ 기관이 정지된다.
④ 클러치가 미끄러진다.

09 기관이 과열되는 원인이 아닌 것은?

① 무리한 부하 운전
② 팬 벨트의 장력 과다
③ 윤활유 부족
④ 냉각수 부족

10 일반적으로 사고로 인한 재해가 가장 많이 발생할 수 있는 것은?

① 캠　　　　　② 벨트 풀리
③ 기관　　　　④ 랙

11 다음 중 굴착기 작업장치의 구성요소가 아닌 것은?

① 붐　　　　　② 암
③ 아이들러　　④ 버킷

12 작업할 때 안정성 및 균형을 잡아주기 위해 굴착기 후방에 설치되어 있는 것은?

① 변속기　　　② 기관
③ 클러치　　　④ 카운터 웨이트

13 무한궤도식 굴착기에서 주행 모터는 일반적으로 모두 몇 개 설치되어 있는가?

① 1개 　　② 2개
③ 3개 　　④ 4개

14 장비의 위치보다 높은 곳을 굴착하는 데 알맞은 것으로 토사 및 암석을 트럭에 적재하기 쉽게 디퍼 덮개를 개폐하도록 제작된 장비는?

① 파워 셔블 　　② 기중기
③ 굴착기 　　④ 스크레이퍼

15 무한궤도식 굴착기 트랙을 조정할 때 유의사항으로 가장 적절하지 않은 것은?

① 장비를 평지에 정차시킨다.
② 트랙을 들고 늘어지는 것을 점검한다.
③ 브레이크가 있는 장비는 브레이크를 사용한다.
④ 2~3회 반복하여 조정한다.

16 무한궤도식 장비에서 프런트 아이들러의 작용에 대한 설명으로 가장 적당한 것은?

① 회전력을 발생하여 트랙에 전달한다.
② 트랙의 진로를 조정하면서 주행방향으로 트랙을 유도한다.
③ 구동력을 트랙으로 전달한다.
④ 파손을 방지하고 원활한 운전을 할 수 있도록 한다.

17 산업 재해는 직접 원인과 간접 원인으로 구분되는데 다음 직접 원인 중에서 인적 불안전 행위가 아닌 것은?

① 작업 태도 불안전
② 위험한 장소의 출입
③ 기계의 결함
④ 작업자의 실수

18 다음 중 작업과 안전보호구의 연결이 잘못된 것은?

① 그라인딩 작업 – 보안경 착용
② 10m 높이에서의 작업 – 안전벨트 착용
③ 산소 결핍 장소 – 공기 마스크 착용
④ 아크용접 – 도수렌즈 안경 착용

19 다음 그림의 표지판이 나타내는 것은?

① 안전제일
② 출입금지
③ 인화성 물질 경고
④ 보안경 착용

21 사용한 공구를 정비하여 보관할 때 가장 바람직한 것은?

① 사용 시 기름이 묻은 공구는 물로 깨끗이 씻어서 보관한다.
② 사용한 공구는 면 걸레로 깨끗이 닦아서 공구상자 또는 공구보관으로 지정된 곳에 보관한다.
③ 사용한 공구는 종류별로 묶어서 보관한다.
④ 사용한 공구는 녹슬지 않게 기름칠을 잘 해서 작업대 위에 진열해 놓는다.

20 중량물 운반에 대한 설명으로 맞지 않는 것은?

① 무거운 물건을 운반할 경우 주위사람에게 인지하게 한다.
② 무거운 물건을 상승시킨 채 오랫동안 방치하지 않는다.
③ 규정 용량을 초과해서 운반하지 않는다.
④ 흔들리는 화물은 사람이 붙잡아서 이동한다.

22 스패너를 사용 시 주의사항이다. 안전에 어긋나는 점은?

① 너트에 스패너를 깊이 물리고, 조금씩 앞으로 당기는 식으로 풀고 조인다.
② 해머 대용으로 사용한다.
③ 스패너를 해머로 두드리지 않는다.
④ 좁은 장소에서는 몸의 일부를 충분히 기대고 작업한다.

23 볼트나 너트를 조이고 풀 때 사항으로 틀린 것은?

① 볼트와 너트는 규정 토크로 조인다.
② 규정 토크를 2~3회 나누어 조인다.
③ 토크 렌치를 사용한다.
④ 규정 이상의 토크로 조이면 나사부가 손상된다.

24 다음은 가스배관의 손상방지 굴착공사 작업방법에 대한 내용이다. ( ) 안에 알맞은 것은?

> 도시가스배관과 수평 최단거리 ( )m 이내에서 파일박기를 하는 경우에는 도시가스사업자의 참관 아래 시험굴착으로 도시가스배관의 위치를 정확히 확인할 것

① 1   ② 2
③ 3   ④ 4

25 도시가스가 공급되는 지역에서 굴착공사 중에 그림과 같은 것이 발견되었다. 이것은 무엇인가?

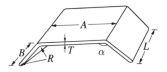

① 보호포
② 보호판
③ 가스누출검지공
④ 라인마크

26 도시가스사업법에서 고압이라 함은 최소 몇 MPa 이상의 압력을 말하는가?

① 1   ② 3
③ 5   ④ 10

27 감전사고 예방요령으로 틀린 것은?

① 젖은 손으로는 전기기기를 만지지 않는다.
② 코드를 뺄 때는 반드시 플러그의 몸체를 잡고 뺀다.
③ 전력선에 물체를 접촉하지 않는다.
④ 220V는 저압이므로 접촉해도 인체에는 위험이 없다.

28 전기장치의 퓨즈가 끊어져서 새것으로 교체하였으나 또 끊어졌다면 어떤 조치가 가장 옳은가?

① 계속 교체한다.
② 용량이 큰 것으로 갈아 끼운다.
③ 구리선이나 납선으로 바꾼다.
④ 전기 장치의 고장 개소를 찾아 수리한다.

29 유류화재 시 소화기 외의 소화재료로 가장 적당한 것은?

① 모래　　　　② 시멘트
③ 진흙　　　　④ 물

30 전력 케이블이 매설되어 있음을 표시하기 위한 표지 시트는 차도에서 지표면 아래 몇 cm 깊이에 설치되어 있는가?

① 10　　　　② 30
③ 50　　　　④ 100

31 건설기계 등록신청 시 첨부하지 않아도 되는 서류는?

① 매출증서
② 건설기계 소유자임을 증명하는 서류
③ 건설기계제작증
④ 건설기계제원표

32 건설기계등록번호표의 색상 기준으로 틀린 것은?

① 자가용 – 흰색 바탕에 검은색 문자
② 대여사업용 – 주황색 바탕에 검은색 문자
③ 관용 – 흰색 바탕에 검은색 문자
④ 수입용 – 적색 바탕에 흰색 문자

33 건설기계의 주요 구조를 변경하거나 개조한 때 실시하는 검사는?

① 수시검사
② 신규등록검사
③ 정기검사
④ 구조변경검사

34 건설기계 소유자는 건설기계의 도난·사고발생 등 부득이한 사유로 정기검사 신청기간 내에 검사를 신청할 수 없는 경우에 연기신청은 언제까지 하여야 하는가?

① 검사유효기간 만료일 10일 전까지
② 검사유효기간 만료일까지
③ 검사신청기간 만료일까지
④ 검사신청기간 만료일로부터 10일 이내

35 건설기계조종사면허증의 반납 사유가 아닌 것은?

① 면허의 효력이 정지된 때
② 분실로 인하여 면허증 재교부를 받은 후 분실된 면허증을 발견한 때
③ 면허를 신청할 때
④ 면허가 취소된 때

36 고의 또는 과실로 가스공급시설을 손괴하거나 기능에 장애를 입혀 가스의 공급을 방해한 때 조종사의 면허효력정지 기간은?

① 45일　　② 90일
③ 180일　　④ 240일

37 건설기계조종면허의 효력정지 사유가 발생한 경우 관련법상 효력 정지기간으로 맞는 것은?

① 6월 이내　　② 1년 이내
③ 3년 이내　　④ 5년 이내

38 다음 중 건설기계등록번호표에 표시되지 않는 것은?

① 기종　　② 등록번호
③ 용도　　④ 연식

39 트럭 적재식 천공기를 조종할 수 있는 면허는?

① 공기압축기 면허
② 기중기 면허
③ 모터그레이더 면허
④ 제1종 대형 운전면허

51 디젤기관에서 시동이 되지 않는 원인과 가장 거리가 먼 것은?

① 연료가 부족하다.
② 기관의 압축 압력이 높다.
③ 연료 공급펌프가 불량이다.
④ 연료계통에 공기가 혼입되어 있다.

52 기동 전동기는 회전하지만 엔진은 크랭킹이 되지 않는 원인으로 옳은 것은?

① 축전지의 방전
② 기동 전동기의 전기자 코일 단선
③ 플라이 휠 링기어의 소손
④ 엔진 피스톤의 고착

53 축전지 외부를 청소할 때 가장 적합한 것은?

① 비누와 물
② 소다와 물
③ 소금과 물
④ 가솔린과 물

54 교류 발전기에서 회전체에 해당하는 것은?

① 스테이터   ② 브러시
③ 엔드프레임   ④ 로터

55 운전 중 운전석 계기판에 그림과 같은 등이 갑자기 점등되었다. 무슨 표시인가?

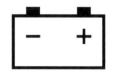

① 조명 점등 표시등
② 엔진 경고등
③ 연료 부족 경고등
④ 충전 경고등

56 유압 작동유가 갖추어야 할 성질이 아닌 것은?

① 온도에 의한 점도 변화가 적을 것
② 거품이 적을 것
③ 방청·방식성이 있을 것
④ 물·먼지 등의 불순물과 혼합이 잘될 것

57 유압펌프에서 오일이 토출될 수 있는 경우는?

① 회전 방향이 반대로 되어 있다.
② 흡입관 혹은 스트레이너가 막혀 있다.
③ 펌프 입구에서 공기를 흡입하지 않는다.
④ 회전수가 너무 낮다.

58 유압실린더의 숨돌리기 현상이 생겼을 때 일어나는 현상이 아닌 것은?

① 작동 지연 현상이 생긴다.
② 서지압이 발생한다.
③ 오일의 공급이 과대해진다.
④ 피스톤 작동이 불안정하게 된다.

59 방향제어밸브의 설명 중 잘못된 것은?

① 유체의 흐름 방향을 변환한다.
② 유체의 흐름 방향을 한쪽으로만 허용한다.
③ 유압실린더나 유압모터의 작동 방향을 바꾸는 데 사용한다.
④ 액추에이터의 속도를 제어한다.

60 유압 · 공기압 도면기호에서 유압(동력)원의 기호 표시는?

① ②

③ ④

⟲ 정답 및 해설 p.200

01 엔진 과열 시 먼저 점검할 사항으로 옳은 것은?

① 연료분사량
② 수온 조절기
③ 냉각수 양
④ 물 재킷

02 건설기계 장비의 운전 중에도 안전을 위하여 점검하여야 하는 것은?

① 계기판의 점검
② 냉각수의 양 점검
③ 타이어의 압력 측정 및 점검
④ 팬 벨트의 장력 점검

03 주행 중 급가속 시 기관 회전은 상승하는데 차속은 증속이 안 될 때 원인으로 틀린 것은?

① 압력 스프링의 쇠약
② 클러치 디스크 판에 기름 부착
③ 클러치 페달의 유격 과대
④ 클러치 디스크 판의 마모

04 조향 기어의 백래시가 클 때의 현상으로 맞는 것은?

① 핸들 유격이 커진다.
② 조향 각도가 커진다.
③ 조향 핸들이 한쪽으로 쏠린다.
④ 조향력이 작아진다.

05 타이어식 건설기계 현가장치에 사용되는 공기 스프링의 특징이 아닌 것은?

① 차체 높이가 항상 일정하게 유지된다.
② 스프링 정수를 자동적으로 조정한다.
③ 금속 스프링보다 구조가 간단하고 값이 싸다.
④ 고유 진동수를 거의 일정하게 유지한다.

06 유체 클러치에서 가이드 링의 역할은?

① 유체 클러치의 와류를 증가시킨다.
② 유체 클러치의 유격을 조정한다.
③ 유체 클러치의 와류를 감소시킨다.
④ 유체 클러치의 마찰을 증대시킨다.

07 토크 컨버터 구성 요소 중 기관에 의해 직접 구동되는 것은?

① 터빈
② 펌프
③ 스테이터
④ 가이드 링

08 건설기계장비의 변속기에서 기어의 마찰 소리가 나는 이유가 아닌 것은?

① 기어의 백래시 과다
② 변속기 베어링의 마모
③ 변속기의 오일 부족
④ 웜과 웜기어의 마모

09 동력전동장치에서 가장 재해가 많이 발생할 수 있는 부품은?

① 기어
② 커플링
③ 벨트
④ 차축

10 건설기계 타이어 패턴 중 슈퍼 트랙션 패턴의 특징으로 틀린 것은?

① 패턴의 폭은 넓고 홈을 낮게 한 것이다.
② 기어 형태로 연약한 흙을 잡으면서 주행한다.
③ 진행방향에 대한 방향성을 가진다.
④ 패턴 사이에 흙이 끼는 것을 방지한다.

11 기중 작업에서 물체의 무게가 무거울수록 붐 길이와 각도는 어떻게 하는 것이 좋은가?

① 붐 길이는 길게, 각도는 크게
② 붐 길이는 짧게, 각도는 그대로
③ 붐 길이는 길게, 각도는 작게
④ 붐 길이는 짧게, 각도는 크게

12 굴착기 작업 시 안정성을 주고 장비의 밸런스를 잡기 위하여 설치하는 것은?

① 카운터 웨이트
② 붐
③ 버킷
④ 스틱

13 무한궤도식 건설기계에서 리코일 스프링의 주된 역할로 맞는 것은?

① 주행 중 트랙 전면에서 오는 충격완화
② 클러치의 미끄러짐 방지
③ 트랙의 벗겨짐 방지
④ 삽에 걸리는 하중 방지

14 다음 중 트랙을 분리할 필요가 없는 경우는?

① 하부 롤러 교환 시
② 트랙 교환 시
③ 아이들 롤러 교환 시
④ 트랙이 벗겨졌을 때

15 무한궤도식 건설기계에서 트랙의 스프로킷이 이상 마모되는 원인으로 가장 적절한 것은?

① 트랙의 이완
② 릴리프 밸브 고장
③ 댐퍼 스프링의 장력 약화
④ 오일펌프 고장

16 무한궤도식 건설기계에서 주행 구동체인 장력조정 방법은?

① 구동 스프로킷을 전·후진시켜 조정한다.
② 아이들러를 전·후진시켜 조정한다.
③ 슬라이드 슈의 위치를 변화시켜 조정한다.
④ 드래그 링크를 전·후진시켜 조정한다.

17 구급처치 중에서 환자의 상태를 확인하는 사항과 가장 거리가 먼 것은?

① 의식   ② 상처
③ 출혈   ④ 격리

18 위험한 작업을 할 때 작업자에게 필요한 조치로 가장 적절한 것은?

① 작업이 끝난 후 즉시 알려야 한다.
② 공청회를 통해 알려야 한다.
③ 미리 작업자에게 이를 알려야 한다.
④ 작업하고 있을 때 작업자에게 알려야 한다.

19 안전보건표지의 종류와 형태에서 그림의 안전표지판이 나타내는 것은?

① 보행금지   ② 작업금지

③ 출입금지   ④ 사용금지

20 운반하는 물건에 2줄 걸이 로프를 매달 때 로프에 하중이 가장 크게 걸리는 2줄 사이의 각도는?

① 30°   ② 45°

③ 60°   ④ 75°

21 안전작업 측면에서 장갑을 착용하고 해도 가장 무리가 없는 작업은?

① 드릴작업을 할 때

② 건설현장에서 청소작업을 할 때

③ 해머작업을 할 때

④ 정밀기계작업을 할 때

22 볼트나 너트를 죄거나 푸는 데 사용하는 렌치(wrench)에 대한 설명으로 틀린 것은?

① 조정 렌치 : 멍키 렌치라고노 하며, 제한된 범우 내에서 어떠한 규격의 볼트나 너트에도 사용할 수 있다.

② 엘 렌치 : 6각형 봉을 L 모양으로 구부려서 만든 렌치이다.

③ 박스 렌치 : 연료 파이프 피팅 작업에 사용할 수 있다.

④ 소켓 렌치 : 다양한 크기의 소켓을 바꿔 가며 작업할 수 있도록 만든 렌치이다.

23 기계작업 시 근접작업은 위험하기 때문에 적절한 안전거리를 유지해야 한다. 안전거리를 가장 크게 유지해야 하는 것은?

① 프레스

② 절단기

③ 선반

④ 전동 띠톱 기계

24 도시가스사업법령상 도로 굴착자가 가스 배관 매설위치를 확인할 때 인력굴착을 실시하여야 하는 범위로 맞는 것은?

① 가스배관의 보호판이 육안으로 확인될 때
② 가스배관의 좌우 0.5m 이내
③ 가스배관의 좌우 1m 이내
④ 가스배관이 육안으로 확인될 때

25 도시가스 매설배관 표지판의 설치기준으로 바르지 않은 것은?

① 설치간격은 200m마다 1개 이상이다.
② 표지판의 가로치수는 200mm, 세로치수는 150mm 이상의 직사각형이다.
③ 포장도로 및 공동주택 부지 내의 도로에 라인마크(line-mark)와 함께 설치한다.
④ 황색바탕에 검정색 글씨로 도시가스 배관임을 알리고 연락처 등을 표시한다.

26 굴착공사를 하고자 할 때 지하 매설물 설치 여부와 관련하여 안전상 가장 적합한 조치는?

① 굴착공사 시행자는 굴착공사를 착공하기 전에 굴착지점 또는 그 인근의 주요 매설물 설치 여부를 미리 확인하여야 한다.
② 굴착공사 시행자는 굴착공사 시공 중에 굴착지점 또는 그 인근의 주요 매설물 설치 여부를 확인하여야 한다.
③ 굴착작업 중 전기, 가스, 통신 등의 지하 매설물에 손상을 가하였을 경우에는 즉시 매설하여야 한다.
④ 굴착공사 도중 작업에 지장이 있는 고압 케이블은 옆으로 옮기고 계속 작업을 진행한다.

27 전기설비에서 차단기의 종류 중 ELB(earth leakage circuit breaker)는 어떤 차단기인가?

① 유입 차단기
② 진공 차단기
③ 누전 차단기
④ 가스 차단기

28 전등 스위치가 옥내에 있으면 안 되는 경우는?

① 산소 저장소
② 절삭유 저장소
③ 카바이드 저장소
④ 기계류 저장소

29 일반가연성 물질의 화재로서 물질이 연소된 후에 재를 남기는 일반적인 화재는?

① A급 화재
② B급 화재
③ C급 화재
④ D급 화재

30 가스가 누출되었을 때 조치로 가장 적당한 것은?

① 용기밸브가 열려서 누출 시 부근 화기를 멀리하고 즉시 밸브를 잠근다.
② 용기밸브 파손으로 누출 시 전부 대피한다.
③ 용기 안전밸브 누출 시 그 부위를 열습포로 감싼다.
④ 가스 누출로 실내에 가스 체류 시 그냥 놔두고 밖으로 피신한다.

31 등록 건설기계의 기종별 기호표시가 틀린 것은?

① 01 : 굴착기
② 06 : 덤프트럭
③ 07 : 기중기
④ 09 : 롤러

32 건설기계를 등록 전에 일시적으로 운행할 수 있는 경우가 아닌 것은?

① 등록신청을 위하여 건설기계를 등록지로 운행하는 경우
② 신규등록검사 및 확인검사를 받기 위하여 건설기계를 검사장소로 운행하는 경우
③ 건설기계를 대여하고자 하는 경우
④ 수출을 하기 위하여 건설기계를 선적지로 운행하는 경우

33 건설기계의 주요 구조를 변경하거나 개조한 경우에 대한 내용으로 적합하지 않은 것은?

① 관할 시·도지사에게 구조변경 승인을 받아야 한다.
② 건설기계정비업소에서 구조 또는 장치의 변경작업을 한다.
③ 구조변경검사를 받아야 한다.
④ 구조변경검사는 주요구조를 변경 또는 개조한 날부터 20일 이내에 신청하여야 한다.

34 정기검사를 받지 않아도 되는 건설기계에 해당하는 것은?

① 덤프트럭
② 콘크리트믹서트럭
③ 트럭 적재식 콘크리트펌프
④ 콘크리트살포기

35 건설기계의 조종에 관한 교육과정을 마친 경우 건설기계조종사면허를 받은 것으로 보는 소형건설기계에 해당하지 않는 것은?

① 5t 미만의 불도저
② 5t 미만의 굴착기
③ 5t 미만의 로더
④ 공기압축기

36 건설기계의 조종 중 재산피해를 입힌 때 피해금액이 150만원이면 면허효력정지 기간은?

① 1일   ② 2일
③ 3일   ④ 7일

37 건설기계 제동장치 검사 시 모든 축의 제동력의 합이 당해 축중(빈차)의 최소 몇 % 이상이어야 하는가?

① 30   ② 40
③ 50   ④ 60

38 건설기계 등록신청은 누구에게 하는가?

① 행정안전부 장관
② 소유자의 주소지 또는 건설기계 소재지를 관할하는 검사소장
③ 소유자의 주소지 또는 건설기계 소재지를 관할하는 경찰서장
④ 소유자의 주소지 또는 건설기계 사용 본거지를 관할하는 시·도지사

39 다음 중 제1종 운전면허를 취득할 수 없는 사람은?

① 한쪽 눈을 보지 못하고, 색채 식별이 불가능한 사람
② 양쪽 눈의 시력이 각각 0.5 이상인 사람
③ 두 눈을 동시에 뜨고 잰 시력이 0.8 이상인 사람
④ 붉은색, 녹색, 노란색의 색채 식별이 가능한 사람

40 운전면허 취소처분에 해당하는 것은?

① 중앙선 침범
② 신호위반
③ 과속운전
④ 면허정지 기간에 운전한 경우

41 앞차와의 안전거리를 가장 바르게 설명한 것은?

① 앞차 속도의 0.3배 거리
② 앞차와의 평균 8m 이상 거리
③ 앞차의 진행방향을 확인할 수 있는 거리
④ 앞차가 갑자기 정지하였을 때 충돌을 피할 수 있는 필요한 거리

42 교통정리를 하고 있지 않은 교차로에서 통행의 우선권이 있는 차량은?

① 좌회전하려는 차량
② 우회전하려는 차량
③ 직진하려는 차량
④ 이미 좌회전하고 있는 차량

43 다음과 같은 노면표시에 따른 운전행동으로 맞는 것은?

① 어린이 보호구역으로 주차는 불가하나 정차는 가능하므로 짧은 시간 길가장자리에 정차하여 어린이를 태운다.
② 어린이 보호구역 내 횡단보도 예고표시가 있으므로 미리 서행해야 한다.
③ 어린이 보호구역으로 어린이 및 영유아 안전에 유의해야 하며 지그재그 노면표시에 의하여 서행하여야 한다.
④ 어린이 보호구역은 시간제 운영 여부와 관계없이 잠시 정차는 가능하다.

44 다른 교통 또는 안전표지의 표시에 주의하면서 진행할 수 있는 신호로 가장 적합한 것은?

① 황색 등화 점멸
② 적색의 등화
③ 녹색 화살표시의 등화
④ 적색 X표 표시의 등화

45 도로교통법상 운전자의 준수사항이 아닌 것은?

① 운전자가 차를 떠나는 경우 다른 사람에게 부탁하여 차를 이동시킬 것
② 운전자는 자동차의 화물 적재함에 사람을 태우고 운행하지 아니할 것
③ 어린이가 보호자 없이 도로를 횡단할 때 일시정지할 것
④ 물이 고인 곳을 운행할 때에는 고인 물을 튀게 하여 다른 사람에게 피해를 주는 일이 없도록 할 것

46 4행정 기관에서 흡·배기밸브가 모두 열려 있는 시점은?

① 흡입행정 말
② 압축행정 초
③ 폭발행정 초
④ 배기행정 말

47 디젤기관의 연소실 방식에서 흡기가열식 예열장치를 사용하는 것은?

① 직접분사식
② 예연소실식
③ 와류실식
④ 공기실식

48 피스톤의 운동 방향이 바뀔 때 실린더 벽에 충격을 주는 현상을 무엇이라고 하는가?

① 피스톤 스틱(stick) 현상
② 피스톤 슬랩(slap) 현상
③ 블로바이(blow by) 현상
④ 슬라이드(slide) 현상

49 기관의 속도에 따라 자동적으로 분사시기를 조정하여 운전을 안정되게 하는 것은?

① 타이머
② 노즐
③ 과급기
④ 디콤프

50 기관의 전동식 냉각팬은 어떤 온도에 따라 on/off 되는가?

① 냉가수
② 배기관
③ 흡기
④ 엔진오일

51 10Ω인 저항에 전류 2A가 흐를 때 저항의 전압은 얼마인가?

① 5V　　② 16V
③ 24V　　④ 20V

52 기동 전동기의 시험과 관계없는 것은?

① 부하시험
② 무부하시험
③ 관성시험
④ 저항시험

53 다음 중 DC 발전기와 AC 발전기의 조정기에서 공통으로 가지고 있는 것은?

① 전압 조정기
② 전류 조정기
③ 아웃 릴레이
④ 전력 조정기

54 방향지시등 전구에 흐르는 전류를 일정한 주기로 단속·점멸하여 램프의 광도를 증감시키는 것은?

① 리밋 스위치
② 파일럿 유닛
③ 플래셔 유닛
④ 방향지시기 스위치

55 굴착기에 아워미터(시간계)를 설치하는 목적이 아닌 것은?

① 가동시간에 맞추어 예방정비를 한다.
② 가동시간에 맞추어 오일을 교환한다.
③ 각 부위 주유를 정기적으로 하기 위해 설치한다.
④ 하차 만료 시간을 체크하기 위해 설치한다.

56 유압유에 수분이 생성되는 주 원인으로 맞는 것은?

① 유압유 누출
② 공기 혼입
③ 슬러지 생성
④ 기름의 열화

57 유압모터의 용량을 나타내는 것은?

① 입구압력(kg_f/cm^2)당 토크
② 유압작동부 압력(kg_f/cm^2)당 토크
③ 주입된 동력(HP)
④ 부피(cm^3)

58 유압장치에 사용되는 밸브 부품의 세척유로 가장 적절한 것은?

① 엔진오일
② 물
③ 경유
④ 합성세제

59 유압유의 흐름을 한쪽으로만 허용하고 반대 방향의 흐름을 제어하는 밸브는?

① 릴리프 밸브
② 체크 밸브
③ 카운터 밸런스 밸브
④ 매뉴얼 밸브

60 유압장치의 금속가루 또는 불순물을 제거하기 위한 것으로 맞게 짝지어진 것은?

① 여과기와 어큐뮬레이터
② 스크레이퍼와 필터
③ 필터와 스트레이너
④ 어큐뮬레이터와 스트레이너

01 기관을 시동하기 전에 점검할 사항으로 가장 관계가 적은 것은?

① 연료의 양
② 냉각수 및 엔진오일의 양
③ 기관의 온도
④ 유압유의 양

02 작업 시 준수해야 할 안전사항으로 틀린 것은?

① 대형 물건을 기중 작업할 때는 서로 신호에 의거할 것
② 고장 중인 기기에는 표지를 할 것
③ 정전 시 반드시 스위치를 끊을 것
④ 다른 용무가 있을 때는 기기 작동을 자동으로 조정하고 자리를 비울 것

03 굴착기의 조종레버 중 굴착작업과 직접적인 관계가 없는 것은?

① 버킷 제어레버
② 붐 제어레버
③ 암(스틱) 제어레버
④ 스윙 제어레버

04 타이어식 건설기계 장비에서 조향 핸들의 조작을 가볍고 원활하게 하는 방법과 가장 거리가 먼 것은?

① 동력조향을 사용한다.
② 바퀴의 정렬을 정확히 한다.
③ 타이어 공기압을 적정압으로 한다.
④ 종감속 장치를 사용한다.

05 현가장치에 사용되는 공기 스프링의 특징이 아닌 것은?

① 차체의 높이가 항상 일정하게 유지된다.
② 작은 진동을 흡수하는 효과가 있다.
③ 다른 기구보다 간단하고 값이 싸다.
④ 고유진동을 낮게 할 수 있다.

06 기관의 플라이휠과 항상 같이 회전하는 부품은?

① 압력판
② 릴리스 베어링
③ 클러치 축
④ 디스크

07 엔진과 직결되어 같은 회전수로 회전하는 토크 컨버터의 구성품은?

① 터빈
② 펌프
③ 스테이터
④ 변속기 출력 축

08 기계식 변속기가 설치된 건설기계에서 클러치판의 비틀림 코일 스프링의 역할은?

① 클러치판이 더욱 세게 부착되도록 한다.
② 클러치 작동 시 충격을 흡수한다.
③ 클러치의 회전력을 증가시킨다.
④ 클러치판과 압력판의 마멸을 방지한다.

09 동력전달장치 중 재해가 가장 많이 일어날 수 있는 것은?

① 기어
② 차축
③ 벨트
④ 커플링

10 유압 장치 중에서 회전 운동을 하는 것은?

① 유압모터
② 유압실린더
③ 축압기
④ 급속 배기밸브

11 굴착기 붐의 작동이 느린 이유가 아닌 것은?

① 오일에 이물질 혼입
② 오일의 압력 저하
③ 오일의 압력 과다
④ 오일의 압력 부족

12 굴착기의 밸런스 웨이트에 대한 설명으로 가장 적합한 것은?

① 굴착작업 시 더욱 무거운 중량을 들 수 있도록 임의로 조절하는 장치이다.
② 접지면적을 높여주는 장치이다.
③ 굴착작업 시 앞으로 넘어지는 것을 방지한다.
④ 접지압을 높이는 장치이다.

13 굴착기의 트랙 전면에서 오는 충격을 완화 시키기 위해 설치한 것은?

① 하부 롤러
② 프런트 롤러
③ 상부 롤러
④ 리코일 스프링

14 무한궤도식 건설기계에서 트랙 장력 조정은?

① 스프로킷의 조정볼트로 한다.
② 장력 조정 실린더로 한다.
③ 상부 롤러의 베어링으로 한다.
④ 하부 롤러의 시임을 조정한다.

15 무한궤도식 장비에서 스프로킷에 가까운 쪽의 하부 롤러는 어떤 형식을 사용하는가?

① 더블 플랜지형
② 싱글 플랜지형
③ 플랫형
④ 오프셋형

16 무한궤도식 건설기계에서 트랙 아이들러 (전부 유동륜)의 역할 중 맞는 것은?

① 트랙의 진행방향을 유도한다.
② 트랙을 구동시킨다.
③ 쿨러를 구동시킨다.
④ 제동 작용을 한다.

17 근로자 1,000명당 1년간에 발생하는 재해자 수를 나타낸 것은?

① 도수율
② 강도율
③ 연천인율
④ 사고율

18 보호구는 반드시 한국산업안전보건공단으로부터 보호구 검정을 받아야 한다. 검정을 받지 않아도 되는 것은?

① 안전모
② 방한복
③ 안전장갑
④ 보안경

19 안전표지의 색채 중에서 대피장소 또는 비상구의 표지에 사용되는 색은?

① 빨간색　　② 주황색
③ 녹색　　　④ 파란색

20 굴착기의 일상점검 사항이 아닌 것은?

① 엔진 오일양
② 냉각수 누출여부
③ 오일쿨러 세척
④ 유압 오일양

21 드릴작업에서 드릴링할 때 공작물과 드릴이 함께 회전하기 쉬운 때는?

① 드릴 핸들에 약간의 힘을 주었을 때
② 작업이 처음 시작될 때
③ 구멍을 중간쯤 뚫었을 때
④ 구멍 뚫기 작업이 거의 끝날 때

22 예방정비에 관한 설명 중 틀린 것은?

① 사고나 고장 등을 사전에 예방하기 위해 실시한다.
② 운전자와는 관련이 없다.
③ 계획표를 작성하여 실시하면 효과적이다.
④ 장비의 수명, 성능유지 등에 효과가 있다.

23 디젤기관을 예방정비 시 고압파이프 연결부에서 연료가 샐 때 조임 공구로 가장 적합한 것은?

① 복스 렌치　　② 오픈 렌치
③ 파이프 렌치　④ 오프셋 렌치

24 LNG를 사용하는 도시지역의 가스배관 공사 시 주의사항으로 가장 거리가 먼 것은?

① LNG는 공기보다 가볍고 가연성 물질이다.
② 공사지역의 배관매설 여부를 해당 도시가스사업자에게 의뢰한다.
③ 가스 배관 좌우 30cm 이상은 장비로 굴착하고, 30cm 이내는 인력으로 굴착한다.
④ 점화원의 휴대를 금지한다.

25 폭 4m 이상 8m 미만인 도로에 일반 도시가스 배관을 매설 시 지면과 도시가스 배관 상부와의 최소 이격 거리는 몇 m 이상인가?

① 0.6 　　　　② 1.0
③ 1.2 　　　　④ 1.5

26 건설기계로 작업 중 가스배관을 손상시켜 가스가 누출되고 있을 경우 긴급 조치사항으로 가장 거리가 먼 것은?

① 가스배관을 손상한 것으로 판단되면 즉시 기계작동을 멈춘다.
② 가스가 다량 누출되고 있으면 우선적으로 주위 사람들을 대피시킨다.
③ 즉시 해당 도시가스회사나 한국가스안전공사에 신고한다.
④ 가스가 누출되면 가스배관을 손상시킨 장비를 빼내고 안전한 장소로 이동한다.

27 굴착기, 지게차 및 불도저가 고압전선에 근접, 접촉으로 인한 사고 유형과 거리가 먼 것은?

① 화재 　　　　② 화상
③ 침하 　　　　④ 감전

28 전기장치에서 접촉저항이 발생하는 개소 중 가장 거리가 먼 것은?

① 기동 전동기 전기자 코일
② 스위치 접점
③ 축전지 터미널
④ 배선 커넥터

29 이미 소화하기 힘든 정도로 화재가 진행된 화재 현장에서 제일 먼저 취해야 할 조치는?

① 소화기 사용
② 화재 신고
③ 인명 구조
④ 분말 소화기 사용

30 화재 발생 시 대피요령으로 옳지 않은 것은?

① 몸을 낮추어 이동한다.
② 온몸에 물을 적시고 이동한다.
③ 화기가 얼굴과 피부에 닿지 않도록 신속하게 대피한다.
④ 손수건에 물을 적셔 코를 막아 유해가스 흡입을 줄이고 신속하게 산소가 있는 곳으로 대피한다.

31 건설기계관리법령상 건설기계에 해당하지 않는 것은?

① 자체중량 2t 이상의 로더
② 노상안정기
③ 전장크레인
④ 콘크리트 살포기

32 검사대행자 지정을 받고자 할 때 신청서에 첨부할 사항이 아닌 것은?

① 검사업무규정안
② 시설 보유 증명서
③ 기술자 보유 증명서
④ 장비 보유 증명서

33 건설기계의 구조 변경 범위에 속하지 않는 것은?

① 건설기계 길이, 너비, 높이변경
② 적재함의 용량 증가를 위한 변경
③ 조종장치의 형식변경
④ 수상작업용 건설기계의 선체의 형식 변경

34 굴착기(타이어식)를 신규등록한 후 최초 정기검사를 받아야 하는 시기는?

① 1년　　　　② 1년 6개월
③ 2년　　　　④ 2년 6개월

35 검사소에서 검사를 받아야 할 건설기계 중 최소기준으로 축중이 몇 t을 초과하면 출장검사를 받을 수 있는가?

① 5　　　　② 10
③ 15　　　　④ 20

36 건설기계 조종 중 과실로 사망 1명, 경상 1명의 인명피해를 입힌 사고를 일으킨 경우 조종사에 대한 면허 처분 기준은?

① 면허취소
② 면허효력정지 90일
③ 면허효력정지 50일
④ 면허효력정지 20일

37 건설기계관리법령상 건설기계정비업에 해당하지 않는 것은?

① 종합건설기계정비업
② 부분건설기계정비업
③ 전문전설기계정비업
④ 특수건설기계정비업

38 최고속도 15km/h 미만인 타이어식 건설기계에 갖추지 않아도 되는 조명장치는?

① 제동등
② 전조등
③ 번호등
④ 후부반사기

39 정차라 함은 주차 외의 정지 상태로서 몇 분을 초과하지 아니하고 차를 정지시키는 것을 말하는가?

① 3분   ② 5분
③ 7분   ④ 10분

40 건설기계운전 시 술에 취한 상태의 기준은?

① 혈중 알코올농도가 0.03% 이상인 때
② 혈중 알코올농도가 0.1% 이상인 때
③ 누구나 맥주 1병 정도를 마셨을 때
④ 소주를 마신 후 취기가 얼굴에 나타날 때

41 도로교통법에 위반이 되는 것은?

① 밤에 교통이 빈번한 도로에서 전조등을 계속 하향했다.
② 낮에 어두운 터널 속을 통과할 때 전조등을 켰다.
③ 소방용 방화 물통으로부터 6m 지점에 주차하였다.
④ 노면이 얼어붙은 곳에서 최고 20/100을 줄인 속도로 운행하였다.

42 유도표시가 없는 교차로에서의 좌회전 방법으로 가장 적절한 것은?

① 운전자가 편한 대로 운전한다.
② 교차로 중심 바깥쪽으로 서행한다.
③ 교차로 중심 안쪽으로 서행한다.
④ 앞차의 주행방향으로 따라가면 된다.

43 다음 도로명판에 대한 설명으로 맞는 것은?

강남대로 1→699
Gangnam-daero

① 왼쪽과 오른쪽 양방향용 도로명판이다.
② "1→" 이 위치는 도로 끝나는 지점이다.
③ 강남대로는 699m이다.
④ "강남대로"는 도로이름을 나타낸다.

44 녹색신호에서 교차로 내를 직진 중에 황색 신호로 바뀌었을 때, 안전운전 방법 중 가장 옳은 것은?

① 속도를 줄여 조금씩 움직이는 정도의 속도로 서행하면서 진행한다.
② 일시정지하여 좌우를 살피고 진행한다.
③ 일시정지하여 다음 신호를 기다린다.
④ 계속 진행하여 교차로를 통과한다.

45 제한 외의 적재 및 승차 허가를 할 수 있는 관청은?

① 관할 시·군청
② 출발지를 관할하는 경찰서
③ 출발지를 관할하는 소방서
④ 관할 읍·면사무소

46 기관의 총배기량을 적절하게 나타낸 것은?

① 1번 연소실 부피와 실린더 부피의 합이다.
② 각 실린더 행정 부피의 합이다.
③ 행정 부피와 실린더 부피의 합이다
④ 실린더 행정 부피와 연소실 부피의 곱이다.

47 터보차저(turbocharger)에 사용하는 오일로 맞는 것은?

① 유압오일
② 특수오일
③ 기어오일
④ 기관오일

48 기관의 작동방식 중 주로 4행정 사이클 기관에 많이 사용 되고 있는 윤활방식은?

① 혼합식, 압송식, 확산식
② 비산식, 압송식, 비산 압송식
③ 혼합식, 압송식, 비산 압송식
④ 비산식, 압송식, 확산식

49 디젤기관 연료장치의 분사펌프에서 프라이밍 펌프는 언제 사용하는가?

① 출력을 증가시키고자 할 때
② 연료계통에 공기를 배출할 때
③ 연료의 양을 가감할 때
④ 연료의 분사압력을 측정할 때

50 다음 중 전압의 표시단위로 맞는 것은?

① A　　　　② M
③ V　　　　④ Ω

51 감압장치에 대한 설명 중 옳은 것은?

① 출력을 증가하는 장치
② 연료 손실을 감소시키는 장치
③ 화염 전파속도를 증가하는 장치
④ 시동을 도와주는 장치

52 축전지가 과충전일 경우 발생하는 현상으로 틀린 것은?

① 전해액이 갈색을 띠고 있다.
② 양극판 격자가 산화된다.
③ 양극 단자 쪽의 셀 커버가 볼록하게 부풀어 있다.
④ 축전지에 지나치게 많은 물이 생성된다.

53 다음 중 교류 발전기의 부품이 아닌 것은?

① 다이오드
② 슬립 링
③ 스테이터 코일
④ 전류 조정기

54 야간작업 시 헤드라이트가 한쪽만 점등되었다. 고장원인으로 가장 거리가 먼 것은?(단, 헤드램프 퓨즈가 좌, 우측으로 구성되어 있다)

① 헤드라이트 스위치 불량
② 전구 접지불량
③ 회로의 퓨즈 단선
④ 전구 불량

55 압력 단위가 아닌 것은?

① bar　　　② atm

③ Pa　　　④ J

56 유압유 성질 중 가장 중요한 것은?

① 점도　　　② 온도

③ 습도　　　④ 열효율

57 유압 오일 실의 종류 중 O링이 갖추어야 할 성질은?

① 체결력(죄는 힘)이 작을 것

② 오일의 누설이 클 것

③ 탄성이 양호하고 압축 영구 변형이 적을 것

④ 작동 시 마모가 클 것

58 유압회로의 압력을 점검하는 위치로 가장 적당한 것은?

① 유압 오일탱크에서 유압펌프 사이

② 유압펌프에서 컨트롤 밸브 사이

③ 실린더에서 유압 오일탱크 사이

④ 유압 오일탱크에서 직접 점검

59 다음 그림과 같은 일반적으로 사용하는 유압 기호에 해당하는 밸브는?

① 체크 밸브

② 시퀀스 밸브

③ 릴리프 밸브

④ 리듀싱 밸브

60 건설기계에 사용하고 있는 필터의 종류가 아닌 것은?

① 배출 필터

② 흡입 필터

③ 고압 필터

④ 저압 필터

01 기관에 장착된 상태의 팬 벨트 장력 점검 방법으로 적당한 것은?

① 벨트 길이 측정 게이지로 측정 점검
② 벨트의 중심을 엄지로 눌러서 점검
③ 엔진을 가동하여 점검
④ 발전기의 고정 볼트를 느슨하게 하여 점검

02 엔진 오일의 교환시기와 주유할 때의 요령이다. 틀린 것은?

① 엔진에 알맞은 오일을 선택한다.
② 주유할 때 사용지침서 및 주유표에 의한다.
③ 오일 교환시기를 맞춘다.
④ 재생오일을 사용한다.

03 굴착기 작업 시 안전사항으로 옳지 않은 것은?

① 기중작업은 가급적 피하도록 한다.
② 굴착하면서 주행하지 않도록 한다.
③ 타이어식 굴착기로 작업 시 안전을 위하여 아우트리거를 받치고 작업한다.
④ 25도 정도 경사진 곳에서 작업하는 것에 무리가 없다.

04 차량을 앞에서 볼 때 알 수 있는 앞바퀴 정렬 요소는?

① 캠버, 토인
② 캐스터, 토인
③ 캠버, 킹핀 경사각
④ 토인, 킹핀 경사각

05 건설기계에서 변속기의 구비 조건으로 맞는 것은?

① 대형이고, 고장이 없어야 한다.
② 조작이 쉬우므로 신속할 필요는 없다.
③ 연속적 변속에는 단계가 있어야 한다.
④ 전달효율이 좋아야 한다.

06 수동변속기가 장착된 건설기계에서 기어의 이중 물림을 방지하는 장치는?

① 인젝션 장치
② 인터쿨러 장치
③ 인터로크 징치
④ 인터널 기어 장치

07 토크 컨버터의 설명 중 맞는 것은?

① 구성품 중 펌프(임펠러)는 변속기 입력 축과 기계적으로 연결되어 있다.
② 펌프, 터빈 스테이터 등이 상호 운동을 하여 회전력을 변환시킨다.
③ 엔진속도가 일정한 상태에서 장비의 속도가 줄어들면 토크는 감소한다.
④ 구성품 중 터빈은 기관의 크랭크 축과 기계적으로 연결되어 구동된다.

08 기계식 변속기가 장착된 건설기계장비에서 클러치가 미끄러지는 원인으로 맞는 것은?

① 클러치페달의 유격이 크다.
② 릴리스 레버가 마멸되었다.
③ 클러치 압력판 스프링이 약해졌다.
④ 파일럿 베어링이 마멸되었다.

09 유니버설 조인트의 종류 중 변속 조인트의 분류에 속하지 않는 것은?

① 벤딕스형
② 트러니언형
③ 훅형
④ 플렉시블형

10 인체에 전류가 흐를 때 위험 정도의 결정 요인으로 가장 거리가 먼 것은?

① 인체에 전류가 흐른 시간
② 인체에 흐른 전류의 크기
③ 인체 전류가 통과한 경로
④ 전류가 통과한 인체의 성별

11 상부 롤러와 하부 롤러의 공통점으로 맞는 것은?

① 싱글 플랜지형만 사용
② 설치 개수는 1~2개 정도
③ 트랙의 회전을 바르게 유지
④ 장비의 하중을 분산하여 지지

12 굴착기 하부 구동체 가구의 구성 요소가 아닌 것은?

① 트랙 프레임
② 주행용 유압 모터
③ 트랙 및 롤러
④ 붐 실린더

13 유압식 굴착기에서 센터 조인트의 기능은?

① 상부 회전체의 오일을 하부 주행 모터에 공급한다.
② 엔진에 연결되어 상부 회전체에 동력을 공급한다.
③ 상부 회전체가 자유롭게 회전할 수 있도록 한다.
④ 스프로킷이나 트랙을 회전시켜 주행하도록 한다.

14 무한궤도식 굴착기에서 슈, 링크, 핀, 부싱 등이 연결되어 구성된 장치의 명칭은?

① 트랙
② 붐
③ 스프로킷
④ 센터 조인트

15 트랙 장력을 조정해야 할 이유가 아닌 것은?

① 구성품 수명 연장
② 스윙모터의 과부하 방지
③ 트랙의 이탈 방지
④ 스프로킷 마모 방지

16 굴착기에서 트랙 장력을 조정하는 기능을 가진 것은?

① 스프로킷
② 주행 모터
③ 아이들러
④ 트랙 어저스터

17 다음은 재해가 발생하였을 때 조치요령이다. 조치순서로 맞는 것은?

> ㉠ 운전 정지
> ㉡ 2차 재해방지
> ㉢ 피해자 구조
> ㉣ 응급처치

① ㉠ → ㉢ → ㉡ → ㉣
② ㉠ → ㉢ → ㉣ → ㉡
③ ㉢ → ㉣ → ㉠ → ㉡
④ ㉢ → ㉣ → ㉡ → ㉠

18 안전보호구 선택 시 유의사항으로 틀린 것은?

① 보호구 검정에 합격하고 보호성능이 보장될 것
② 반드시 강철료 제자되어 안전보장형일 것
③ 작업행동에 방해되지 않을 것
④ 착용이 용이하고 크기 등 사용자에게 편리할 것

19 다음 그림은 안전표지의 어떠한 내용을 나타내는가?

① 지시표지
② 금지표지
③ 경고표지
④ 안내표지

20 다음 중 물건을 여러 사람이 공동으로 운반할 때 안전사항과 거리가 먼 것은?

① 명령과 지시는 한 사람이 한다.
② 최소한 한손으로는 물건을 받친다.
③ 앞쪽에 있는 사람이 부하를 적게 담당한다.
④ 긴 화물은 같은 쪽의 어깨에 올려서 운반한다.

21 일반 드라이버 사용 시 안전수칙으로 틀린 것은?

① 정을 대신할 때는 (−) 드라이버를 이용한다.
② 드라이버 충격압력을 가하지 말아야한다.
③ 자루가 쪼개졌거나 또는 허술한 드라이버는 사용하지 않는다.
④ 드라이버의 날 끝은 항상 양호하게 관리하여야 한다.

22 스패너작업 시 유의할 사항으로 틀린 것은?

① 스패너의 입이 너트의 치수에 맞는 것을 사용해야 한다.

② 스패너의 자루에 파이프를 이어서 사용해서는 안 된다.

③ 스패너와 너트 사이에는 쐐기를 넣고 사용하는 것이 편리하다.

④ 너트에 스패너를 깊이 물리도록 하여 조금씩 앞으로 당기는 식으로 풀고 조인다.

23 수공구 사용 시 유의사항으로 맞지 않는 것은?

① 토크 렌치는 볼트를 풀 때 사용한다.

② 공구를 무리하게 취급하지 않는다.

③ 사용하고 난 공구는 일정한 장소에 보관한다.

④ 수공구는 사용법을 숙지하여 사용한다.

24 도시가스사업법령상 가스배관과 수평거리 몇 cm 이내에서는 파일박기를 할 수 없도록 규정되어 있는가?

① 30 　　　　② 60

③ 90 　　　　④ 120

25 도시가스 배관 매설 시 라인마크는 배관길이 몇 m마다 1개 이상 설치하여야 하는가?

① 10 　　　　② 20

③ 30 　　　　④ 50

26 굴착공사 현장위치와 매설배관 위치를 공동으로 표시하기로 결정한 경우 굴착공사자와 도시가스사업자가 준수하여야 할 조치사항에 대한 설명으로 옳지 않은 것은?

① 굴착공사자는 굴착공사 예정지역의 위치를 황색 페인트로 표시해야 한다.

② 도시가스사업자는 굴착예정 지역의 매설배관 위치를 굴착공사자에게 알려주어야 하며, 굴착공사자는 매설배관 위치를 매설배관 직상부의 지면에 황색 페인트로 표시해야 한다.

③ 대규모굴착공사, 긴급굴착공사 등으로 인해 페인트로 매설배관 위치를 표시하는 것이 곤란한 경우에는 표시 말뚝·표시 깃발·표지판 등을 사용하여 표시할 수 있다.

④ 도시가스사업자는 표시 여부를 확인해야 하며, 표시가 완료된 것이 확인되면 즉시 그 사실을 정보지원센터에 통지해야 한다.

27 전기기기에 의한 감전 사고를 막기 위하여 필요한 설비로 가장 중요한 것은?

① 고압계 설비
② 접지 설비
③ 빙폭등 설비
④ 대지 전위 상승장치 설비

28 작업 중 화재 발생의 점화 원인이 될 수 있는 것과 가장 거리가 먼 것은?

① 과부하로 인한 전기장치의 과열
② 부주의로 인한 담뱃불
③ 전기배선 합선
④ 연료유의 자연발화

29 화재의 분류 중 틀린 것은?

① A급 화재는 타서 재가 남는 일반화재를 말한다.
② B급 화재는 석유류화재를 말한다.
③ C급 화재는 가스화재를 말한다.
④ D급 화재는 금속분말화재를 말한다.

30 건설기계가 전선로 부근에서 작업할 때의 내용과 관련된 사항으로 적합하지 않은 것은?

① 전선은 바람에 흔들리게 되므로 이를 고려하여 이격 거리를 증가시켜 작업해야 한다.
② 전선이 바람에 흔들리는 정도는 바람이 강할수록 많이 흔들린다.
③ 전선은 철탑 또는 전주에 가까워질수록 많이 흔들린다.
④ 전선은 자체 무게가 있어도 바람에 흔들린다.

31 다음 중 건설기계 중에서 수상 작업용 건설기계에 속하는 것은?

① 준설선
② 스크레이퍼
③ 골재살포기
④ 쇄석기

32 건설기계등록을 말소한 때에는 등록번호표를 며칠 이내에 시·도지사에게 반납하여야 하는가?

① 10일   ② 15일
③ 20일   ④ 30일

33 건설기계의 구조변경검사는 누구에게 신청할 수 있는가?

① 건설기계정비업소
② 자동차검사소
③ 건설기계검사대행자
④ 건설기계폐기업소

34 건설기계관리법령에서 따른 정기검사 대상 건설기계의 정기검사 신청기간으로 맞는 것은?

① 건설기계의 정기 검사유효기간 만료일 전후 5일 이내에 신청한다.
② 건설기계의 정기 검사유효기간 만료일 전 15일 이내에 신청한다.
③ 건설기계의 정기 검사유효기간 만료일 후 15일 이내에 신청한다.
④ 건설기계의 정기 검사유효기간 만료일 전후 31일 이내에 신청한다.

35 3t 미만의 굴착기의 소형건설기계 조종실습 시간은?

① 6시간   ② 10시간
③ 12시간   ④ 16시간

36 과실로 중상 2명의 인명피해를 입힌 건설기계를 조종한 자에 대한 면허의 취소·정지 처분 내용으로 맞는 것은?

① 면허취소
② 면허효력 정지 60일
③ 면허효력 정지 30일
④ 면허효력 정지 20일

37 건설기계정비업의 사업범위에서 유압장치를 정비할 수 없는 정비업은?

① 종합 건설기계 정비업
② 부분 건설기계 정비업
③ 원동기 정비업
④ 유압 정비업

38 건설기계 검사기준 중 제동장치의 제동력으로 맞지 않는 것은?

① 모든 축의 제동력의 합이 당해 축중(빈차)의 50% 이상일 것
② 동일 차축 좌·우 바퀴의 제동력의 편차는 당해 축중의 8% 이내일 것
③ 뒤차축 좌·우 바퀴의 제동력의 편차는 당해 축중의 15% 이내일 것
④ 주차제동력의 합의 건설기계 빈차 중량의 20% 이상일 것

39 다음 건설기계 중 도로교통법에 의한 제1 종 대형면허로 조종할 수 없는 것은?

① 아스팔트살포기
② 노상안정기
③ 트럭 적재식 천공기
④ 골재살포기

40 차마가 도로 이외의 장소에 출입하기 위하여 보도를 횡단하려고 할 때 가장 적절한 통행방법은?

① 보행자 유무에 구애받지 않는다.
② 보행자가 없으면 서행한다.
③ 보행자가 있어도 차마가 우선 출입한다.
④ 보도직전에서 일시정지하여 보행자의 통행을 방해하지 말아야 한다.

41 다음 중 관공서용 건물번호판은?

 Ⓐ

 Ⓑ

 Ⓒ

 Ⓓ

① Ⓐ   ② Ⓑ
③ Ⓒ   ④ Ⓓ

42 신호등이 없는 교차로에 좌회전하려는 버스와 그 교차로에 진입하여 직진하고 있는 건설기계가 있을 때 우선권이 있는 차는?

① 건설기계
② 그때의 형편에 따라서 우선순위가 정해짐
③ 사람이 많이 탄 차 우선
④ 좌회전 차가 우선

43 도로에서 정차를 하고자 할 때의 방법으로 옳은 것은?

① 차체의 전단부를 도로 중앙을 향하도록 비스듬히 정차한다.
② 진행방향의 반대방향으로 정차한다.
③ 차도의 우측 가장자리에 정차한다.
④ 일방통행로에서 좌측 가장자리에 정차한다.

44 다음 중 ( ) 안에 들어갈 내용으로 맞는 것은?

> 도로를 통행하는 차마의 운전자는 교통안전시설이 표시하는 신호 또는 지시와 교통정리를 위한 경찰공무원 등의 신호 또는 지시가 다른 경우에는 (㉠)의 (㉡)에 따라야 한다.

① ㉠ 운전자   ㉡ 판단
② ㉠ 교통신호   ㉡ 지시
③ ㉠ 경찰공무원 등 ㉡ 신호 또는 지시
④ ㉠ 교통신호   ㉡ 신호

45 운전자 준수사항에 대한 설명 중 틀린 것은?

① 고인 물을 튀게 하여 다른 사람에게 피해를 주어서는 안 된다.
② 과로, 질병, 약물의 중독 상태에서 운전하여서는 안 된다.
③ 보행자가 안전지대에 있는 때에는 서행하여야 한다.
④ 운전석으로부터 잠시 떠날 때에는 원동기의 시동을 유지한다.

46 행정 디젤기관에서 동력행정을 뜻하는 것은?

① 흡기행정
② 압축행정
③ 폭발행정
④ 배기행정

47 디젤기관의 연소실 방식에서 흡기가열식 예열장치를 사용하는 것은?

① 직접분사식
② 예연소실식
③ 와류실식
④ 공기실식

48 피스톤 링에 대한 설명으로 틀린 것은?

① 압축가스가 새는 것을 방지한다.
② 엔진 오일을 실린더 벽에서 긁어내린다.
③ 압축 링과 인장 링이 있다.
④ 실린더 헤드 쪽에 있는 것이 압축 링이다.

49 디젤엔진의 연료탱크에서 분사노즐까지 연료의 순환 순서로 맞는 것은?

① 연료탱크 → 연료공급 펌프 → 분사펌프
　 → 연료필터 → 분사노즐
② 연료탱크 → 연료필터 → 분사펌프 →
　 연료공급 펌프 → 분사노즐
③ 연료탱크 → 연료공급 펌프 → 연료필터
　 → 분사펌프 → 분사노즐
④ 연료탱크 → 분사펌프 → 연료필터 →
　 연료공급 펌프 → 분사노즐

50 방열기에 물이 가득 차 있는데도 기관이 과열되는 원인은 무엇인가?

① 팬 벨트의 장력이 세기 때문
② 사계절용 부동액을 사용했기 때문
③ 정온기가 열린 상태로 고장 났기 때문
④ 라디에이터의 팬이 고장 났기 때문

51 1kW는 몇 PS인가?

① 0.75　　　　② 1.36
③ 75　　　　　④ 735

52 건설기계에 주로 사용되고 있는 기동 전동기로 맞는 것은?

① 직류 분권 전동기
② 직류 직권 전동기
③ 직류 복권 전동기
④ 교류 전동기

53 건설기계장비의 충전장치는 어떤 발전기를 주로 사용하고 있는가?

① 직류 발전기
② 단상 교류 발전기
③ 3상 교류 발전기
④ 와전류 발전기

54 실드빔식 전조등에 대한 설명으로 맞지 않는 것은?

① 대기조건에 따라 반사경이 흐려지지 않는다.
② 내부에 불활성 가스가 들어 있다.
③ 사용에 따른 광도의 변화가 적다.
④ 필라멘트를 갈아 끼울 수 있다.

55 엔진 정지상태에서 계기판 전류계의 지침이 정상에서 (−) 방향을 지시하고 있다. 그 원인이 아닌 것온?

① 전조등 스위치가 점등위치에서 방전되고 있다.
② 배선에서 누전되고 있다.
③ 시동 시 엔진 예열장치를 동작시키고 있다.
④ 발전기에서 축전지로 충전되고 있다.

56 유압유 교환을 판단하는 조건이 아닌 것은?

① 점도의 변화
② 색깔의 변화
③ 수분의 함량
④ 유량의 감소

57 유압모터의 회전력이 변화하는 것에 영향을 미치는 것은?

① 유압유 압력
② 유압유 온도
③ 유압유 점도
④ 유량

58 기관정비 작업 시 엔진블록의 찌든 기름때를 깨끗이 세척하고자 할 때 가장 좋은 용해액은?

① 냉각수
② 절삭유
③ 솔벤트
④ 엔진오일

59 유압장치에서 고압 소용량, 저압 대용량 펌프를 조합 운전할 때, 작동 압력이 규정 압력 이상으로 상승할 때 동력 절감을 하기 위해 사용하는 밸브는?

① 감압밸브
② 릴리프 밸브
③ 시퀀스 밸브
④ 무부하 밸브

60 오일탱크 내의 오일을 전부 배출시킬 때 사용하는 것은?

① 리턴 라인
② 배플
③ 어큐뮬레이터
④ 드레인 플러그

01 굴착기 운전 중 점검사항이 아닌 것은?

① 냉각수 온도
② 유압 오일 온도
③ 엔진 회전수
④ 배터리 전해액

02 작업 중 기계장치에서 이상한 소리가 날 경우 작업자가 해야 할 조치로 가장 적합한 것은?

① 계속 작업하고 작업 종료 후에 조치한다.
② 장비를 멈추고 열을 식힌 후 계속 작업한다.
③ 속도가 너무 빠르게 작업한다.
④ 즉시 작동을 멈추고 점검한다.

03 굴착기를 트레일러에 상차하는 방법에 대한 것으로 가장 직합하지 않는 것은?

① 가급적 경사대를 사용한다.
② 트레일러로 운반 시 작업 장치를 반드시 앞쪽으로 한다.
③ 경사대는 10~15° 정도 기울이는 것이 좋다.
④ 붐을 이용하여 버킷으로 차체를 들어 올려 탑재하는 방법도 있지만 전복의 위험이 있어 특히 주의를 요하는 방법이다.

04 타이어식 건설기계 장비에서 평소에 비하여 조작력이 더 요구될 때(핸들이 무거울 때) 점검해야 할 사항으로 가장 거리가 먼 것은?

① 기어박스 내 오일
② 타이어 공기압
③ 타이어 트레드 모양
④ 앞바퀴 정렬

05 변속기의 필요성과 관계가 먼 것은?

① 기관의 회전력을 증대시킨다.
② 시동 시 장비를 무부하 상태로 한다.
③ 장비의 후진 시 필요하다.
④ 환향을 빠르게 한다.

06 클러치의 압력판은 무슨 역할을 하는가?

① 클러치 판을 밀어서 플라이 휠에 압착시키는 역할을 한다.
② 동력 차단을 용이하게 한다.
③ 릴리스 베어링의 회전을 용이하게 한다.
④ 엔진의 동력을 받아 속도를 조절한다.

07 토크 컨버터의 3대 구성 요소가 아닌 것은?

① 오버러닝 클러치
② 스테이터
③ 펌프
④ 터빈

08 정상 작동되던 변속기에서 심한 소음이 난다. 그 원인과 가장 거리가 먼 것은?

① 점도지수가 높은 오일 사용
② 변속기 오일의 부족
③ 변속기 베어링의 마모
④ 변속기 기어의 마모

09 슬립 이음이나 유니버설 조인트에 주입하기에 가장 적합한 윤활유는?

① 유압유
② 기어오일
③ 그리스
④ 엔진오일

10 감전사고 예방법으로 옳지 않은 것은?

① 작업자에게 사전 안전교육을 실시한다.
② 작업자에게 안전보호구를 착용시킨다.
③ 전기기기에 위험표시를 부착한다.
④ 전기설비에 약간의 물을 뿌려 감전 여부를 확인한다.

11 진흙 등의 굴착작업을 할 때 용이한 버킷은?

① V 버킷
② 포크 버킷
③ 리퍼 버킷
④ 이젝터 버킷

12 트랙에 있는 롤러에 대한 설명으로 틀린 것은?

① 상부 롤러는 보통 1~2개가 설치되어 있다.
② 하부 롤러는 트랙프레임의 한쪽 아래에 3~7개 설치되어 있다.
③ 상부 롤러는 스프로킷과 아이들러 사이에 트랙이 처지는 것을 방지한다.
④ 하부 롤러는 트랙의 마모를 방지한다.

13 무한궤도식 건설기계에서 트랙 전면에 오는 충격을 완화시키기 위해 설치한 것은?

① 상부 롤러
② 리코일 스프링
③ 하부 롤러
④ 프런트 롤러

14 무한궤도식 건설기계에서 트랙이 벗겨지는 주 원인은?

① 트랙이 너무 이완되었을 때
② 보조 스프링이 파손되었을 때
③ 트랙의 서행 회전
④ 파이널 드라이브의 마모

15 굴착기의 스프로킷 가까운 쪽의 롤러는 어떤 형식을 사용하는가?

① 싱글 플랜지형
② 더블 플랜지형
③ 플랫형
④ 오프셋형

16 트랙장치에서 유동륜은 어떤 작용을 하는가?

① 트랙의 회전을 원활히 한다.
② 동력을 트랙으로 전달한다.
③ 트랙의 장력을 조정하면서 트랙의 진행 방향을 유도한다.
④ 차체의 파손을 방지하고 원활한 운전을 하게 한다.

17 전기용접의 아크 빛으로 인해 눈이 충혈이 되고 붓기도 한다. 이럴 때 응급조치 사항으로 가장 적절한 것은?

① 눈을 크게 뜨고 작업에 집중한다.
② 안약을 넣고 계속 작업을 한다.
③ 소금물로 눈을 세정한 후 작업한다.
④ 냉습포를 눈 위에 올려놓고 안정을 취한다.

18 운전 및 정비 작업 시 작업복의 조건으로 틀린 것은?

① 점퍼형으로 상의 옷자락을 여밀 수 있는 것
② 필요한 작업용구 등을 모두 꺼내 쓸 수 있도록 주머니가 많은 것
③ 소매를 오므려 붙이도록 되어 있는 것
④ 소매로 손목까지 가릴 수 있는 것

19 안전표지의 종류 중 안내표지에 속하지 않는 것은?

① 녹십자 표지
② 응급구호 표지
③ 비상구
④ 출입금지

20 일상점검에 대한 설명으로 가장 적절한 것은?

① 1일 1회 행하는 점검
② 신호수가 행하는 점검
③ 감독관이 행하는 점검
④ 운전 전·중·후 행하는 점검

21 드릴(drill)기기를 사용하여 작업할 때 착용을 금지하는 것은?

① 안전화
② 장갑
③ 모자
④ 작업복

22 연료 파이프 피팅을 조이고 풀 때 가장 알맞은 렌치는?

① 탭 렌치
② 복스 렌치
③ 소켓 렌치
④ 오픈 렌치

23 스패너작업 시 유의할 사항으로 틀린 것은?

① 스패너의 입이 너트의 치수에 맞는 것을 사용해야 한다.

② 스패너의 자루에 파이프를 이어서 사용해서는 안 된다.

③ 스패너와 너트 사이에는 쐐기를 넣고 사용하는 것이 편리하다.

④ 너트에 스패너를 깊이 물리도록 하여 조금씩 앞으로 당기는 식으로 풀고 조인다.

24 다음 ( ) 안에 알맞은 것은?

> 가스배관의 주위를 굴착하고자 할 때에는 가스배관의 좌우 ( )m 이내의 부분은 인력으로 굴착할 것

① 1   ② 2
③ 3   ④ 5

25 도로에서 땅속을 굴착할 때 도시가스 배관이 매설된 것으로 추정되는 것 중 틀린 것은?

① 지표면에서 얼마 파지 않아 적색 또는 황색의 비닐 시트가 나왔다.

② 땅속을 파던 중 두께 4mm 정도의 보호 철판이 나왔다.

③ 땅속을 파내려 가던 중 적색 또는 황색의 배관이 나왔다.

④ 땅속을 파내려 가던 중 보도블록과 같은 콘크리트 더미가 나왔다.

26 굴착공사 중 적색으로 된 도시가스 배관을 손상하였으나 다행히 가스는 누출되지 않고 피복만 벗겨졌다. 조치사항으로 가장 적합한 것은?

① 해당 도시가스회사 직원에게 그 사실을 알려 보수토록 한다.

② 가스가 누출되지 않았으므로 그냥 되메우기 한다.

③ 벗겨지거나 손상된 피복은 고무판이나 비닐테이프로 감은 후 되메우기 한다.

④ 벗겨진 피복은 부식방지를 위하여 아스팔트를 칠하고 비닐테이프로 감은 후 직접 되메우기 하면 된다.

27 건설기계가 고압전선에 근접 또는 접촉함으로써 가장 많이 발생될 수 있는 사고 유형은?

① 감전   ② 화재

③ 화상   ④ 절전

28 전기장치에서 접촉저항이 발생하는 개소 중 가장 거리가 먼 것은?

① 기동 전동기 전기자 코일

② 스위치 접점

③ 축전지 터미널

④ 배선 커넥터

29 다음 중 화재의 분류가 옳게 된 것은?

① A급 화재 : 금속화재

② B급 화재 : 일반화재

③ C급 화재 : 전기화재

④ D급 화재 : 유류화재

30 안전작업사항으로 잘못된 것은?

① 전기장치는 접지를 하고, 이동식 전기기구는 방호장치를 한다.

② 엔진에서 배출되는 일산화탄소에 대비한 통풍 장치를 설치한다.

③ 담뱃불은 발화력이 약하므로 제한 장소 없이 흡연해도 무방하다.

④ 주요 장비 등은 조작자를 지정하여 누구나 조작하지 않도록 한다.

31 건설기계관리법령에서 정한 건설기계 범위에 해당하지 않는 것은?

① 아스팔트믹싱플랜트

② 아스팔트살포기

③ 아스팔트피니셔

④ 아스팔트커터

32 건설기계 등록번호표제작 등을 할 것을 통지하거나 명령하여야 하는 것에 해당하지 않는 것은?

① 신규등록을 한 때

② 등록번호표의 용도구분을 변경한 때

③ 등록번호표의 재부착 신청이 없을 때

④ 등록번호의 식별이 곤란한 때

33 굴착기(타이어식)의 정기검사 유효기간은?

① 6월　　　　② 1년
③ 2년　　　　④ 3년

34 건설기계로 등록된 지 10년이 된 덤프트럭의 검사 유효기간은?

① 6월　　　　② 1년
③ 1년 6월　　④ 2년

35 건설기계의 출장검사가 허용되는 경우가 아닌 것은?

① 최고속도가 25km/h 미만인 건설기계
② 자체중량이 40t을 초과하거나 축하중이 10t을 초과하는 건설기계
③ 너비가 2.5m 이하 건설기계
④ 도서지역에 있는 건설기계

36 건설기계 조종사 면허의 취소·정지처분 기준 중 면허취소 사유에 해당하는 것은?

① 고의로 가스공급시설의 기능에 장애를 입혀 가스의 공급을 방해한 경우
② 과실로 사망 1명의 인명피해를 입힌 경우
③ 등록이 말소된 건설기계를 조종한 경우
④ 면허의 효력정지 기간 중 건설기계를 조종한 경우

37 부분건설기계정비업의 사업범위로 적당한 것은?

① 프레임 조정, 롤러, 링크, 트랙슈의 재생을 제외한 차체
② 원동기 부분의 완전분해 정비
③ 차체 부분의 완전분해 정비
④ 실린더헤드의 탈착정비

38 건설기계관리법령에 따라 최고주행속도 15km/h 미만의 타이어식 건설기계가 필히 갖추어야 할 조명장치가 아닌 것은?

① 전조등
② 후부반사기
③ 비상점멸 표시등
④ 제동등

39 도로교통법에서 정한 운전자가 업무상 필요한 주의를 게을리하거나 중대한 과실로 다른 사람의 건조물을 손괴한 경우의 벌칙으로 옳은 것은?

① 1년 이하의 금고나 1천만원 이하의 벌금
② 1년 이하의 징역이나 1천만원 이하의 벌금
③ 2년 이하의 금고나 500만원 이하의 벌금
④ 2년 이하의 징역이나 500만원 이하의 벌금

40 술에 취한 상태의 기준은 혈중 알코올 농도가 최소 몇 % 이상인 경우인가?

① 0.03　　② 0.08
③ 0.1　　　④ 0.2

41 총중량 2,000kg 미만인 자동차를 그의 3배 이상의 총중량 자동차로 견인할 때의 속도는?

① 시속 15km 이내
② 시속 20km 이내
③ 시속 30km 이내
④ 시속 40km 이내

42 교통정리를 하고 있지 않은 교차로에서 두 차량의 진입 시점이 거의 동시에 이루어진 경우 우선순위는 어떻게 되는가?

① 소형 차량이 우선한다.
② 우측 도로의 차가 우선한다.
③ 좌측 도로의 차가 우선한다.
④ 중량이 큰 차량이 우선한다.

43 도로교통법상 정차 및 주차의 금지 장소로 틀린 것은?

① 건널목의 가장자리로부터 10m 이내인 곳
② 교차로의 가장자리로부터 5m 이내인 곳
③ 횡단보도로부터 10m 이내인 곳
④ 버스정류장 표시판으로부터 20m 이내인 곳

44 정지선이나 횡단보도 및 교차로 직전에서 정지하여야 할 신호의 종류는 무엇인가?

① 녹색 및 황색등화
② 황색등화의 점멸
③ 황색 및 적색등화
④ 녹색 및 적색등화

45 다음 방향표지와 관련된 설명으로 맞는 것은?

① 150m 앞에서 6번 일반국도와 합류한다.
② 나들목(IC)의 명칭은 군포다.
③ 고속도로 기점에서 47번째 나들목(IC) 이라는 의미이다.
④ 고속도로와 고속도로를 연결해 주는 분 기점(JCT) 표지이다.

46 기관의 맥동적인 회전 관성력을 원활한 회 전으로 바꾸는 역할을 하는 것은?

① 크랭크 축   ② 피스톤
③ 플라이 휠   ④ 커넥팅로드

47 디젤기관의 진동 원인과 가장 거리가 먼 것은?

① 각 실린더의 분사 압력과 분사량이 다 르다.
② 분사시기, 분사간격이 다르다.
③ 윤활펌프의 유압이 높다.
④ 각 피스톤의 중량차가 크다.

48 오일과 오일 링의 작용(역할) 중 오일의 작 용에 해당하지 않는 것은?

① 방청 작용
② 냉각 작용
③ 응력분사 작용
④ 오일제어 작용

49 디젤기관에서 연료장치 공기빼기 순서가 바른 것은?

① 공급펌프 → 연료여과기 → 분사펌프
② 공급펌프 → 분사펌프 → 연료여과기
③ 연료여과기 → 공급펌프 → 분사펌프
④ 연료여과기 → 분사펌프 → 공급펌프

50 동절기에 기관이 동파되는 원인으로 맞는 것은?

① 냉각수가 얼어서
② 기동 전동기가 얼어서
③ 발전장치가 얼어서
④ 엔진오일이 얼어서

51 전압이 24V, 저항이 2Ω일 때 전류는 몇 A인가?

① 3   ② 6
③ 12   ④ 24

52 디젤기관 시동보조 장치에 사용되는 디콤 프(de-comp)의 기능에 대한 설명으로 틀린 것은?

① 기관의 출력을 증대하는 장치이다.
② 한랭 시 원활한 회전으로 시동이 잘 될 수 있도록 하는 역할을 한다.
③ 기관의 시동을 정지할 때 사용할 수 있다.
④ 기동 전동기에 무리가 가는 것을 예방하는 효과가 있다.

53 AC 발전기의 출력은 무엇을 변화시켜 조정하는가?

① 축전지 전압
② 발전기의 회전속도
③ 로터 전류
④ 스테이터 전류

54 한쪽 방향지시등만 점멸 속도가 빠른 원인 으로 옳은 것은?

① 전조등 배선 접촉 불량
② 플래셔 유닛 고장
③ 한쪽 램프의 단선
④ 비상등 스위치 고장

55 단위시간에 이동하는 유체의 체적을 무엇 이라 하는가?

① 토출량   ② 드레인
③ 언더랩   ④ 유량

56 유압유에 요구되는 성질이 아닌 것은?

① 넓은 온도범위에서 점도변화가 적을 것
② 윤활성과 방청성이 있을 것
③ 산화 안정성이 있을 것
④ 사용되는 재료에 대하여 불활성이 아 닐 것

57 유압실린더에서 실린더의 과도한 자연낙하 현상이 발생하는 원인으로 가장 거리가 먼 것은?

① 컨트롤 밸브 스풀(spool)의 마모
② 릴리프 밸브의 조정 불량
③ 작동압력이 높을 때
④ 실린더 내 피스톤 실(seal)의 마모

59 그림에서 체크 밸브를 나타낸 것은?

①   ②

③   ④

58 유압장치에서 유압의 제어방법이 아닌 것은?

① 압력제어
② 방향제어
③ 속도제어
④ 유량제어

60 유압계통의 오일장치 내에 슬러지 등이 생겼을 때 이것을 용해하여 장치 내를 깨끗이 하는 작업은?

① 플러싱
② 트램핑
③ 서징
④ 코킹

🖢 정답 및 해설 p.229

01 작업장에서 지켜야 할 안전 수칙이 아닌 것은?

① 작업 중 입은 부상은 즉시 응급조치하고 보고한다.

② 밀폐된 실내에서는 장비의 시동을 걸지 않는다.

③ 통로나 마룻바닥에 공구나 부품을 방치하지 않는다.

④ 기름걸레나 인화물질은 나무상자에 보관한다.

02 작업자가 작업을 할 때 반드시 알아두어야 할 사항이 아닌 것은?

① 안전수칙

② 작업량

③ 기계, 기구의 사용법

④ 경영관리

03 크롤러형의 굴착기를 주행 운전할 때 적합하지 않은 것은?

① 주행 시 버킷의 높이는 30~50cm가 좋다.

② 가능하면 평탄지면을 택하고, 엔진은 중속이 적합하다.

③ 암반 통과 시 엔진속도는 고속이어야 한다.

④ 주행 시 전부장치는 전방을 향해야 좋다.

04 굴착기로 작업할 때 주의사항으로 틀린 것은?

① 땅을 깊이 팔 때는 붐의 호스나 버킷실린더의 호스가 지면에 닿지 않도록 한다.

② 암석, 토사 등을 평탄하게 고를 때는 선회관성을 이용하면 능률적이다.

③ 암 레버의 조작 시 잠깐 멈췄다 움직이는 것은 펌프의 토출량이 부족하기 때문이다.

④ 작업 시 실린더의 행정 끝에서 약간 여유를 남기도록 운전한다.

05 타이어식 장비에서 앞바퀴 정렬의 역할과 거리가 먼 것은?

① 브레이크의 수명을 길게 한다.
② 타이어 마모를 최소로 한다.
③ 방향 안전성을 준다.
④ 조향 핸들의 조작을 적은 힘으로 쉽게 할 수 있다.

06 클러치의 구비 조건이 아닌 것은?

① 동력전달이 확실하고 신속할 것
② 방열이 잘 되어 과열되지 않을 것
③ 회전 부분의 평형이 좋을 것
④ 회전관성이 클 것

07 기계식 변속기가 장착된 건설기계장비에서 클러치의 사용 방법으로 가장 올바른 것은?

① 클러치 페달에 항상 발을 올려놓는다.
② 저속 운전 시에만 발을 올려놓는다.
③ 클러치 페달은 변속 시에만 밟는다.
④ 클러치 페달은 커브 길에서만 밟는다.

08 동력전달 장치에서 두 축 간의 충격 완화와 각도 변화를 융통성 있게 동력 전달하는 기구는?

① 슬립이음(slip joint)
② 자재이음(universal joint)
③ 파워 시프트(power shift)
④ 크로스 멤버(cross member)

09 진공식 제동 배력 장치의 설명 중으로 옳은 것은?

① 릴레이 밸브 피스톤 컵이 파손되어도 브레이크는 듣는다.
② 진공 밸브가 새면 브레이크가 전혀 듣지 않는다.
③ 릴레이 밸브의 다이어프램이 파손되면 브레이크가 듣지 않는다.
④ 하이드로릭 피스톤의 체크 볼이 밀착 불량이면 브레이크가 듣지 않는다.

10 공기 브레이크에서 브레이크 슈를 직접 작동시키는 것은?

① 유압
② 릴리프 밸브
③ 캠
④ 브레이크 페달

11 굴착기의 3대 주요 구성부품으로 가장 적당한 것은?

① 상부 회전체, 하부 추진체, 중간 신회체
② 작업 장치, 하부 추진체, 중간 선회체
③ 작업 장치, 상부 선회체, 하부 추진체
④ 상부 조정장치, 하부 추진체, 중간 동력 장치

12 무한궤도식 굴착기에서 상부 롤러를 설치한 목적은?

① 전부 유동륜을 고정한다.
② 기동륜을 지지한다.
③ 트랙을 지지한다.
④ 리코일 스프링을 지지한다.

13 하부 추진체가 휠로 되어 있는 건설기계장비로 커브를 돌 때 선회를 원활하게 하는 장치는?

① 변속기
② 최종 구동장치
③ 차동 장치
④ 트랜스퍼 케이스

14 트랙식 건설장치에서 트랙의 구성부품으로 맞는 것은?

① 슈, 조인트, 실(seal), 핀, 슈볼트
② 스프로킷, 트랙롤러, 상부롤러, 아이들러
③ 슈, 스프로킷, 하부롤러, 상부롤러, 속기
④ 슈, 슈볼트, 링크, 부싱, 핀

15 무한궤도식 건설기계에서 트랙 장력 조정은?

① 스프로킷의 조정 볼트로 한다.
② 장력 조정 실린더로 한다.
③ 상부 롤러의 베어링으로 한다.
④ 하부 롤러의 실(seal)을 조정한다.

16 타이어식 건설기계의 증감속 장치에서 열이 발생하고 있을 때 원인으로 틀린 것은?

① 윤활유의 부족
② 오일의 오염
③ 증감속 기어의 접촉상태 불량
④ 증감속기 하우징 볼트의 과도한 조임

17 사고의 결과로 인하여 인간이 입는 인명 피해와 재산상의 손실을 무엇이라 하는가?

① 재해　　　　② 안전
③ 사고　　　　④ 부상

18 작업 시 안전사항에 가장 위배되는 것은?

① 작업 전 기계의 점검을 실시한다.
② 위험물질 취급 시 소화기를 준비한다.
③ 손등까지 보호하는 넉넉한 셔츠와 장갑을 착용한다.
④ 작업 시 세부 준수사항을 숙지하여 안전 대책을 수립한다.

19 안전표지 종류가 아닌 것은?

① 안내표지
② 허가표지
③ 지시표지
④ 금지표지

20 인력운반에 대한 기계운반의 특징이 아닌 것은?

① 단순하고 반복적인 작업에 적합
② 취급물이 경량물인 작업에 적합
③ 취급물의 크기, 형상 성질 등이 일정한 작업에 적합
④ 표준화되어 있어 지속적이고 운반량이 많은 작업에 적합

21 공구 사용 시 주의해야 할 사항으로 틀린 것은?

① 주위 환경에 주의해서 작업할 것
② 강한 충격을 가하지 않을 것
③ 해머작업 시 보호안경을 쓸 것
④ 손이나 공구에 기름을 바른 다음에 작업할 것

22 6각 볼트·너트를 조이고 풀 때 가장 적합한 공구는?

① 바이스
② 플라이어
③ 드라이버
④ 복스 렌치

23 해머(hammer)작업 시 주의사항으로 틀린 것은?

① 해머작업 시는 장갑을 사용해서는 안 된다.
② 난타하기 전에 주위를 확인한다.
③ 열처리된 재료는 반드시 해머작업을 한다.
④ 1~2회 정도는 가볍게 치고 나서 본격적으로 작업한다.

24 도시가스사업법령에서 정한 도시가스제조사업소의 부지 경계에서 정압기까지 이르는 배관을 무엇이라 하는가?(단, 일반도시가스사업의 경우이다)

① 강관　　　　② 외관
③ 내관　　　　④ 본관

25 가스도매사업자의 배관을 시가지의 도로 노면 밑에 매설하는 경우에는 노면으로부터 배관의 외면까지 몇 m 이상 매설 깊이를 유지하여야 하는가?

① 0.6　　　　② 1.0
③ 1.2　　　　④ 1.5

26 도로 폭이 8m 이상인 도로에서 장애물 등이 없을 경우 일반 도시가스 배관의 최소 매설 깊이는?

① 0.6m 이상　　② 1.2m 이상
③ 1.5m 이상　　④ 2.0m 이상

27 전기회로의 안전사항에 대한 설명으로 잘못된 것은?

① 전기장치는 반드시 접지하여야 한다.
② 전선의 접속은 접촉저항이 크게 하는 것이 좋다.
③ 퓨즈는 용량이 맞는 것을 끼워야 한다.
④ 모든 계기 사용 시 최대 측정 범위를 초과하지 않도록 해야 한다.

28 건설계기에 전구를 교환하고자 할 때에 다음 전구 중 전기저항이 가장 큰 것은?

① 12V 12W
② 12V 70W
③ 24V 24W
④ 24V 45W

29 소화작업 시 적합하지 않은 것은?

① 화재가 발생하면 화재 경보를 한다.
② 배선의 부근에 물을 뿌릴 때에는 전기가 통하는지 확인한 후에 한다.
③ 가스 밸브를 잠그고 전기 스위치를 끈다.
④ 카바이드 및 유류에는 물을 뿌린다.

30 고압전선로 주변에서 작업 시 건설기계와 전선로의 안전 이격 거리에 대한 설명으로 틀린 것은?

① 애자수가 많을수록 커진다.
② 전압에는 관계없이 일정하다.
③ 전선이 굵을수록 커진다.
④ 전압이 높을수록 커진다.

31 건설기계를 도난당한 때 등록말소사유 확인서류로 적당한 것은?

① 수출신용장
② 경찰서장이 발행한 도난신고 접수 확인원
③ 주민등록 등본
④ 봉인 및 번호판

32 건설기계관리법상 시·도지사가 저당권이 등록된 건설기계를 말소할 때 미리 그 뜻을 건설기계의 소유자 및 이해관계인에게 통보한 후 몇 개월이 지나지 않으면 등록을 말소할 수 없는가?

① 1개월   ② 3개월
③ 6개월   ④ 12개월

33 건설기계관리법상 구조변경범위 대상이 아닌 것은?

① 건설기계의 기종변경
② 원동기의 형식변경
③ 주행장치의 형식변경
④ 조종장치의 형식변경

34 보기의 건설기계 중 정기검사 유효기간이 2년인 것은?

┌ 보기 ┐
덤프트럭, 모터그레이더, 아스팔트살포기, 타워크레인, 지게차
└──────┘

① 모터그레이더, 지게차
② 덤프트럭, 모터그레이더, 아스팔트살포기
③ 덤프트럭, 아스팔트살포기
④ 모터그레이더, 아스팔트살포기, 타워크레인

35 건설기계검사소에서 검사를 받아야 하는 건설기계는?

① 콘크리트 살포기
② 트럭 적재식 콘크리트펌프
③ 지게차
④ 스크레이퍼

36 건설기계조종사 면허의 취소 사유에 해당하지 않는 것은?

① 부정한 방법으로 건설기계조종사면허를 받은 경우
② 고의로 인명피해를 입힌 경우
③ 수시적성검사에서 불합격한 경우
④ 1천만원 이상 재산피해를 입힌 경우

37 건설기계대여업을 등록하고자 하는 자는 신청서를 누구에게 제출하여야 하는가?

① 고용노동부장관
② 행정안전부장관
③ 국토교통부장관
④ 시장·군수 또는 구청장

38 건설기계관리법상 시·도지사의 정비명령을 이행하지 아니한 자에 대한 벌칙은?

① 50만원 이하의 과태료
② 300만원 이하의 과태료
③ 1년 이하의 징역 또는 1천만원 이하의 벌금
④ 2년 이하의 징역 또는 2천만원 이하의 벌금

39 도로교통법상 도로에 해당하지 않는 것은?

① 유료도로법에 의한 유료도로
② 도로법에 의한 도로
③ 해양 항로법에 의한 항로
④ 농어촌도로 정비법에 따른 농어촌도로

40 최고속도의 100분의 20을 줄인 속도로 운행하여야 할 경우는?

① 노면이 얼어붙은 경우
② 폭우·폭설·안개 등으로 가시거리가 100m 이내인 경우
③ 눈이 20mm 이상 쌓인 경우
④ 비가 내려 노면이 젖어 있는 경우

41 교차로에서 직진하고자 신호대기 중에 있는 차가 진행신호를 받고 안전하게 통행하는 방법은?

① 진행 권리가 부여되었으므로 좌우의 진행 차량에는 구애 받지 않는다.
② 직진이 최우선이므로 진행 신호에 무조건 따른다.
③ 신호와 동시에 출발하면 된다.
④ 좌우를 살피며 계속 보행 중인 보행자와 진행하는 교통의 흐름에 유의하여 진행한다.

42 다음 3방향 도로명 예고표지에 대한 설명으로 맞는 것은?

① 좌회전하면 300m 전방에 '시청'이 나온다.
② '관평로'는 북에서 남으로 도로구간이 설정되어 있다.
③ 우회전하면 300m 전방에 '평촌역'이 나온다.
④ 직진하면 300m 전방에 '관평로'가 나온다.

43 좌회전을 하기 위하여 교차로에 진입되어 있을 때 황색등화로 바뀌면 어떻게 하여야 하는가?

① 정지하여 정지선으로 후진한다.
② 그 자리에 정지한다.
③ 신속히 좌회전하여 교차로 밖으로 진행한다.
④ 좌회전을 중단하고 되돌아와야 한다.

44 승차 인원, 적재중량에 관하여 안전기준을 넘어서 운행하고자 하는 경우 누구에게 허가를 받아야 하는가?

① 출발지를 관할하는 경찰서장
② 도착지를 관할하는 경찰서장
③ 시·도지사
④ 국토교통부장관

45 교통사고로 인하여 사람을 사상하거나 물건을 손괴하는 사고가 발생했을 때 우선 조치사항으로 가장 적합한 것은?

① 사고 차를 견인 조치한 후 승무원을 구호하는 등 필요한 조치를 취해야 한다.

② 사고 차를 운전한 운전자는 물적 피해 정도를 파악하여 즉시 경찰서로 가서 사고 현황을 신고한다.

③ 그 차의 운전자는 즉시 경찰서로 가서 사고와 관련된 현황을 신고 조치한다.

④ 그 차의 운전자나 그 밖의 승무원은 즉시 정차하여 사상자를 구호하는 등 필요한 조치를 취해야 한다.

46 디젤엔진의 배기량이 일정한 상태에서 연소실에 강압적으로 많은 공기를 공급하여 흡입효율을 높이고 출력과 토크를 증대시키기 위한 장치는?

① 연료 압축기

② 과급기

③ 에어 컴프레서

④ 냉각 압축 펌프

47 디젤기관의 노킹 발생 방지 대책에 해당하지 않는 것은?

① 착화성이 좋은 연료를 사용한다.

② 분사 시 공기온도를 높게 유지한다.

③ 연소실 벽 온도를 높게 유지한다.

④ 압축비를 낮게 유지한다.

48 피스톤의 구비 조건으로 틀린 것은?

① 고온고압에 견딜 것

② 열전도가 잘될 것

③ 열팽창률이 적을 것

④ 피스톤 중량이 클 것

49 윤활유의 기능으로 맞는 것은?

① 마찰감소, 스러스트작용, 밀봉작용, 냉각작용

② 마멸방지, 수분흡수, 밀봉작용, 마찰증대

③ 마찰감소, 마멸방지, 밀봉작용, 냉각작용

④ 마찰증대, 냉각작용, 스러스트작용, 응력분산

50 건설기계에 사용되는 디젤기관 연료계통의 공기 배출 작업에 대한 설명으로 옳은 것은?

① 여과기의 벤트 플러그를 푼다.
② 프라이밍 펌프를 작동하고 나서 공기를 배출한다.
③ 공기 섞인 연료가 배출되면 프라이밍 펌프의 작동을 멈추고 벤트 플러그를 막는다.
④ 연료만 배출되면 작동하고 있던 프라이밍 펌프를 누른 상태에서 벤트 플러그를 막는다.

51 디젤기관에서 시동을 돕기 위해 설치된 부품으로 맞는 것은?

① 히트레인지
② 발전기
③ 디퓨저
④ 과급장치

52 축전지의 용량을 나타내는 단위는?

① Amp
② Ω
③ V
④ Ah

53 충전된 축전지라도 방치하고 사용하지 않으면 방전이 된다. 이것을 무엇이라 하는가?

① 자기방전
② 급속방전
③ 출력방전
④ 강제방전

54 건설기계에 사용하는 교류발전기의 구조에 해당하지 않는 것은?

① 스테이터 코일
② 로터
③ 필드 코일(애자 코일)
④ 다이오드

55 전기회로에서 단락에 의해 전선이 타거나 과대 전류가 부하에 흐르지 않도록 하는 구성품은?

① 스위치
② 릴레이
③ 퓨즈
④ 축전지

56 "밀폐된 용기 속의 유체 일부에 가해진 압력은 각부의 모든 부분에 같은 세기로 전달된다."는 원리는?

① 베르누이의 원리
② 렌츠의 원리
③ 파스칼의 원리
④ 보일-샤를의 법칙

57 유압펌프에서 토출량에 대한 설명으로 맞는 것은?

① 펌프가 단위시간당 토출하는 액체의 체적
② 펌프가 임의의 체적당 토출하는 액체의 체적
③ 펌프가 임의의 체적당 용기에 가하는 체적
④ 펌프 사용 최대시간 내에 토출하는 액체의 최대 체적

58 다음 중 액추에이터의 입구 쪽 관로에 설치한 유량제어 밸브로 흐름을 제어하여 속도를 제어하는 회로는?

① 시스템 회로(system circuit)
② 블리드 오프 회로(bleed-off circuit)
③ 미터 인 회로(meter-in circuit)
④ 미터 아웃 회로(meter-out circuit)

59 유압회로의 설명으로 맞는 것은?

① 유압회로에서 릴리프 밸브는 압력제어 밸브이다.

② 유압회로의 동력 발생부에는 공기와 믹서하는 장치가 설치되어 있다.

③ 유압 회로에서 릴리프 밸브는 닫혀 있으며, 규정압력 이하의 오일압력이 오일탱크로 회송된다.

④ 회로 내 압력이 규정 이상일 때는 공기를 혼입하여 압력을 조절한다.

60 다음 중 압력 스위치를 나타내는 그림은?

①   ②

③   ④ -- [◠ ◠] ⌁

⟳ 모의고사 p.111

01	④	02	④	03	④	04	③	05	②	06	③	07	②	08	③	09	②	10	②
11	④	12	②	13	②	14	④	15	①	16	②	17	①	18	②	19	②	20	④
21	④	22	④	23	④	24	④	25	①	26	②	27	②	28	①	29	③	30	④
31	①	32	③	33	③	34	②	35	④	36	①	37	③	38	④	39	①	40	④
41	③	42	①	43	④	44	②	45	③	46	②	47	②	48	④	49	④	50	①
51	②	52	②	53	①	54	④	55	③	56	①	57	④	58	④	59	④	60	④

01 디젤기관에서 연료라인에 공기가 혼입되면 기관 부조현상이 발생한다.

02 유압유가 마멸성을 가질 필요는 없다.

03 후진 시 후진 전 사람 및 장애물 등을 확인한다.

04 회전 반경이 작고 차의 방향 변환이 용이해야 한다.

05 굴착기의 한쪽 주행 레버만 이용하여 회전하는 것은 피벗회전, 주행레버 2개를 반대방향으로 조작하여 회전하는 것은 스핀회전이다.

06 **클러치 구비 조건**
- 동력의 차단이 신속하고 확실할 것
- 방열이 잘 되고 과열되지 않을 것
- 구조가 간단하고 취급이 용이할 것
- 회전 부분의 평형이 좋을 것
- 회전관성이 적을 것
- 접속되면 미끄럼이 없이 동력을 확실히 전달할 것

07 터빈은 변속기 입력 축과 연결되어 장비에 부하가 걸릴 때 터빈 속도는 느려진다.

08 플라이 휠은 크랭크 축에 부착되어 동력을 전달받아 클러치와 변속기로 보낸다.

09 벨트를 풀리에 걸 때는 반드시 회전을 정지한 다음에 한다.

10 어떤 회로에 흐르는 전류를 측정하고자 하는 경우 전류계는 회로에 직렬로 접속한다. 직류 전류의 측정 시 전류계의 극성에 유의해야 하고, 전류계의 최대 눈금은 예상되는 부하전류보다 큰 것을 사용해야 한다.

11 **굴착기의 기본 작업 과정**
굴착 → 붐 상승 → 스윙(선회) → 적재 → 스윙(선회) → 굴착

12 **굴착기 선회장치 구성 요소**
선회모터(스윙모터), 피니언, 링기어, 스윙 볼레이스 등

13 센터 조인트는 상부 회전체의 중심부에 설치되어 있으며, 상부 회전체의 오일을 하부 주행체(주행 모터)로 공급해 주는 부품이다.

14 굴착기의 주행과 조향은 주행 모터가 센터 조인트로부터 유압을 받아 회전하면서 이루어진다.

16 프런트 아이들러(전부 유동륜)는 트랙 프레임 앞쪽에 부착되어 트랙의 진로를 조정하면서 주행 방향을 유도하는 작용을 한다.

17 산업재해의 용어
- 물체에 맞음(비래) : 물건이 주체가 되어 날아와 사람에게 맞음
- 물체에 맞음(낙하) : 물건이 주체가 되어 떨어져 사람에게 맞음
- 깔림, 뒤집힘(전도) : 물체의 쓰러짐이나 뒤집힘
- 넘어짐(전도) : 사람이 미끄러지거나 넘어짐
- 떨어짐(추락) : 높은 곳에서 사람이 떨어짐
- 부딪힘(충돌) : 물체에 부딪힘

18 보호구
- 물체가 떨어지거나 날아올 위험 또는 근로자가 감전되거나 추락할 위험이 있는 작업 : 안전모
- 높이 또는 깊이 2m 이상의 추락할 위험이 있는 장소에서의 작업 : 안전대
- 물체의 낙하·충격, 물체에의 끼임, 감전 또는 정전기의 대전(帶電)에 의한 위험이 있는 작업 : 안전화
- 물체가 날아 흩어질 위험이 있는 작업 : 보안경
- 용접 시 불꽃 또는 물체가 날아 흩어질 위험이 있는 작업 : 보안면
- 감전의 위험이 있는 작업 : 안전장갑
- 고열에 의한 화상 등의 위험이 있는 작업 : 방열복

19 안전·보건표지

안전복 착용	보안면 착용	출입금지

20 적하 장치에 사람을 태워서는 안 된다.

21 드라이버를 정으로 대신하여 사용하면 드라이버가 손상된다.

22 조정 렌치
조(jaw)의 폭을 자유로이 조정하여 사용할 수 있는 공구로, 제한된 범위 내에서 어떠한 규격의 볼트나 너트에도 사용할 수 있다.

23 토크 렌치의 사용방법
- 오른손은 렌치 끝을 잡고 돌리고, 왼손은 지지점을 누르고 게이지 눈금을 확인한다.
- 핸들을 잡고 몸 안쪽으로 잡아당긴다.
- 손잡이에 파이프를 끼우고 돌리지 않도록 한다.
- 조임력은 규정값에 정확히 맞도록 한다.
- 볼트나 너트를 조일 때 조임력을 측정한다.

24 도시가스배관과 수평 최단거리 2m 이내에서 파일박기를 하는 경우에는 도시가스사업자의 참관 아래 시험굴착으로 도시가스배관의 위치를 정확히 확인할 것

25 지상배관은 부식방지도장 후 표면색상을 황색으로 도색하고, 지하매설배관은 최고사용압력이 저압인 배관은 황색으로, 중압 이상인 배관은 붉은색으로 할 것

26 도시가스를 사용하는 지역에서 라인마크가 없다고 해서 무조건 굴착해서는 안 된다.

27 전기누전(감전) 재해방지 조치사항 4가지
- (보호)접지
- 이중절연구조의 전동기계, 기구의 사용
- 비접지식 전로의 채용
- 감전 방지용 누전차단기 설치

28 연소의 3요소
- 연료(가연물)
- 열(점화원)
- 산소

29 포소화기는 유류화재 소화 시 가장 뛰어난 소화력을 가지나 겨울철에는 동결되고 취급이 불편하며, 전기화재 시는 감전위험이 있다.

30 짐을 가공선로 하단에 보관하면 작업 시 선로에 접촉될 수 있어 위험하다.

31 등록 등(건설기계관리법 제3조)
ⓐ 건설기계의 소유자는 대통령령으로 정하는 바에 따라 건설기계를 등록하여야 한다.
ⓑ 건설기계의 소유자가 ⓐ에 따른 등록을 할 때에는 특별시장·광역시장·특별자치시장·도지사 또는 특별자치도지사(이하 "시·도지사")에게 건설기계 등록신청을 하여야 한다.

32 등록번호표의 반납(건설기계관리법 제9조)
등록된 건설기계의 소유자는 다음 각 호의 어느 하나에 해당하는 경우에는 10일 이내에 등록번호표의 봉인을 떼어낸 후 그 등록번호표를 국토교통부령으로 정하는 바에 따라 시·도지사에게 반납하여야 한다. 다만, 제6조제1항제2호·제7호 또는 제8호의 사유로 등록을 말소하는 경우에는 그러하지 아니하다.
1. 건설기계의 등록이 말소된 경우
2. 건설기계의 등록사항 중 대통령령으로 정하는 사항이 변경된 경우
   ① 등록된 건설기계의 소유자의 주소지 또는 사용본거지의 변경(시·도 간의 변경이 있는 경우에 한한다)
   ② 등록번호의 변경
3. 제8조제2항에 따라 등록번호표의 부착 및 봉인을 신청하는 경우

33 대형건설기계의 범위(건설기계 안전기준에 관한 규칙)
- 길이가 16.7m를 초과하는 건설기계
- 너비가 2.5m를 초과하는 건설기계
- 높이가 4.0m를 초과하는 건설기계
- 최소회전반경이 12m를 초과하는 건설기계
- 총중량이 40t을 초과하는 건설기계. 다만, 굴착기, 로더 및 지게차는 운전중량이 40t을 초과하는 경우를 말한다.
- 총중량 상태에서 축하중이 10t을 초과하는 건설기계. 다만, 굴착기, 로더 및 지게차는 운전중량 상태에서 축하중이 10t을 초과하는 경우를 말한다.

34 시·도지사 또는 검사대행자는 검사결과 해당 건설기계가 제27조에 따른 검사기준에 적합하다고 인정하는 경우에는 건설기계검사증에 유효기간을 적어 발급해야 한다. 이 경우 유효기간의 산정은 정기검사신청기간까지 정기검사를 신청한 경우에는 종전 검사유효기간 만료일의 다음 날부터, 그 외의 경우에는 검사를 받은 날의 다음 날부터 기산한다.

35 건설기계조종사면허의 결격사유(건설기계관리법 제27조)

① 18세 미만인 사람

② 건설기계 조종상의 위험과 장해를 일으킬 수 있는 정신질환자 또는 뇌전증환자로서 국토교통부령(치매, 조현병, 조현정동장애, 양극성 정동장애(조울병), 재발성 우울장애 등의 정신질환 또는 정신 발육지연, 뇌전증(腦電症) 등으로 인하여 해당 분야 전문의가 정상적으로 건설기계를 조종할 수 없다고 인정하는 사람)으로 정하는 사람

③ 앞을 보지 못하는 사람, 듣지 못하는 사람 그 밖에 국토교통부령(다리·머리·척추나 그 밖의 신체장애로 인하여 앉아 있을 수 없는 사람)이 정하는 장애인

④ 건설기계 조종상의 위험과 장해를 일으킬 수 있는 마약·대마·향정신성의약품 또는 알코올중독자로서 국토교통부령(마약·대마·향정신성의약품 또는 알코올 관련 장애 등으로 인하여 해당 분야 전문의가 정상적으로 건설기계를 조종할 수 없다고 인정하는 사람)으로 정하는 사람

⑤ 제28조제1호부터 제7호까지의 어느 하나에 해당하는 사유로 건설기계조종사면허가 취소된 날부터 1년(같은 조 제1호 또는 제2호의 사유로 취소된 경우에는 2년)이 지나지 아니하였거나 건설기계조종사면허의 효력정지처분 기간 중에 있는 사람

제28조
1. 거짓이나 그 밖의 부정한 방법으로 건설기계조종사면허를 받은 경우
2. 건설기계조종사면허의 효력정지기간 중 건설기계를 조종한 경우
3. 정신질환자·뇌전증환자·앞을 보지 못하는 사람, 듣지 못하는 사람 그 밖에 국토교통부령이 정하는 장애인, 마약·대마·향정신성의약품 또는 알코올중독자 중 어느 하나에 해당하게 된 경우
4. 건설기계의 조종 중 고의 또는 과실로 중대한 사고를 일으킨 경우
5. 「국가기술자격법」에 따른 해당 분야의 기술자격이 취소되거나 정지된 경우
6. 건설기계조종사면허증을 다른 사람에게 빌려 준 경우
7. 술에 취하거나 마약 등 약물을 투여한 상태 또는 과로·질병의 영향이나 그 밖의 사유로 정상적으로 조종하지 못할 우려가 있는 상태에서 건설기계를 조종한 경우

36 건설기계조종사면허의 취소·정지처분기준(시행규칙 [별표 22])

• 고의로 인명피해(사망·중상·경상 등을 말한다)를 입힌 경우 : 취소
• 그 밖의 인명피해를 입힌 경우
  – 사망 1명마다 : 면허효력정지 45일
  – 중상 1명마다 : 면허효력정지 15일
  – 경상 1명마다 : 면허효력정지 5일

37 건설기계의 사후관리(건설기계관리법 시행규칙 제55조)

건설기계형식에 관한 승인을 얻거나 그 형식을 신고한 자(이하 "제작자 등")는 건설기계를 판매한 날부터 12개월(당사자 간에 12개월을 초과하여 별도 계약하는 경우에는 그 해당기간) 동안 무상으로 건설기계의 정비 및 정비에 필요한 부품을 공급하여야 한다. 다만, 취급설명서에 따라 관리하지 아니함으로 인하여 발생한 고장 또는 하자와 정기적으로 교체하여야 하는 부품 또는 소모성 부품에 대하여는 유상으로 정비하거나 정비에 필요한 부품을 공급할 수 있다.

38 건설기계조종사 면허가 취소된 경우는 등록 말소사유에 해당되지 않는다.

39 제1종 대형 운전면허로 조종 가능한 건설기계
덤프트럭, 아스팔트살포기, 노상안정기, 콘크리트믹서트럭, 콘크리트펌프, 천공기(트럭 적재식), 콘크리트믹서트레일러, 아스팔트콘크리트재생기, 도로보수트럭, 3t 미만의 지게차

40 차마의 운전자는 다음에 해당하는 경우에는 도로의 중앙이나 좌측 부분을 통행할 수 있다.
• 도로가 일방통행인 경우
• 도로의 파손, 도로공사나 그 밖의 장애 등으로 도로의 우측 부분을 통행할 수 없는 경우
• 도로의 우측부분의 폭이 6m가 되지 아니하는 도로에서 다른 차를 앞지르려는 경우. 다만, 다음의 어느 하나에 해당하는 경우에는 그러하지 아니하다.
  - 도로의 좌측 부분을 확인할 수 없는 경우
  - 반대 방향의 교통을 방해할 우려가 있는 경우
  - 안전표지 등으로 앞지르기를 금지하거나 제한하고 있는 경우
• 도로의 우측 부분의 폭이 차마의 통행에 충분하지 아니한 경우
• 가파른 비탈길의 구부러진 곳에서 교통의 위험을 방지하기 위하여 시·도경찰청장이 필요하다고 인정하여 구간 및 통행방법을 지정하고 있는 경우에 그 지정에 따라 통행하는 경우

41 앞지르기 방법 등(도로교통법 제21조)
모든 차의 운전자는 다른 차를 앞지르려면 앞차의 좌측으로 통행하여야 한다.

42 긴급자동차는 그 본래의 긴급한 용도로 운행되고 있는 경우에만 우선권과 특례의 적용을 받는다.

43 ①②④는 정차 금지 지역이다.

44 도로교통법 시행규칙 [별표6], 규제표지 221
차 높이 제한 표지로 표지판에 표시한 높이를 초과하는 차(적재한 화물의 높이를 포함)의 통행을 제한하는 것

46 4행정기관은 크랭크 축 2회전에 분사펌프는 1회전하는 기관이므로 기관회전수는 4,000 ÷ 1/2 = 2,000rpm이다.

47 기관 과열 시 피해
• 금속이 빨리 산화하고, 냉각수의 순환이 불량해진다.
• 각 작동 부분의 소결 및 각 부품의 변형 원인이 된다.
• 윤활 불충분으로 인하여 각 부품이 손상된다.
• 조기점화 및 노킹이 발생된다.
• 엔진의 출력이 저하된다.

48 오일 릴리프 밸브가 막혔을 때 또는 압력조절 스프링의 장력이 클 때는 압력이 높아진다.

49 디젤기관에서 사용하는 분사노즐의 종류
• 개방형
• 밀폐형(폐지형) : 구멍형(단공형, 다공형), 핀틀형, 스로틀형, 핀토우 노즐

50 엔진 과랭 원인
• 수온조절기의 작동 불량
• 겨울철 외기 온도의 저하

51 전압의 구분

종류 크기	교류	직류
저압	1kV 이하	1.5kV 이하
고압	1kV 초과 7kV 이하	1.5kV 초과 7kV 이하
특고압	7kV 초과	7kV 초과

52 기농 전동기의 브러시는 본래 길이의 1/3 이상 마모되면 교환한다.

53 발전기는 크랭크 축 풀리와 구동 벨트에 의해 구동되고, 기관 회전속도의 약 2배로 회전한다.

54 실드빔형은 필라멘트가 끊어지면 렌즈나 반사경에 이상이 없어도 전조등 전체를 교환해야 하는 단점이 있으나 세미실드빔형 전조등은 전구와 반사경을 분리하여 교환할 수 있다.

55 레벨게이지에는 상한선과 하한선이 있는데 오일이 많으면 기포가 생기거나 연소가 되고, 너무 적으면 엔진이 위험하기 때문에 상한선과 하한선 사이 적정량을 유지하는 것이 좋다.

56 유압유에 점도가 서로 다른 2종류의 오일을 혼합하면 열화 현상이 발생한다.

57 어큐뮬레이터에는 고압의 브레이크 유체에 고압의 질소가스가 들어가 있기 때문에 취급에 주의해야 한다.

58 유압 계통의 수명 연장을 위해 가장 중요한 요소는 오일 필터의 정기적인 점검과 교환으로 그 시간은 다음과 같다.
- 오일 필터의 세척 : 250시간
- 오일 필터의 교환 : 500시간
- 오일 탱크의 세척 및 오일 교환 : 1,000~1,500시간

59 무부하 밸브는 일정한 설정 유압에 달할 때 유압 펌프를 무부로 하기 위한 밸브이다.

60 유압탱크에는 오일 냉각기가 없다.
※ 유압탱크의 구비 조건
- 적당한 크기의 주입구에 여과망을 두어 불순물이 유입되지 않도록 할 것
- 작동유를 빼낼 수 있는 드레인 플러그를 탱크 아래에 설치할 것
- 탱크의 유량을 알 수 있도록 유면계가 있을 것
- 탱크는 스트레이너의 장치 분해에 충분한 출입구가 있을 것
- 복귀관과 흡입관 사이에 칸막이를 둘 것
- 탱크 안을 청소할 수 있도록 떼어낼 수 있는 측판을 둘 것
- 이물질이 들어가지 않도록 밀폐되어 있을 것
- 흡입구 쪽에 작동유를 여과하기 위한 여과기를 설치할 것
- 설치 필터는 안전을 위하여 바이패스 회로를 구성할 것
- 적절한 용량을 담을 수 있을 것(용량 : 유압 펌프의 매분 배출량의 3배 이상으로 설계)
- 냉각에 방해가 되지 않는 구조와 주변품이 설치될 것
- 캡이 압력식일 것

↻ 모의고사 p.122

01	①	02	③	03	②	04	④	05	①	06	④	07	②	08	④	09	②	10	②
11	③	12	④	13	②	14	①	15	③	16	②	17	③	18	④	19	①	20	④
21	②	22	②	23	③	24	②	25	②	26	①	27	④	28	②	29	①	30	②
31	①	32	④	33	④	34	③	35	③	36	③	37	②	38	④	39	④	40	②
41	①	42	①	43	①	44	①	45	④	46	②	47	①	48	④	49	①	50	②
51	②	52	③	53	②	54	④	55	④	56	④	57	③	58	③	59	④	60	③

01 실(seal)은 일종의 개스킷이며 누유를 막아주는 역할을 한다. 재질은 합성고무 또는 우레탄을 사용한다.

02 ③은 월간 정비 점검사항이다.
※ 유압장치에서 일일 정비 점검 사항
- 유량 점검
- 펌프, 밸브, 실린더로부터의 오일의 누출 점검
- 배관, 이음 등에서의 오일 누출 점검
- 이음 부분과 탱크 급유구 등의 풀림 상태 점검
- 실린더 로드 및 호스의 손상 점검

04 **조향장치의 핸들 조작이 무거운 원인**
- 타이어의 공기압이 낮다.
- 타이어의 과다 마멸 및 유격이 크다.
- 조향기어의 백래시가 적다.
- 현가장치의 컨트롤 암이 비틀렸다.
- 조향 너클이 휘었다.
- 앞바퀴 얼라인먼트의 불량

05 조향 클러치는 좌우의 주행 구동축과 차륜 또는 복대장치 사이의 클러치로 한쪽을 끊으면 그 방향의 구동이 끊겨 조향이 가능하다.

06 토션 스프링의 약화 시 클러치를 연결할 때 떨림 현상이 발생한다.
※ 클러치 차단이 불량한 원인
- 릴리스 베어링이 소손되었거나 파손되었다.
- 클러치 판의 런아웃(run-out, 흔들림)이 크다.
- 클러치 페달의 유격이 크다.
- 릴리스 실린더 컵이 소손되었다.
- 유압장치에 공기가 혼입되었다.

07 기관에 의해 직접 구동되는 것은 펌프이고 따라 도는 부분은 터빈이다.

08 **클러치가 미끄러지는 원인**
- 클러치 페달의 자유 간극 과소
- 클러치 스프링의 장력 약화 또는 절손
- 클러치 라이닝의 과대 마모
- 클러치 라이닝에 오일 부착
- 플라이 휠 및 압력판 손상

09 엔진 과열 원인
- 팬 벨트 이완 및 절손
- 윤활유 부족
- 정온기가 닫혀서 고장
- 라디에이터 코어의 막힘, 불량
- 물펌프 고장
- 냉각장치 내부의 물때(scale) 과다
- 냉각수 부족
- 이상연소(노킹 등)
- 압력식 캡의 불량

10 사고로 인한 재해가 가장 많이 발생하는 기계장치는 벨트 풀리이다.

11 굴착기의 작업장치
- 붐 : 상부 회전체의 프레임에 풋핀을 통해 설치된 부분
- 암 : 버킷과 붐 사이에 설치하여 버킷의 굴착작업을 돕는 부분
- 버킷 : 직접 굴착작업을 하여 토사를 담는 부분

12 카운터 웨이트는 상부 회전체 뒷부분에 부착되며 붐과 버킷 및 스틱에 가해지는 하중의 평형을 이루어 안전성을 유지한다.

13 굴착기의 주행 모터는 일반적으로 트랙의 양쪽에 1개씩 모두 2개가 설치되어 있다.

14 ② 기중기 : 무거운 물건을 들어 올리거나 수평으로 옮기는 기계
③ 굴착기 : 지면보다 낮은 곳을 굴착하는 기계
④ 스크레이퍼 : 지면을 긁어서 굴착한 흙을 상자 속에 담아 운반하는 기계

15 브레이크가 있는 경우에는 브레이크를 사용해서는 안 된다. 전진하다가 정지시켜야 한다(후진하다가 세우면 트랙이 팽팽해진다).

16 프런트 아이들러를 전진 및 후진시켜 트랙의 유격을 조정한다.

17 사고의 원인

직접 원인	물적 원인	불안전한 상태(1차 원인)
	인적 원인	불안전한 행동(1차 원인) 가장 높은 비율을 차지한다.
	천재지변	불가항력
간접 원인	교육적 원인	개인적 결함(2차 원인)
	기술적 원인	
	관리적 원인	사회적 환경, 유전적 요인

18 아크용접 – 차광안경 착용

19 녹십자 표지로 안전의식을 북돋우기 위하여 필요한 장소에 게시한다.
② 출입금지 : 출입을 통제해야 할 장소
③ 인화성 물질 경고 : 휘발유 등 화기의 취급을 극히 주의해야 하는 물질이 있는 장소
④ 보안경 착용 : 보안경을 착용해야만 작업 또는 출입을 할 수 있는 장소

20 흔들리기 쉬운 인양물은 가이드로프를 이용해 유도한다.

22 스패너를 해머 대신으로 사용해서는 안 된다.

23 조정 렌치를 사용한다.
토크 렌치는 볼트, 너트, 작은 나사 등의 조임에 필요한 토크를 주기 위한 체결용 공구이다.

24 도시가스배관과 수평 최단거리 2m 이내에서 파일박기를 하는 경우에는 도시가스사업자의 참관 아래 시험굴착으로 도시가스배관의 위치를 정확히 확인할 것

25 도로 밑에 최고사용압력이 중압 이상인 배관을 매설하는 때에는 배관을 보호할 수 있는 보호판을 설치해야 한다.

26 정의(도시가스사업법 시행규칙 제2조)
- 고압 : 1MPa 이상의 압력(게이지압력)을 말한다. 다만, 액체상태의 액화가스는 고압으로 본다.
- 중압 : 0.1MPa 이상 1MPa 미만의 압력을 말한다. 다만, 액화가스가 기화되고 다른 물질과 혼합되지 아니한 경우에는 0.01MPa 이상 0.2MPa 미만의 압력을 말한다.
- 저압 : 0.1MPa 미만의 압력을 말한다. 다만, 액화가스가 기화(氣化)되고 다른 물질과 혼합되지 아니한 경우에는 0.01MPa 미만의 압력을 말한다.
- 액화가스 : 상용의 온도 또는 섭씨 35도의 온도에서 압력이 0.2MPa 이상이 되는 것을 말한다.

27 220V는 위험도가 높을 뿐만 아니라 많이 취급하게 되므로 주의하여야 한다.

29 유류화재 시 소화기 외의 소화재료로 모래가 적당하며 물을 사용하면 위험하다.

30 전력 케이블이 매설되어 있음을 표시하기 위한 표지 시트는 차도에서 지표면 아래 30cm 깊이에 설치되어 있다.

31 등록의 신청 등(건설기계관리법 시행령 제3조)
1. 다음 각 목의 구분에 따른 해당 건설기계의 출처를 증명하는 서류. 다만, 해당 서류를 분실한 경우에는 해당 서류의 발행사실을 증명하는 서류(원본 발행기관에서 발행한 것으로 한정한다)로 대체할 수 있다.
    가. 국내에서 제작한 건설기계 : 건설기계제작증
    나. 수입한 건설기계 : 수입면장 등 수입사실을 증명하는 서류. 다만, 타워크레인의 경우에는 건설기계제작증을 추가로 제출하여야 한다.
    다. 행정기관으로부터 매수한 건설기계 : 매수증서
2. 건설기계의 소유자임을 증명하는 서류. 다만, 제1호 각 목의 서류가 건설기계의 소유자임을 증명할 수 있는 경우에는 당해 서류로 갈음할 수 있다.
3. 건설기계제원표
4. 「자동차손해배상 보장법」 제5조에 따른 보험 또는 공제의 가입을 증명하는 서류(「자동차손해배상 보장법 시행령」 제2조에 해당되는 건설기계의 경우에 한정하되, 법 제25조 제2항에 따라 시장·군수 또는 구청장에게 신고한 매매용건설기계를 제외한다)

32 등록번호표의 색상(건설기계관리법 시행규칙 [별표 2])
- 비사업용(관용 또는 자가용) : 흰색 바탕에 검은색 문자
- 대여사업용 : 주황색 바탕에 검은색 문자

33 건설기계 검사의 종류(건설기계관리법 제13조)
- 신규등록검사 : 건설기계를 신규로 등록할 때 실시하는 검사
- 정기검사 : 건설공사용 건설기계로서 3년의 범위에서 국토교통부령으로 정하는 검사유효기간이 끝난 후에 계속하여 운행하려는 경우에 실시하는 검사와 「대기환경보전법」 제62조 및 「소음·진동관리법」 제37조에 따른 운행차의 정기검사
- 구조변경검사 : 건설기계의 주요 구조를 변경하거나 개조한 경우 실시하는 검사
- 수시검사 : 성능이 불량하거나 사고가 자주 발생하는 건설기계의 안전성 등을 점검하기 위하여 수시로 실시하는 검사와 건설기계 소유자의 신청을 받아 실시하는 검사

34 검사 또는 명령이행 기간의 연장(건설기계관리법 시행규칙 제31조의2)

건설기계의 소유자는 법에 따라 천재지변, 건설기계의 도난, 사고발생, 압류, 31일 이상에 걸친 정비 또는 그 밖의 부득이한 사유로 정기검사, 구조변경검사, 수시검사 또는 정기검사 명령, 수시검사 명령 또는 정비 명령의 이행을 위한 검사이 신청기긴 내에 심사를 신청할 수 없는 경우에는 정기검사 등의 신청기간 만료일까지 검사·명령이행 기간 연장신청서에 연장사유를 증명할 수 있는 서류를 첨부하여 시·도지사(정기검사, 구조변경검사, 수시검사의 경우로서 법에 따라 검사대행자가 지정된 경우에는 검사대행자를 말한다)에게 제출해야 한다.

35 건설기계조종사면허증의 반납(건설기계관리법 시행규칙 제80조)

건설기계조종사면허를 받은 사람은 다음의 어느 하나에 해당하는 때에는 그 사유가 발생한 날부터 10일 이내에 시장·군수 또는 구청장에게 그 면허증을 반납해야 한다.
- 면허가 취소된 때
- 면허의 효력이 정지된 때
- 면허증의 재교부를 받은 후 잃어버린 면허증을 발견한 때

36 건설기계의 조종 중 고의 또는 과실로 「도시가스사업법」 제2조제5호의 규정에 의한 가스공급시설을 손괴하거나 가스공급시설의 기능에 장애를 입혀 가스의 공급을 방해한 때에는 면허효력정지 180일에 처한다.

37 건설기계조종사면허의 취소·정지(건설기계관리법 제28조)

시장·군수 또는 구청장은 건설기계조종사가 다음 각 호의 어느 하나에 해당하는 경우에는 국토교통부령으로 정하는 바에 따라 건설기계조종사 면허를 취소하거나 1년 이내의 기간을 정하여 건설기계조종사면허의 효력을 정지시킬 수 있다. 다만, 제1호, 제2호, 제8호 또는 제9호에 해당하는 경우에는 건설기계조종사면허를 취소하여야 한다.
1. 거짓이나 그 밖의 부정한 방법으로 건설기계조종사면허를 받은 경우
2. 건설기계조종사면허의 효력정지기간 중 건설기계를 조종한 경우
3. 정신질환자·뇌전증환자·앞을 보지 못하는 사람, 듣지 못하는 사람 그 밖에 국토교통부령이 정하는 장애인, 마약·대마·향정신성의약품 또는 알코올중독자 중 어느 하나에 해당하게 된 경우
4. 건설기계의 조종 중 고의 또는 과실로 중대한 사고를 일으킨 경우
5. 「국가기술자격법」에 따른 해당 분야의 기술자격이 취소되거나 정지된 경우
6. 건설기계조종사면허증을 다른 사람에게 빌려 준 경우
7. 술에 취하거나 마약 등 약물을 투여한 상태 또는 과로·질병의 영향이나 그 밖의 사유로 정상적으로 조종하지 못할 우려가 있는 상태에서 건설기계를 조종한 경우
8. 정기적성검사를 받지 아니하고 1년이 지난 경우
9. 정기적성검사 또는 수시적성검사에서 불합격한 경우

38 연식은 건설기계등록증에 표시되는 내용이다.

39 제1종 대형 운전면허로 조종 가능한 건설기계

덤프트럭, 아스팔트살포기, 노상안정기, 콘크리트믹서트럭, 콘크리트펌프, 천공기(트럭 적재식), 콘크리트믹서트레일러, 아스팔트콘크리트재생기, 도로보수트럭, 3t 미만의 지게차

40 차마의 운전자는 안전표지가 설치되어 특별히 진로 변경이 금지된 곳에서는 차마의 진로를 변경하여서는 아니 된다. 다만, 도로의 파손이나 도로공사 등으로 인하여 장애물이 있는 경우에는 그러하지 아니하다.

41 앞지르기 금지 시기(도로교통법 제22조)
- 모든 차의 운전자는 다음의 어느 하나에 해당하는 경우에는 앞차를 앞지르지 못한다.
  - 앞차의 좌측에 다른 차가 앞차와 나란히 가고 있는 경우
  - 앞차가 다른 차를 앞지르고 있거나 앞지르려고 하는 경우
- 모든 차의 운전자는 다음의 어느 하나에 해당하는 다른 차를 앞지르지 못한다.
  - 이 법이나 이 법에 따른 명령에 따라 정지하거나 서행하고 있는 차
  - 경찰공무원의 지시에 따라 정지하거나 서행하고 있는 차
  - 위험을 방지하기 위하여 정지하거나 서행하고 있는 차

42 어린이가 보호자 없이 도로를 횡단할 때, 어린이가 도로에서 앉아 있거나 서 있을 때 또는 어린이가 도로에서 놀이를 할 때 등 어린이에 대한 교통사고의 위험이 있는 것을 발견한 경우에는 일시정지할 것

43 신호의 시기 및 방법(도로교통법 제38조)

신호를 하는 경우	신호를 하는 시기	신호의 방법
좌회전·횡단·유턴 또는 같은 방향으로 진행하면서 진로를 왼쪽으로 바꾸려는 때	그 행위를 하려는 지점(좌회전할 경우에는 그 교차로의 가장자리)에 이르기 전 30m(고속도로에서는 100m) 이상의 지점에 이르렀을 때	왼팔을 수평으로 펴서 차체의 왼쪽 밖으로 내밀거나 오른팔을 차체의 오른쪽 밖으로 내어 팔꿈치를 굽혀 수직으로 올리거나 왼쪽의 방향지시기 또는 등화를 조작할 것
우회전 또는 같은 방향으로 진행하면서 진로를 오른쪽으로 바꾸려는 때	그 행위를 하려는 지점(우회전할 경우에는 그 교차로의 가장자리)에 이르기 전 30m(고속도로에서는 100m) 이상의 지점에 이르렀을 때	오른팔을 수평으로 펴서 차체의 오른쪽 밖으로 내밀거나 왼팔을 차체의 왼쪽 밖으로 내어 팔꿈치를 굽혀 수직으로 올리거나 오른쪽의 방향지시기 또는 등화를 조작할 것

44 신호 또는 지시에 따를 의무(도로교통법 제5조)
㉠ 도로를 통행하는 보행자, 차마 또는 노면전차의 운전자는 교통안전시설이 표시하는 신호 또는 지시와 다음의 어느 하나에 해당하는 사람이 하는 신호 또는 지시를 따라야 한다.
- 교통정리를 하는 경찰공무원(의무경찰을 포함. 이하 같다) 및 제주특별자치도의 자치경찰공무원(이하 "자치경찰공무원")
- 경찰공무원(자치경찰공무원을 포함. 이하 같다)을 보조하는 사람으로서 대통령령으로 정하는 사람(이하 "경찰보조자")

㉡ 도로를 통행하는 보행자, 차마 또는 노면전차의 운전자는 ㉠에 따른 교통안전시설이 표시하는 신호 또는 지시와 교통정리를 하는 경찰공무원 또는 경찰보조자(이하 "경찰공무원 등")의 신호 또는 지시가 서로 다른 경우에는 경찰공무원 등의 신호 또는 지시에 따라야 한다.

45 **좌석안전띠 등(건설기계 안전기준에 관한 규칙 제150조)**

지게차, 전복보호구조 또는 전도보호구조를 장착한 건설기계와 시간당 30km 이상의 속도를 낼 수 있는 타이어식 건설기계에는 다음의 기준에 적합한 좌석안전띠를 설치하여야 한다.
- 「산업표준화법」 제15조에 따라 인증을 받은 제품, 「품질경영 및 공산품안전관리법」 제14조에 따라 안전인증을 받은 제품, 국제적으로 인정되는 규격에 따른 제품 또는 국토교통부장관이 이와 동등 이상이라고 인정하는 제품일 것
- 사용자가 쉽게 잠그고 풀 수 있는 구조일 것

46 점화장치 내에 배전기가 있는 것은 가솔린기관이다.

47 클러치는 동력전달 계통으로 기관 부분이 아니다.

48 기관에서 압축 압력이 저하되는 주 원인은 피스톤 링 및 실린더 벽의 마모이다.

49 오일여과기는 오일의 불순물을 제거한다.

50 연료의 공급에 비하여 공기가 적으면 배기색은 검고 출력은 저하된다.

51 디젤기관은 압축열에 의한 착화로 시동이 되므로 압축 압력이 높으면 시동이 잘 된다.

52 시동 시 스타터 스위치의 조작에 의해 스타터의 피니언이 플라이 휠의 링기어와 물려 모터의 힘에 의해 크랭크샤프트를 회전시켜 엔진을 시동시킨다.

53 축전지의 커버와 케이스는 소다(탄산나트륨)나 물 또는 암모니아수로 청소한다.

54 로터는 교류 발전기의 회전체로서 전기공급 시 전자석이 된다.

56 외부로부터 침입한 불순물을 침전시켜 분리해야 한다.

57 흡입관으로부터 공기가 흡입되고 있을 때 펌프 내부에서 압축되어 펌프작용이 이루어지지 않아 오일이 토출되지 않는다.

※ 유압펌프에서 오일이 토출하지 않는 원인
- 회전 방향이 반대로 되어 있다.
- 흡입관 또는 스트레이너가 막혔다.
- 흡입관이 공기를 빨아들인다.
- 회전수가 부족하다.

58 **숨돌리기 현상**

공기가 실린더에 혼입되면 피스톤의 작동이 불량해져 작동시간의 지연을 초래하는 현상으로 오일 공급 부족과 서징이 발생한다.

59 방향 제어 밸브는 액추에이터로 공급되는 압축 공기의 흐름 방향을 제어하고, 시동과 정지 기능을 갖춘 밸브이다.

60 ① 필터
② 유압 압력계
④ 어큐뮬레이터

🕐 **모의고사 p.133**

01	③	02	①	03	③	04	①	05	③	06	③	07	②	08	④	09	③	10	①
11	④	12	①	13	①	14	①	15	①	16	②	17	④	18	③	19	④	20	④
21	②	22	③	23	④	24	③	25	③	26	①	27	③	28	③	29	③	30	①
31	①	32	③	33	①	34	③	35	③	36	③	37	③	38	④	39	①	40	④
41	④	42	④	43	③	44	①	45	①	46	④	47	①	48	②	49	①	50	①
51	④	52	①	53	①	54	③	55	④	56	②	57	①	58	③	59	②	60	③

01 냉각수는 엔진 온도를 항상 적정 온도로 유지시켜 엔진 과열 및 엔진 동파를 방지한다.

03 가속 시 기관이 회전되면서도 속도가 나지 않는 원인은 클러치 페달의 유격이 작은 경우 클러치가 미끄러지기 때문이다.

04 조향 기어 백래시가 작으면 핸들이 무거워지고, 너무 크면 핸들의 유격이 커진다.

05 **공기 스프링**
- 장점
  - 스프링의 세기가 하중에 비례하여 작용하므로 승차 시나 공차 시에 승차감의 차이가 없고, 차체의 높이를 항상 일정하게 유지할 수 있다.
  - 공기 스프링 자체에 감쇠성이 있어 작은 진동을 흡수한다.
  - 스프링의 효과를 유연하게 할 수 있으므로 고유진동을 낮게 할 수 있다.
- 단점
  공기탱크, 레벨링 밸브, 공기압축기 등을 설치하여야 하므로 구조가 복잡하고 제작비가 비싸다.

06 가이드 링은 유체 클러치에서 와류를 줄여 전달 효율을 향상시키는 장치이다.

07 기관에 의해 직접 구동되는 것은 펌프이고 따라도는 부분은 터빈이다.

08 웜과 웜기어는 변속기가 아니고 조향 기어이다.

09 벨트나 풀리는 회전 부위에서 노출되어 있어 재해 발생률이 높으나 기어나 커플링은 대부분 케이스 내부에 있다.

10 **트레드 패턴의 종류**
- 러그 패턴 : 원 둘레의 직각 방향으로 홈이 설치된 형식이다.
- 리브 패턴 : 타이어의 원 둘레 방향으로 몇 개의 홈을 둔 것이며 옆 방향 미끄럼에 대한 저항이 크고 조향성이 우수하다.
- 리브 러그 패턴 : 리브 패턴과 러그 패턴을 조합시킨 형식으로 숄더부에 러그형을 트레드 중앙부에는 지그재그의 리브형을 사용하여 양호한 도로나 험악한 노면에서 겸용할 수 있는 형식이다.
- 블록 패턴 : 모래나 눈 길 등과 같이 연한 노면을 다지면서 주행하는 형식이다.

- 오프 더 로드 패턴 : 진흙 속에서도 강력한 견인력을 발휘할 수 있도록 러그 패턴의 홈을 깊게 하고 폭을 넓게 한 것이다.
- 슈퍼 트랙션 패턴 : 러그 패턴의 중앙 부위에 연속된 부분을 없애고 진행방향에 대한 방향성을 가지게 한 것으로서, 기어와 같은 모양으로 되어 연약한 흙을 확실히 잡으면서 주행하며 또 패턴 사이에 흙 등이 끼이는 것을 방지한다.

11 붐의 길이는 짧게, 붐의 각도는 크게 해야 작업 반경이 작아지므로 힘을 낼 수가 있다.

12 밸런스 웨이트는 카운터 웨이트, 평형추라고도 한다.

13 리코일 스프링은 이너 스프링과 아우터 스프링으로 되어 있으며 주행 중 트랙 전면에서 오는 충격을 완화하여 차체의 파손을 방지하고 원활한 운전이 될 수 있도록 해주는 역할을 한다.

14 트랙을 분리해야 하는 경우
- 트랙이 벗겨졌을 때
- 트랙을 교환하고자 할 때
- 핀, 부싱 등을 교환하고자 할 때
- 프런트 아이들러 및 스프로킷을 교환하고자 할 때

15 트랙이 이완되거나 트랙의 정렬이 맞지 않으면 스프로킷이 이상 마모된다.

16 트랙 장력은 트랙 어저스터로 조정하며, 아이들러는 주행 중 트랙의 장력이 유지될 수 있도록 전후로 움직여 조정한다.

17 환자 관찰 순서
의식상태 → 호흡상태 → 출혈상태→구토 여부 → 기타 골절 및 통증 여부

18 위험한 작업을 할 때의 필요한 조치는 작업 시 위험을 방지하기 위해 작업자에게 미리 알려야 한다.

19 안전보건표지

보행금지	출입금지

20 하중작용
30°(1,035배), 45°(1,070배), 60°(1,155배), 75°(1,260배)

21 장갑은 다양한 작업 환경에서 보호와 안전을 제공하지만, 일부 작업(해머, 드릴, 정밀작업 등)에서는 작업 효율이나 작업의 특성상 장갑을 끼기 어려울 수 있다.

22 연료 파이프 피팅 작업에는 끝부분이 열린 오픈 렌치를 사용한다.

24 도시가스배관의 안전조치 및 손상방지기준(도시가스사업법 시행규칙 [별표 16])
도시가스배관 주위를 굴착하는 경우 도시가스배관의 좌우 1m 이내 부분은 인력으로 굴착할 것

25 「도로법」에 따른 도로 및 공동주택 등의 부지 안 도로에 도시가스 배관을 매설하는 경우에 라인마크를 설치한다. 다만, 「도로법」에 따른 도로 중 비포장도로, 포장도로의 법면 및 측구는 표지판을 설치하되, 비포장도로가 포장될 때에는 라인마크로 교체 설치한다.

27 ① 유입 차단기(OCB ; oil circuit breaker) : 전로의 차단이 절연유를 매질로 하여 동작하는 차단기
② 진공 차단기(VCB ; vacuum circuit breaker) : 전로의 차단을 높은 진공 중에서 동작하는 차단기
④ 가스 차단기(GCB ; gas circuit breaker) : 전로의 차단이 6불화황(SF_6 ; Sulfur hexafluoride)과 같은 특수한 기체, 즉 불활성 기체를 매질로 하여 동작하는 차단기

28 카바이드 저장소는 옥내에 전등 스위치가 있을 경우 스위치 작동 시 스파크 발생에 의한 화재 및 폭발 우려가 있다.

29 화재의 분류
• A급 화재 : 일반화재
• B급 화재 : 유류화재
• C급 화재 : 전기화재
• D급 화재 : 금속화재

30 가스가 누출되면 즉시 밸브를 잠근다.

31 기종별 기호표시
01 : 불도저
02 : 굴착기

32 미등록 건설기계의 임시운행 사유(건설기계관리법 시행규칙 제6조)
• 등록신청을 하기 위하여 건설기계를 등록지로 운행하는 경우
• 신규등록검사 및 확인검사를 받기 위하여 건설기계를 검사장소로 운행하는 경우
• 수출을 하기 위하여 건설기계를 선적지로 운행하는 경우
• 수출을 하기 위하여 등록말소한 건설기계를 점검 · 정비의 목적으로 운행하는 경우
• 신개발 건설기계를 시험 · 연구의 목적으로 운행하는 경우
• 판매 또는 전시를 위하여 건설기계를 일시적으로 운행하는 경우

33 구조변경검사
• 건설기계의 주요 구조를 변경하거나 개조한 경우 실시하는 검사이다.
• 건설기계의 기종변경, 육상작업용 건설기계규격의 증가 또는 적재함의 용량증가를 위한 구조변경은 할 수 없다.
• 건설기계정비업소에서 구조 변경 범위 내에서 구조 또는 장치의 변경작업을 해야 한다.
• 주요 구조를 변경 또는 개조한 날부터 20일 이내에 신청하여야 한다.

34 건설기계관리법 시행규칙 제22조에 의한 정기검사 대상 건설기계
굴착기(타이어식), 로더(타이어식), 지게차(1t 이상), 덤프트럭, 기중기, 모터그레이더, 콘크리트 믹서트럭, 콘크리트펌프(트럭 적재식), 아스팔트살포기, 천공기, 항타 및 항발기, 타워크레인, 특수건설기계(도로보수트럭, 노면파쇄기, 노면측정장비, 수목이식기, 트럭지게차, 터널용 고소작업차, 그 밖의 특수건설기계), 그 밖의 건설기계

35 국토교통부령으로 정하는 소형건설기계(건설기계관리법 시행규칙 제73조)
- 5t 미만의 불도저
- 5t 미만의 로더
- 5t 미만의 천공기(트럭 적재식은 제외)
- 3t 미만의 지게차
- 3t 미만의 굴착기
- 3t 미만이 타워크레인
- 공기압축기
- 콘크리트펌프(이동식에 한정)
- 쇄석기
- 준설선

36 피해금액 50만원마다 1일씩 정지하므로 3일이다(최대 90일을 넘지 못함).

37 건설기계검사기준(건설기계관리법 시행규칙 [별표 8])
제동장치 제동력(검사소 입고검사)
- 조향축의 제동력은 운전중량 상태에서 해당 축 중의 50% 이상이고, 그 외의 제동력은 해당 축 중의 20% 이상이며, 모든 축의 제동력의 합은 50% 이상일 것
- 동일차축의 좌·우 바퀴 제동력의 편차는 당해 축중의 8% 이내일 것
- 주차제동력의 합은 건설기계 빈차중량의 20% 이상일 것
- 제동드럼, 라이닝 및 라이닝 팽창장치는 심한 마모·균열·변형이 없어야 하며, 기름의 누출이 없을 것

38 등록 등(건설기계관리법 제3조)
㉠ 건설기계의 소유자는 대통령령으로 정하는 바에 따라 건설기계를 등록하여야 한다.
㉡ 건설기계의 소유자가 ㉠에 따른 등록을 할 때에는 특별시장·광역시장·특별자치시장·도지사 또는 특별자치도지사(이하 "시·도지사")에게 건설기계 등록신청을 하여야 한다.

39 자동차 등의 운전에 필요한 적성의 기준(도로교통법 시행령 제45조)
- 다음의 구분에 따른 시력(교정시력을 포함한다)을 갖출 것
  - 제1종 운전면허 : 두 눈을 동시에 뜨고 잰 시력이 0.8 이상이고, 두 눈의 시력이 각각 0.5 이상일 것. 다만, 한쪽 눈을 보지 못하는 사람이 보통면허를 취득하려는 경우에는 다른 쪽 눈의 시력이 0.8 이상이고, 수평시야가 120도 이상이며, 수직시야가 20도 이상이고, 중심시야 20도 내 암점(暗點)과 반맹(半盲)이 없어야 한다.
  - 제2종 운전면허 : 두 눈을 동시에 뜨고 잰 시력이 0.5 이상일 것. 다만, 한쪽 눈을 보지 못하는 사람은 다른 쪽 눈의 시력이 0.6 이상이어야 한다.
- 붉은색·녹색 및 노란색을 구별할 수 있을 것
- 55dB(보청기를 사용하는 사람은 40dB)의 소리를 들을 수 있을 것
- 조향장치나 그 밖의 장치를 뜻대로 조작할 수 없는 등 정상적인 운전을 할 수 없다고 인정되는 신체상 또는 정신상의 장애가 없을 것. 다만, 보조수단이나 신체장애 정도에 적합하게 제작·승인된 자동차를 사용하여 정상적인 운전을 할 수 있다고 인정되는 경우에는 그러하지 아니하다.

40 운전면허의 취소·정지(도로교통법 제93조)

① 시·도경찰청장은 운전면허(연습운전면허는 제외한다. 이하 이 조에서 같다)를 받은 사람이 다음 각 호의 어느 하나에 해당하면 행정안전부령으로 정하는 기준에 따라 운전면허(운전자가 받은 모든 범위의 운전면허를 포함한다. 이하 이 조에서 같다)를 취소하거나 1년 이내의 범위에서 운전면허의 효력을 정지시킬 수 있다. 다만, 제2호, 제3호, 제7호, 제8호, 제8호의2, 제9호(정기 적성검사 기간이 지난 경우는 제외한다), 제14호, 제16호, 제17호, 제20호의 규정에 해당하는 경우에는 운전면허를 취소하여야 하고(제8호의2에 해당하는 경우 취소하여야 하는 운전면허의 범위는 운전자가 거짓이나 그 밖의 부정한 수단으로 받은 그 운전면허로 한정한다), 제18호의 규정에 해당하는 경우에는 정당한 사유가 없으면 관계 행정기관의 장의 요청에 따라 운전면허를 취소하거나 1년 이내의 범위에서 정지하여야 한다.

1. 제44조제1항을 위반하여 술에 취한 상태에서 자동차 등을 운전한 경우
2. 제44조제1항 또는 제2항 후단을 위반(자동차 등을 운전한 경우로 한정한다. 이하 이 호 및 제3호에서 같다)한 사람이 다시 같은 조 제1항을 위반하여 운전면허 정지 사유에 해당된 경우
3. 제44조제2항 후단을 위반하여 술에 취한 상태에 있다고 인정할 만한 상당한 이유가 있음에도 불구하고 경찰공무원의 측정에 응하지 아니한 경우
4. 제45조를 위반하여 약물의 영향으로 인하여 정상적으로 운전하지 못할 우려가 있는 상태에서 자동차 등을 운전한 경우
5. 제46조제1항을 위반하여 공동 위험행위를 한 경우
5의2. 제46조의3을 위반하여 난폭운전을 한 경우

5의3. 제17조제3항을 위반하여 제17조제1항 및 제2항에 따른 최고속도보다 시속 100km를 초과한 속도로 3회 이상 자동차 등을 운전한 경우
6. 교통사고로 사람을 사상한 후 제54조제1항 또는 제2항에 따른 필요한 조치 또는 신고를 하지 아니한 경우
7. 제82조제1항제2호부터 제5호까지의 규정에 따른 운전면허를 받을 수 없는 사람에 해당된 경우
8. 제82조에 따라 운전면허를 받을 수 없는 사람이 운전면허를 받거나 운전면허효력의 정지기간 중 운전면허증 또는 운전면허증을 갈음하는 증명서를 발급받은 사실이 드러난 경우
8의2. 거짓이나 그 밖의 부정한 수단으로 운전면허를 받은 경우
9. 제87조제2항 또는 제88조제1항에 따른 적성검사를 받지 아니하거나 그 적성검사에 불합격한 경우
10. 운전 중 고의 또는 과실로 교통사고를 일으킨 경우
10의2. 운전면허를 받은 사람이 자동차 등을 이용하여 「형법」 제258조의2(특수상해)·제261조(특수폭행)·제284조(특수협박) 또는 제369조(특수손괴)를 위반하는 행위를 한 경우
11. 운전면허를 받은 사람이 자동차 등을 범죄의 도구나 장소로 이용하여 다음 각 목의 어느 하나의 죄를 범한 경우
　　가. 「국가보안법」 중 제4조부터 제9조까지의 죄 및 같은 법 제12조 중 증거를 날조·인멸·은닉한 죄
　　나. 「형법」 중 다음 어느 하나의 범죄
　　　　1) 살인·사체유기 또는 방화
　　　　2) 강도·강간 또는 강제추행
　　　　3) 약취·유인 또는 감금

4) 상습절도(절취한 물건을 운반한 경우에 한정한다)

5) 교통방해(단체 또는 다중의 위력으로써 위반한 경우에 한정한다)

12. 다른 사람의 자동차 등을 훔치거나 빼앗은 경우

13. 다른 사람이 부정하게 운전면허를 받도록 하기 위하여 제83조에 따른 운전면허 시험에 대신 응시한 경우

14. 이 법에 따른 교통단속 임무를 수행하는 경찰공무원등 및 시·군공무원을 폭행한 경우

15. 운전면허증을 다른 사람에게 빌려주어 운전하게 하거나 다른 사람의 운전면허증을 빌려서 사용한 경우

16. 「자동차관리법」에 따라 등록되지 아니하거나 임시운행허가를 받지 아니한 자동차(이륜자동차는 제외한다)를 운전한 경우

17. 제1종 보통면허 및 제2종 보통면허를 받기 전에 연습운전면허의 취소 사유가 있었던 경우

18. 다른 법률에 따라 관계 행정기관의 장이 운전면허의 취소처분 또는 정지처분을 요청한 경우

18의2. 제39조제1항 또는 제4항을 위반하여 화물자동차를 운전한 경우

19. 이 법이나 이 법에 따른 명령 또는 처분을 위반한 경우

20. 운전면허를 받은 사람이 자신의 운전면허를 실효(失效)시킬 목적으로 시·도경찰청장에게 자진하여 운전면허를 반납하는 경우. 다만, 실효시키려는 운전면허가 취소처분 또는 정지처분의 대상이거나 효력정지 기간 중인 경우는 제외한다.

41 안전거리확보 등(도로교통법 제19조)

모든 차의 운전자는 같은 방향으로 가고 있는 앞차의 뒤를 따르는 경우에는 앞차가 갑자기 정지하게 되는 경우 그 앞차와의 충돌을 피할 수 있는 필요한 거리를 확보하여야 한다.

42 교통정리가 없는 교차로에서의 양보운전(도로교통법 제26조)

• 교통정리를 하고 있지 아니하는 교차로에 들어가려고 하는 차의 운전자는 이미 교차로에 들어가 있는 다른 차가 있을 때에는 그 차에 진로를 양보하여야 한다.

• 교통정리를 하고 있지 아니하는 교차로에 들어가려고 하는 차의 운전자는 그 차가 통행하고 있는 도로의 폭보다 교차하는 도로의 폭이 넓은 경우에는 서행하여야 하며, 폭이 넓은 도로로부터 교차로에 들어가려고 하는 다른 차가 있을 때에는 그 차에 진로를 양보하여야 한다.

• 교통정리를 하고 있지 아니하는 교차로에 동시에 들어가려고 하는 차의 운전자는 우측도로의 차에 진로를 양보하여야 한다.

• 교통정리를 하고 있지 아니하는 교차로에서 좌회전하려고 하는 차의 운전자는 그 교차로에서 직진하거나 우회전하려는 다른 차가 있을 때에는 그 차에 진로를 양보하여야 한다.

43 도로교통법 시행규칙 [별표 6], 서행표시(노면표시 520번), 정차·주차금지 표시(노면표시 516번), 어린이보호구역표시(노면표시 536번) 도로교통법 제2조(정의) 어린이란 13세 미만의 사람을 말한다.

44 황색 등화의 점멸 신호의 뜻

차마는 다른 교통 또는 안전표지의 표시에 주의하면서 진행할 수 있다.

45 모든 운전자의 준수사항 등(도로교통법 제49조)

1. 물이 고인 곳을 운행할 때에는 고인 물을 튀게 하여 다른 사람에게 피해를 주는 일이 없도록 할 것
2. 다음 각 목의 어느 하나에 해당하는 경우에는 일시정지할 것
   가. 어린이가 보호자 없이 도로를 횡단할 때, 어린이가 도로에서 앉아 있거나 서 있을 때 또는 어린이가 도로에서 놀이를 할 때 등 어린이에 대한 교통사고의 위험이 있는 것을 발견한 경우
   나. 앞을 보지 못하는 사람이 흰색 지팡이를 가지거나 장애인보조견을 동반하는 등의 조치를 하고 도로를 횡단하고 있는 경우
   다. 지하도나 육교 등 도로 횡단시설을 이용할 수 없는 지체장애인이나 노인 등이 도로를 횡단하고 있는 경우
3. 자동차의 앞면 창유리와 운전석 좌우 옆면 창유리의 가시광선(可視光線)의 투과율이 대통령령으로 정하는 기준보다 낮아 교통안전 등에 지장을 줄 수 있는 차를 운전하지 아니할 것. 다만, 요인(要人) 경호용, 구급용 및 장의용(葬儀用) 자동차는 제외한다.
4. 교통단속용 장비의 기능을 방해하는 장치를 한 차나 그 밖에 안전운전에 지장을 줄 수 있는 것으로서 행정안전부령으로 정하는 기준에 적합하지 아니한 장치를 한 차를 운전하지 아니할 것. 다만, 자율주행자동차의 신기술 개발을 위한 장치를 장착하는 경우에는 그러하지 아니하다.
5. 도로에서 자동차 등(개인형 이동장치는 제외한다. 이하 이 조에서 같다) 또는 노면전차를 세워둔 채 시비·다툼 등의 행위를 하여 다른 차마의 통행을 방해하지 아니할 것
6. 운전자가 차 또는 노면전차를 떠나는 경우에는 교통사고를 방지하고 다른 사람이 함부로 운전하지 못하도록 필요한 조치를 할 것

7. 운전자는 안전을 확인하지 아니하고 차 또는 노면전차의 문을 열거나 내려서는 아니 되며, 동승자가 교통의 위험을 일으키지 아니하도록 필요한 조치를 할 것
8. 운전자는 정당한 사유 없이 다음 각 목의 어느 하나에 해당하는 행위를 하여 다른 사람에게 피해를 주는 소음을 발생시키지 아니할 것
   가. 자동차 등을 급히 출발시키거나 속도를 급격히 높이는 행위
   나. 자동차 등의 원동기 동력을 차의 바퀴에 전달시키지 아니하고 원동기의 회전수를 증가시키는 행위
   다. 반복적이거나 연속적으로 경음기를 울리는 행위
9. 운전자는 승객이 차 안에서 안전운전에 현저히 장해가 될 정도로 춤을 추는 등 소란행위를 하도록 내버려두고 차를 운행하지 아니할 것
10. 운전자는 자동차 등 또는 노면전차의 운전 중에는 휴대용 전화(자동차용 전화를 포함한다)를 사용하지 아니할 것. 다만, 다음 각 목의 어느 하나에 해당하는 경우에는 그러하지 아니하다.
    가. 자동차 등 또는 노면전차가 정지하고 있는 경우
    나. 긴급자동차를 운전하는 경우
    다. 각종 범죄 및 재해 신고 등 긴급한 필요가 있는 경우
    라. 안전운전에 장애를 주지 아니하는 장치로서 대통령령으로 정하는 장치를 이용하는 경우
11. 자동차 등 또는 노면전차의 운전 중에는 방송 등 영상물을 수신하거나 재생하는 장치(운전자가 휴대하는 것을 포함하며, 이하 "영상표시장치"라 한다)를 통하여 운전자가 운전 중 볼 수 있는 위치에 영상이 표시되지 아니하도록 할 것. 다만, 다음 각 목의 어느 하나에 해당하는 경우에는 그러하지 아니하다.

가. 자동차 등 또는 노면전차가 정지하고 있는 경우

나. 자동차 등 또는 노면전차에 장착하거나 거치하여 놓은 영상표시장치에 다음의 영상이 표시되는 경우

    1) 지리안내 영상 또는 교통정보안내 영상

    2) 국가비상사태·재난상황 등 긴급한 상황을 안내하는 영상

    3) 운전을 할 때 자동차 등 또는 노면전차의 좌우 또는 전후방을 볼 수 있도록 도움을 주는 영상

11의2. 자동차 등 또는 노면전차의 운전 중에는 영상표시장치를 조작하지 아니할 것. 다만, 다음 각 목의 어느 하나에 해당하는 경우에는 그러하지 아니하다.

가. 자동차 등과 노면전차가 정지하고 있는 경우

나. 노면전차 운전자가 운전에 필요한 영상표시장치를 조작하는 경우

12. 운전자는 자동차의 화물 적재함에 사람을 태우고 운행하지 아니할 것

13. 그 밖에 시·도경찰청장이 교통안전과 교통질서 유지에 필요하다고 인정하여 지정·공고한 사항에 따를 것

46 4행정 사이클 디젤 기관의 작동 – 2회전 4행정
- 흡입행정 : 피스톤이 상사점으로부터 하강하면서 실린더 내로 공기만을 흡입한다(흡입밸브 열림, 배기밸브 닫힘).
- 압축행정 : 흡기 밸브가 닫히고 피스톤이 상승하면서 공기를 압축한다(흡입밸브, 배기밸브 모두 닫힘).
- 동력(폭발)행정 : 압축행정 말 고온이 된 공기 중에 연료를 분사하면 압축열에 의하여 자연착화한다(흡입밸브, 배기밸브 모두 닫힘).
- 배기행정 : 연소가스의 팽창이 끝나면 배기 밸브가 열리고, 피스톤의 상승과 더불어 배기 행정을 한다(흡입밸브 닫힘, 배기밸브 열림).

47 예열장치에는 일반적으로 직접분사식에 사용하는 흡기가열식과 복실식(예연소실식, 와류실식, 공기실식) 연소실에 사용하는 예열 플러그식이 있다.

48 실린더와 피스톤 간극이 클 때, 피스톤이 운동방향을 바꿀 때 축압에 의하여 실린더 벽을 때리는 현상(피스톤 슬랩)이 발생한다.

49 디젤기관에서 연료량을 조절하는 것은 조속기이며 연료분사 시기를 조정하는 것은 타이머이다.

50 라디에이터에 부착된 서모스위치는 냉각수의 온도를 감지하여 어느 온도에 도달하면 팬을 작동(냉각팬 on)시키고, 어느 온도 이하로 내려가면 팬의 작동을 정지(냉각팬 off)시킨다.

51 전압(V) = 전류(A) × 저항(Ω)

$$= 2 \times 10 = 20V$$

52 기동 전동기의 시험에는 전압강하시험(무부하시험, 부하시험), 회전력(토크)시험, 저항시험 등이 있다.

53 직류(DC) 발전기와 교류(AC) 발전기

구분	직류 발전기	교류 발전기
발생 전압	직류	교류
정류기	브러시와 정류자	다이오드
여자 방법	자여자	타여자
조정기	전압, 전류, 컷아웃 릴레이	전압 조정기
역류 방지	컷아웃 릴레이	다이오드
전기 발생	전기자	스테이터

54 플래셔 유닛을 사용해 램프에 흐르는 전류를 일정한 주기(분당 60~120회)로 단속, 점멸해 램프를 점멸시키거나 광도를 증감시킨다.

55 시간계(hour meter)는 실제로 일한 시간을 측정할 수 있는 계측기로, 시기마다 정비해야 할 장비 및 오일 점검을 위해 시간을 알려주는 역할을 한다.

56 오일 속에 공기가 혼입되면 기포가 형성된다.

57 유압모터는 입구압력과 회전력(토크)으로 용량을 나타내며 그에 따라 작동부 압력과 토크가 달라진다.

58 부품 세척유 : 석유, 경유, 솔벤트

59 체크 밸브는 유압회로에서 역류를 방지하고 회로 내 잔류압력을 유지하는 밸브이다.

60 유압작동유에 들어 있는 먼지, 철분 등의 불순물은 유압기기 슬라이드 부분의 마모를 가져오고 운동에 저항으로 작용하므로 이를 제거하기 위해 필터와 스트레이너를 사용한다.
- 필터 : 배관 도중이나 복귀회로, 바이패스회로 등에 설치하여 미세한 불순물을 여과한다.
- 스트레이너 : 비교적 큰 불순물을 제거하기 위해 사용하며 유압펌프의 흡입 측에 장치하여 오일탱크로부터 펌프나 회로에 불순물이 혼입되는 것을 방지한다.

↻ 모의고사 p.144

01	③	02	④	03	④	04	④	05	③	06	①	07	②	08	②	09	③	10	①
11	③	12	①	13	④	14	②	15	②	16	①	17	②	18	②	19	①	20	③
21	④	22	②	23	②	24	③	25	②	26	④	27	③	28	①	29	③	30	②
31	③	32	③	33	②	34	③	35	②	36	③	37	③	38	③	39	②	40	①
41	④	42	③	43	④	44	④	45	②	46	②	47	③	48	③	49	②	50	③
51	④	52	④	53	④	54	①	55	④	56	①	57	③	58	②	59	③	60	①

01 기관의 온도는 시동이 걸린 후에 점검할 수 있다.

02 작업 중 자리를 비울 때는 운전을 정지하고 기계가 작동되고 있을 때는 자리를 비우지 않는다.

03 스윙 제어레버는 상부 회전체를 회전시키는 것으로 굴착작업과는 직접적인 관계가 없다.

04 종감속 장치는 조향장치가 아니고 동력전달장치이다.

05 **공기 스프링**
압축공기의 탄성을 이용한 스프링이며, 유연한 탄성을 얻을 수 있고 노면으로부터의 아주 작은 진동도 흡수할 수 있어 승차감이 우수하기 때문에 장거리 대형버스 등에 사용된다. 장점으로는 고유진동을 낮출 수 있고, 작은 진동을 흡수하는 효과가 크다. 무게증감에 관계없이 언제나 차체의 높이를 항상 일정하게 유지할 수 있다.

06 압력판은 클러치 스프링에 의해 플라이 휠 쪽으로 작용하여 클러치 디스크를 플라이 휠에 압착시키고 클러치 디스크는 압력판과 플라이 휠 사이에서 마찰력에 의해 엔진의 회전을 변속기에 전달하는 일을 한다.

07 **토크 컨버터의 구조**
• 토크 컨버터는 펌프(구동축), 터빈(피동축) 및 스테이터(반작용 요소) 등으로 구성되어 있다.
• 구성품 중 펌프는 기관의 크랭크 축과 기계적으로 연결되어 있다.
• 구성품 중 터빈은 변속기 입력 축과 연결되어 있다.
• 펌프, 터빈, 스테이터 등이 상호 운동하여 회전력을 변환시킨다.

08 비틀림 코일스프링은 작동 시 충격을 흡수하고, 쿠션 스프링은 동력전달 시나 차단 시 충격을 흡수한다.

09 기계의 사고로 가장 많은 재해는 벨트, 체인, 로프 등의 동력전달장치에 의한 사고이다.

10 유압모터는 유압 유체의 압력을 이용하여 회전운동을 수행하는 역할을 하며, 회전력과 회전속도를 제어할 수 있다.

11 굴착기 붐의 작동은 구성 오일의 압력을 이용한 유압 실린더의 상하운동이므로 과다할 때 느려지지 않는다.

12 밸런스 웨이트는 카운터 웨이트, 평형추라고도 한다.

13 리코일 스프링은 주행 중 앞쪽으로부터 프런트 아이들러에 가해지는 충격하중을 완충시킴과 동시에 주행체의 전면에서 오는 충격을 흡수하여 진동을 방지하여 작업을 안정화한다.

14 트랙의 장력 조정 실린더에 그리스를 주입하여 조정한다.

15 트랙 롤러는 싱글 플랜지형과 더블 플랜지형이 있고, 스프로킷에 가까운 쪽의 하부 롤러는 싱글 플랜지형이 사용된다.

16 트랙 아이들러는 트랙 프레임 위를 전후로 섭동할 수 있는 요크에 설치되어 있으며 트랙의 진행방향을 유도하는 역할을 한다. 또한 요크를 지지하는 축 끝에 조정실린더가 연결되어 트랙유격을 조정한다.

17 연천인율 = (재해자 수/평균근로자 수)×1,000

18 보호구 안전인증 고시 대상
안전모, 안전화, 안전장갑, 방진마스크, 방독마스크, 전동식 호흡보호구, 보호복(방열복, 화학물질용 보호복), 안전대, 차광보안경, 용접용 보안면, 방음용 귀마개 및 귀덮개

19 안전·보건표지의 색도기준 및 용도

색채	색도기준	용도	사용례
빨간색	7.5R 4/14	금지	정지신호, 소화설비 및 그 장소, 유해행위의 금지
		경고	화학물질 취급장소에서의 유해·위험 경고
노란색	5Y 8.5/12	경고	화학물질 취급장소에서의 유해·위험 경고 이외의 위험경고, 주의표지 또는 기계방호물
파란색	2.5PB 4/10	지시	특정 행위의 지시 및 사실의 고지
녹색	2.5G 4/10	안내	비상구 및 피난소, 사람 또는 차량의 통행표지
흰색	N9.5		파란색 또는 녹색에 대한 보조색
검은색	N0.5		문자 및 빨간색 또는 노란색에 대한 보조색

20 굴착기 일상점검 사항
- 연료탱크 – 점검, 보충
- 작동유 탱크 – 점검, 보충
- 엔진 오일 – 점검, 보충
- 라디에이터 냉각수 – 점검, 보충
- 계기판 경고등 – 점검, 청소
- 수분분리기 – 점검, 배수
- 팬 벨트 장력 손상 – 점검, 조정

21 드릴 구멍 가공이 끝날 무렵에는 무리한 이송을 하지 말고 공작물이 따라 돌지 않도록 주의하여야 한다.

23 오픈 렌치는 연료 파이프 피팅을 조이고 풀 때 가장 알맞은 공구이다.

24 도시가스배관 주위를 굴착하는 경우 도시가스 배관의 좌우 1m 이내 부분은 인력으로 굴착한다.

25 가스배관 지하매설 깊이
ㄱ 공동주택 등의 부지 안 : 0.6m 이상
ㄴ 폭 8m 이상의 도로 : 1.2m 이상(저압 배관에서 횡으로 분기하여 수요가에게 직접 연결 시 : 1m 이상)
ㄷ 폭 4m 이상 8m 미만인 도로 : 1m 이상(저압 배관에서 횡으로 분기하여 수요가에게 직접 연결되는 배관이거나 호칭지름이 300mm이하로서 최고사용압력이 저압인 배관 : 0.8m 이상)
ㄹ ㄱㄴㄷ에 해당하지 아니하는 곳 : 0.8m 이상
ㅁ 다만, 폭 4m 미만인 도로에 매설하는 배관과 암반·지하매설물 등에 의하여 매설 깊이의 유지가 곤란하다고 시장·군수·구청장이 인정하는 경우 : 0.6m 이상

27 고압전선에 근접 또는 접촉으로 인한 사고 유형으로 감전, 화상, 화재를 들 수 있으며, 이 중에서 감전이 가장 쉽게 발생할 수 있다.

28 접촉저항은 배선의 연결 부분에서 발생하기 쉽다. 전동기 전기자 코일은 저항이 없어야 한다.

30 온몸에 물을 적시면 신속하게 이동하는 데 제한을 받는다.

31 건설기계의 범위(건설기계관리법 시행령 [별표 1])

건설기계명	범위
1. 불도저	무한궤도 또는 타이어식인 것
2. 굴착기	무한궤도 또는 타이어식으로 굴착장치를 가진 자체중량 1t 이상인 것
3. 로더	무한궤도 또는 타이어식으로 적재장치를 가진 자체중량 2t 이상인 것. 다만, 차체굴절식 조향장치가 있는 자체중량 4t 미만인 것은 제외

건설기계명	범위
4. 지게차	타이어식으로 들어 올림 장치와 조종석을 가진 것. 다만, 전동식으로 솔리드타이어를 부착한 것 중 도로가 아닌 장소에서만 운행하는 것은 제외
5. 스크레이퍼	흙·모래의 굴착 및 운반장치를 가진 자주식인 것
6. 덤프트럭	적재용량 12t 이상인 것. 다만, 적재용량 12t 이상 20t 미만의 것으로 화물운송에 사용하기 위하여 「자동차관리법」에 의한 자동차로 등록된 것을 제외
7. 기중기	무한궤도 또는 타이어식으로 강재의 지주 및 선회장치를 가진 것. 다만, 궤도(레일)식인 것을 제외
8. 모터그레이더	정지장치를 가진 자주식인 것
9. 롤러	조종석과 전압장치를 가진 자주식인 것, 피견인 진동식인 것
10. 노상안정기	노상안정장치를 가진 자주식인 것
11. 콘크리트배칭플랜트	골재저장통·계량장치 및 혼합장치를 가진 것으로서 원동기를 가진 이동식인 것
12. 콘크리트피니셔	정리 및 사상장치를 가진 것으로 원동기를 가진 것
13. 콘크리트살포기	정리장치를 가진 것으로 원동기를 가진 것
14. 콘크리트믹서트럭	혼합장치를 가진 자주식인 것(재료의 투입·배출을 위한 보조장치가 부착된 것을 포함)
15. 콘크리트펌프	콘크리트배송능력이 5m^3/h 이상으로 원동기를 가진 이동식과 트럭적재식인 것
16. 아스팔트믹싱플랜트	골재공급장치·건조가열장치·혼합장치·아스팔트공급장치를 가진 것으로 원동기를 가진 이동식인 것
17. 아스팔트피니셔	정리 및 사상장치를 가진 것으로 원동기를 가진 것
18. 아스팔트살포기	아스팔트살포장치를 가진 자주식인 것
19. 골재살포기	골재살포장치를 가진 자주식인 것

건설기계명	범위
20. 쇄석기	20kW 이상의 원동기를 가진 이동식인 것
21. 공기압축기	공기토출량이 매분당 2.83m³(매 cm²당 7kg 기준) 이상의 이동식인 것
22. 천공기	천공장치를 가진 자주식인 것
23. 항타 및 항발기	원동기를 가진 것으로 해머 또는 뽑는 장치의 중량이 0.5t 이상인 것
24. 자갈채취기	자갈채취장치를 가진 것으로 원동기를 가진 것
25. 준설선	펌프식·버킷식·디퍼식 또는 그랩식으로 비자항식인 것. 다만, 「선박법」에 따른 선박으로 등록된 것은 제외
26. 특수건설기계	제1호부터 제25호까지의 규정 및 제27호에 따른 건설기계와 유사한 구조 및 기능을 가진 기계류로서 국토교통부장관이 따로 정하는 것
27. 타워크레인	수직타워의 상부에 위치한 지브(jib)를 선회시켜 중량물을 상하, 전후 또는 좌우로 이동시킬 수 있는 것으로서 원동기 또는 전동기를 가진 것. 다만, 공장등록대장에 등록된 것은 제외

32 검사대행자 등(건설기계관리법 시행규칙 제33조)
검사대행자의 지정을 받으려는 자는 건설기계검사대행자지정신청서에 다음의 서류를 첨부하여 국토교통부장관에게 제출하여야 한다.
- 시설의 소유권 또는 사용권이 있음을 증명하는 서류
- 보유하고 있는 기술자의 명단 및 그 자격을 증명하는 서류
- 검사업무규정안

33 구조변경범위 등(건설기계관리법 시행규칙 제42조)
주요구조의 변경 및 개조의 범위는 다음과 같다. 다만, 건설기계의 기종변경, 육상작업용 건설기계규격의 증가 또는 적재함의 용량증가를 위한 구조변경은 이를 할 수 없다.
- 원동기 및 전동기의 형식변경
- 동력전달장치의 형식변경
- 제동장치의 형식변경
- 주행장치의 형식변경
- 유압장치의 형식변경
- 조종장치의 형식변경
- 조향장치의 형식변경
- 작업장치의 형식변경. 다만, 가공작업을 수반하지 아니하고 작업장치를 선택부착하는 경우에는 작업장치의 형식변경으로 보지 아니한다.
- 건설기계의 길이·너비·높이 등의 변경
- 수상작업용 건설기계의 선체의 형식변경
- 타워크레인 설치기초 및 전기장치의 형식변경

34 신규등록 후 최초 유효기간의 산정은 등록일부터 기산한다(굴착기(타이어식)의 검사유효기간은 1년).

35 검사장소(건설기계관리법 시행규칙 제32조)
출장검사가 허용되는 건설기계
- 도서지역에 있는 경우
- 자체중량이 40t을 초과하거나 축중이 10t을 초과하는 경우
- 너비가 2.5m를 초과하는 경우
- 최고속도가 35km/h 미만인 경우

36 건설기계조종사면허의 취소·정지처분기준(건설기계관리법 시행규칙 [별표 22])
- 고의로 인명피해(사망·중상·경상 등)를 입힌 경우 : 취소
- 그 밖의 인명피해를 입힌 경우
  - 사망 1명마다 : 면허효력정지 45일
  - 중상 1명마다 : 면허효력정지 15일
  - 경상 1명마다 : 면허효력정지 5일
- ※ 과실로 인해 사망 1명, 경상 1명의 인명피해를 입힌 경우이므로 면허효력정지 50일(45일+5일)에 해당한다.

37 건설기계정비업의 업종 구분(건설기계관리법 시행령 제14조)
- 종합건설기계정비업(정비항목 : 전기종, 굴착기, 지게차, 기중기, 덤프 및 믹서)
- 부분건설기계정비업
- 전문건설기계정비업(정비항목 : 원동기, 유압, 타워크레인)

38 조명장치(건설기계 안전기준에 관한 규칙 제55조)
타이어식 건설기계에는 다음 각 호의 구분에 따라 조명장치를 설치하여야 한다.
1. 최고주행속도가 15km/h 미만인 건설기계
   가. 전조등
   나. 제동등. 다만, 유량 제어로 속도를 감속하거나 가속하는 건설기계는 제외한다.
   다. 후부반사기
   라. 후부반사판 또는 후부반사지
2. 최고주행속도가 15km/h 이상 50km/h 미만인 건설기계
   가. 제1호 각 목에 해당하는 조명장치
   나. 방향지시등
   다. 번호등
   라. 후미등
   마. 차폭등

3. 법 제26조제1항 단서에 따라 「도로교통법」 제80조에 따른 운전면허를 받아 조종하는 건설기계 또는 50km/h 이상 운전이 가능한 타이어식 건설기계
   가. 제1호 및 제2호에 따른 조명장치
   나. 후퇴등
   다. 비상점멸 표시등

39 "정차"란 운전자가 5분을 초과하지 아니하고 차를 정지시키는 것으로서 주차 외의 정지 상태를 말한다.

40 운전이 금지되는 술에 취한 상태의 기준은 운전자의 혈중 알코올농도가 0.03% 이상인 경우로 한다.

41 노면이 얼어붙은 곳에서 최고 50/100을 줄인 속도로 운행하여야 한다.

42 교차로 통행방법
모든 차의 운전자는 교차로에서 좌회전을 하려는 경우에는 미리 도로의 중앙선을 따라 서행하면서 교차로의 중심 안쪽을 이용하여 좌회전하여야 한다. 다만, 시·도경찰청장이 교차로의 상황에 따라 특히 필요하다고 인정하여 지정한 곳에서는 교차로의 중심 바깥쪽을 통과할 수 있다.

43 강남대로의 넓은 길 시작점을 의미하며 "1→" 이 위치는 도로의 시작점을 의미하고 강남대로는 6.99km를 의미한다.

44 황색의 등화
- 차마는 정지선이 있거나 횡단보도가 있을 때에는 ㄱ 직전이나 교차로의 직전에 정지하여야 하며, 이미 교차로에 차마의 일부라도 진입한 경우에는 신속히 교차로 밖으로 진행하여야 한다.
- 차마는 우회전할 수 있고 우회전하는 경우에는 보행자의 횡단을 방해하지 못한다.

45 승차 또는 적재의 방법과 제한(도로교통법 제39조)
모든 차의 운전자는 승차 인원·적재중량 및 적재용량에 관하여 대통령령으로 정하는 운행상의 안전기준을 넘어서 승차시키거나 적재한 상태로 운전하여서는 아니 된다. 다만, 출발지를 관할하는 경찰서장의 허가를 받은 경우에는 그러하지 아니하다.

46 행정거리와 피스톤의 단면적을 곱한 값과 같은 배기량은 1행정 사이에 소비하는 부피를 행정 부피라고 하며, 실린더가 1개일 때는 행정 부피 자체가 배기량이 되지만, 실린더가 여러 개수일 때에는 행정 부피에 실린더 수를 합해야 총배기량이 된다.

48 윤활장치
- 2행정 사이클의 윤활방식 : 혼기혼합식, 분리 윤활식
- 4행정 사이클의 윤활방식 : 비산식, 압송식, 비산 압송식
- 여과방식 : 분류식, 전류식, 션트식

49 프라이밍 펌프는 수동용 펌프로서, 엔진이 정지 되었을 때 연료 탱크의 연료를 연료 분사 펌프까지 공급하거나 연료 라인 내의 공기 빼기 등에 사용한다.

50 ① 전류 단위
④ 저항 단위

51 감압장치는 엔진의 시동이 쉽도록 하는 시동 보조장치이며, 시동 보조 기능 외에 다음과 같은 작용도 있다.
- 기관의 점검·조정 시 수동으로 크랭크 축을 원활하게 회전시킬 수 있다.
- 기관의 시동을 정지시킬 수 있다.
- 감압할 때 크랭크 축의 회전 저항은 압축행정의 회전 저항에 65% 정도로 감소된다.

52 ④ 전해액의 부족이 자주 발생된다.
축전지를 과충전하면 화학작용에 따른 반응으로 전해액이 부글거리며 넘쳐흐르고, 축전지 전해액은 방전상태가 될수록 황산이 분해되어 극판이 황산납으로 되며 전해액은 물에 가깝게 된다.

53 전류 조정기는 직류 발전기에 사용된다.
※ 교류 발전기는 로터(로터 철심, 로터 코일, 로터 축, 슬립 링), 스테이터(스테이터 철심, 스테이터 코일), 정류기, 브러시, 베어링, V 벨트 풀리, 팬 등으로 구성된다.

54 좌, 우 헤드라이트 불빛이 모두 약할 때는 배터리의 방전, 스위치와 배선의 접속부분에 접촉 불량이기 때문이다. 한쪽만 약하면 소켓의 접촉 불량 또는 전구의 어스 불량이 원인이다.

55 J(줄)은 일의 단위이다.

56 점도는 오일의 끈적거리는 정도를 나타내며, 점도가 너무 높으면 윤활유의 내부마찰과 저항이 커져 동력의 손실이 증가하며, 너무 낮으면 동력의 손실은 적어지지만 유막이 파괴되어 마모감소작용이 원활하지 못하게 된다. 그러므로 기계의 운전 조건에 알맞은 점도를 선택하여 사용하여야 한다.

57 O링(가장 많이 사용하는 패킹)의 구비 조건
- 오일 누설을 방지할 수 있을 것
- 운동체의 마모를 적게 할 것
- 체결력(죄는 힘)이 클 것
- 누설을 방지하는 기구에서 탄성이 양호하고, 압축 영구 변형이 적을 것
- 사용 온도 범위가 넓을 것
- 내노화성이 좋을 것
- 상대 금속을 부식시키지 말 것

58 유압회로의 압력 점검은 펌프에서 압력이 발생된 후 사용되기 전에 점검하므로 펌프와 컨트롤 밸브 사이가 가장 적당하다.

59 회로에 탱크가 연결되었으면 릴리프 밸브이고 탱크연결이 없으면 시퀀스 밸브이다.

※ 유압기호

시퀀스 밸브	언로드 밸브
릴리프 밸브	리듀싱 밸브

60 건설기계에 사용하고 있는 필터에는 흡입 스트레이너, 고압 필터, 저압 필터, 자석 스트레이너 등이 있다.

↻ 모의고사 p.154

01	②	02	④	03	④	04	③	05	④	06	③	07	②	08	③	09	①	10	④
11	③	12	④	13	①	14	①	15	②	16	④	17	②	18	②	19	①	20	③
21	①	22	③	23	④	24	①	25	②	26	①	27	②	28	④	29	③	30	③
31	①	32	③	33	①	34	③	35	①	36	③	37	③	38	③	39	④	40	④
41	④	42	①	43	①	44	③	45	④	46	③	47	①	48	③	49	③	50	③
51	②	52	②	53	③	54	④	55	④	56	③	57	①	58	③	59	④	60	④

01 팬 벨트는 엔진을 정지시키고 엄지로 눌러서 점검한다.

02 오일 교환 시 재생오일을 사용해서는 안 된다.

03 10도 이상 기울어진 곳에서는 가능한 작업하지 않도록 한다.

04 앞바퀴 정렬 요소
- 캠버 : 앞바퀴를 앞에서 볼 때 수직선에 대해 중심선이 경사되어 있는 것이며 바퀴의 중심선과 노면에 대한 수직선이 이루는 각도를 캠버 각이라 한다.
- 킹핀 경사각 : 바퀴를 앞에서 볼 때 킹핀의 중심선과 수직선이 이루는 각도
- 캐스터 : 바퀴를 옆에서 볼 때 차축에 설치한 킹핀이 수직선과 각도를 이루고 설치된 상태
- 토인 : 바퀴를 위에서 볼 때 좌우 바퀴의 중심간 거리가 뒷부분보다 앞부분이 약간 좁아져 안으로 향하고 있는 상태

05 변속기의 구비 조건
- 단계 없이 연속적으로 변속되고 소형 경량일 것
- 변속 조작이 쉽고 신속, 정확, 정숙하게 이루어질 것
- 전달효율이 좋고 수리하기가 쉬울 것

06 인터로크 장치는 변속기의 이중 물림을 방지하기 위한 장치이다.

07 ① 구성품 중 펌프(임펠러)는 기관의 크랭크 축과 기계적으로 연결되어 있다.
③ 엔진속도가 일정한 상태에서 장비의 속도가 줄어들면 토크는 증가한다.
④ 구성품 중 터빈은 변속기 입력 축과 연결되어 있다.

08 클러치가 미끄러지는 원인
- 자유 유격이 작을 때
- 클러치 스프링의 장력 쇠손 또는 절손

09 자재이음(universal joint)의 종류
- 부등속 자재이음 : 십자형(훅형) 자재이음, 플렉시블 이음, 볼 엔드 트러니언 자재이음
- 등속 자재이음 : 트랙터형, 벤딕스형, 제파형, 파르빌레형, 이중십자형, 버필드형

10 인체가 감전된 경우 위험 정도의 결정 요인에는 통전 전류의 크기, 통전 경로, 통전 시간, 접촉 전압 등이 있다.

12 붐 실린더는 작업장치에 속한다.

13 센터 조인트는 상부 회전체의 회전에는 영향을 주지 않고 하부 주행 모터에 오일을 공급하는 기능을 한다.

14 트랙은 슈, 슈볼트, 링크, 부싱, 핀, 슈핀으로 구성되어 있다.

15 스윙모터는 상부 회전체를 360° 회전시키는 모터로 트랙 장력과는 관계가 없다.

16 트랙 장력은 트랙 어저스터로 조정하며, 아이들러는 주행 중 트랙의 장력이 유지될 수 있도록 전후로 움직여 조정한다.

17 **재해가 발생 시 조치요령**
운전 정지 → 피해자 구조 → 응급처치 → 2차 재해방지

18 **보호구의 구비 조건**
• 착용이 간편할 것
• 작업에 방해가 되지 않을 것
• 위험, 유해요소에 대한 방호성능이 충분할 것
• 재료의 품질이 양호할 것
• 구조와 끝마무리가 양호할 것
• 외양과 외관이 양호할 것

19 지시표시는 근로자가 사업장 내에서 해야 할 사항을 지시하는 표지로, 그림은 '보안경 착용'을 나타낸다.

20 공동으로 운반 작업할 때는 작업자 간의 체력과 신장이 비슷한 사람끼리 작업한다.

21 드라이버를 정으로 대신하여 사용하면 드라이버가 손상된다.

22 스패너와 너트가 맞지 않을 때 쐐기를 넣어 사용해서는 안 된다.

23 토크 렌치란 볼트·너트 등 나사의 체결 토크를 재거나 정해진 토크 값으로 조이는 경우에 사용하는 공구이다. 일반적으로 조일 때 사용하고 풀 때는 교정 값이 틀어지는 등의 이유로 사용하지 않는다.

24 **파일박기 및 빼기작업(도시가스사업법 시행규칙 [별표 16])**
도시가스배관과 수평거리 30cm 이내에서는 파일박기를 하지 말 것

25 라인마크는 배관길이 50m마다 1개 이상 설치하되, 주요 분기점·굴곡지점·관말지점 및 그 주위 50m 안에 설치한다.

26 **도시가스배관의 안전조치(도시가스사업법 시행규칙 [별표 16])**
굴착공사 현장위치와 매설배관 위치를 공동으로 표시하기로 결정한 경우 굴착공사자와 도시가스사업자가 준수하여야 할 조치사항은 다음과 같다.
㉠ 굴착공사자는 굴착공사 예정지역의 위치를 흰색 페인트로 표시할 것
㉡ 도시가스사업자는 굴착예정 지역의 매설배관 위치를 굴착공사자에게 알려주어야 하며, 굴착공사자는 매설배관 위치를 매설배관 바로 위의 지면에 황색 페인트로 표시할 것

ⓒ 대규모굴착공사, 긴급굴착공사 등으로 인해 페인트로 매설배관 위치를 표시하는 것이 곤란한 경우에는 ㉠과 ㉡에도 불구하고 표시 말뚝·표시 깃발·표지판 등을 사용하여 표시할 수 있다.

ⓔ 도시가스사업자는 ㉡과 ㉢에 따른 표시 여부를 확인해야 하며, 표시가 완료된 것이 확인되면 즉시 그 사실을 정보지원센터에 통지할 것

27 전기누전(감전) 재해방지 조치사항 4가지
- (보호)접지
- 이중절연구조의 전동기계, 기구의 사용
- 비접지식 전로의 채용
- 감전 방지용 누전차단기 설치

29 화재의 분류
- A급 화재 : 일반화재
- B급 화재 : 유류화재
- C급 화재 : 전기화재
- D급 화재 : 금속화재

30 전선은 철탑 또는 전주에서 멀어질수록 많이 흔들린다.

31 수상 작업용 건설기계 : 준설선, 자갈채취기

32 등록번호표의 반납(건설기계관리법 제9조)
등록된 건설기계의 소유자는 사유에 해당하는 경우에는 10일 이내에 등록번호표의 봉인을 떼어낸 후 그 등록번호표를 국토교통부령으로 정하는 바에 따라 시·도지사에게 반납하여야 한다.

33 구조변경검사를 받으려는 자는 주요구조를 변경 또는 개조한 날부터 20일 이내(타워크레인의 주요구조부를 변경 또는 개조하는 경우에는 변경 또는 개조 후 검사에 소요되는 기간 전)에 별지 서식의 건설기계구조변경 검사신청서에 서류를 첨부하여 시·도지사에게 제출해야 한다. 다만, 검사대행자를 지정한 경우에는 검사대행자에게 제출해야 하고, 검사대행자는 받은 신청서 중 타워크레인 구조변경 검사신청서가 있는 경우에는 총괄기관이 해당 검사신청의 접수 및 검사업무의 배정을 할 수 있도록 그 신청서와 첨부서류를 총괄기관에 즉시 송부해야 한다.

34 정기검사의 신청 등(건설기계관리법 시행규칙 제23조)
정기검사를 받으려는 자는 검사유효기간의 만료일 전후 각각 31일 이내의 기간[제31조의2제3항에 따라 검사유효기간이 연장된 경우로서 타워크레인 또는 천공기(터널보링식 및 실드굴진식으로 한정한다)가 해체된 경우에는 설치 이후부터 사용 전까지의 기간으로 하고, 검사유효기간이 경과한 건설기계로서 소유권이 이전된 경우에는 이전등록한 날부터 31일 이내의 기간으로 하며, 이하 이 조에서 "정기검사신청기간"이라 한다]에 별지 제20호서식의 정기검사신청서를 시·도지사에게 제출해야 한다. 다만, 법 제14조에 따라 검사대행자가 지정된 경우에는 검사대행자에게 이를 제출해야 하고, 검사대행자는 받은 신청서 중 타워크레인 정기검사신청서가 있는 경우에는 총괄기관이 해당 검사신청의 접수 및 검사업무의 배정을 할 수 있도록 그 신청서와 첨부서류를 총괄기관에 즉시 송부해야 한다.

35 소형건설기계조종교육의 내용(건설기계관리법 시행규칙 [별표 20])

소형건설기계	교육 내용	시간
3t 미만의 굴착기, 3t 미만의 로더 및 3t 미만의 지게차	• 건설기계기관, 전기 및 작업장치	2(이론)
	• 유압 일반	2(이론)
	• 건설기계관리법규 및 도로통행방법	2(이론)
	• 조종실습	6(실습)
3t 이상 5t 미만의 로더, 5t 미만의 불도저 및 콘크리트펌프(이동식으로 한정한다)	• 건설기계기관, 전기 및 작업장치	2(이론)
	• 유압 일반	2(이론)
	• 건설기계관리법규 및 도로통행방법	2(이론)
	• 조종실습	12(실습)
5t 미만의 천공기(트럭 적재식은 제외한다)	• 건설기계기관, 전기 및 작업장치	2(이론)
	• 유압 일반	2(이론)
	• 건설기계관리법규 및 도로통행방법	2(이론)
	• 조종실습	12(실습)
공기압축기, 쇄석기 및 준설선	• 건설기계기관, 전기, 유압 및 작업장치	2(이론)
	• 건설기계관리법규 및 작업 안전	4(이론)
	• 장비 취급 및 관리 요령	2(이론)
	• 조종실습	12(실습)
3t 미만의 타워크레인	• 타워크레인 구조 및 기능일반	2(이론)
	• 양중작업(들어 옮기는 작업) 일반	2(이론)
	• 타워크레인 설치·해체 일반	4(이론)
	• 조종실습	12(실습)

36 건설기계조종사면허의 취소·정지처분기준(건설기계관리법 시행규칙 [별표 22])

- 고의로 인명피해(사망·중상·경상 등을 말한다)를 입힌 경우 : 취소
- 그 밖의 인명피해를 입힌 경우
  - 사망 1명마다 : 면허효력정지 45일
  - 중상 1명마다 : 면허효력정지 15일
  - 경상 1명마다 : 면허효력정지 5일

※ 과실로 인해 중상 2명의 인명피해를 입힌 경우이므로 면허효력정지 30일(2명×15일)에 해당한다.

37 건설기계정비업의 사업범위(건설기계관리법 시행령 [별표 2])

정비항목		전문건설기계정비업		
		원동기	유압	타워크레인
1. 원동기	가. 실린더헤드의 탈착정비	○		
	나. 실린더·피스톤의 분해·정비	○		
	다. 크랭크샤프트·캠샤프트의 분해·정비	○		
	라. 연료(연료공급 및 분사)펌프의 분해·정비	○		
	마. 위의 사항을 제외한 원동기 부분의 정비	○		
2. 유압장치의 탈부착 및 분해·정비			○	
3. 변속기	가. 탈부착			
	나. 변속기의 분해·정비			
4. 전후차축 및 제동장치정비(타이어식으로 된 것)				
5. 차체 부분	가. 프레임 조정			
	나. 롤러·링크·트랙슈의 재생			
	다. 위의 사항을 제외한 차체 부분의 정비			
6. 이동 정비	가. 응급조치	○	○	○
	나. 원동기의 탈·부착	○		○
	다. 유압장치의 탈·부착		○	○
	라. 나목 및 다목 외의 부분의 탈·부착			○

38 건설기계검사기준(건설기계관리법 시행규칙 [별표 8])

제동장치의 제동력(검사소 입고검사)

- 조향축의 제동력은 운전중량 상태에서 해당 축중의 50% 이상이고, 그 외의 제동력은 해당 축중의 20% 이상이며, 모든 축의 제동력의 합은 50% 이상일 것
- 동일차축의 좌·우 바퀴 제동력의 편차는 당해 축중의 8% 이내일 것
- 주차제동력의 합은 건설기계 빈차중량의 20% 이상일 것
- 제동드럼, 라이닝 및 라이닝 팽창장치는 심한 마모·균열·변형이 없어야 하며, 기름의 누출이 없을 것

39 골재살포기는 롤러조종 면허를 가져야 조종할 수 있다.

40 차마의 운전자는 보도를 횡단하기 직전에 일시정지하여 좌측과 우측 부분 등을 살핀 후 보행자의 통행을 방해하지 아니하도록 횡단하여야 한다.

41 Ⓐ와 Ⓑ은 일반용 건물번호판이고, Ⓒ는 문화재 및 관광용 건물번호판, Ⓓ는 관공서용 건물번호판이다.(도로명 주소 안내시스템 http://www.juso.go.kr)

42 교통정리를 하고 있지 아니하는 교차로에서 좌회전하려고 하는 차의 운전자는 그 교차로에서 직진하거나 우회전하려는 다른 차가 있을 때에는 그 차에 진로를 양보하여야 한다.

43 모든 차의 운전자는 도로에서 정차할 때에는 차도의 오른쪽 가장자리에 정차할 것. 다만, 차도와 보도의 구별이 없는 도로의 경우에는 도로의 오른쪽 가장자리로부터 중앙으로 50cm 이상의 거리를 두어야 한다.

44 신호 또는 지시에 따를 의무(도로교통법 제5조)

㉠ 도로를 통행하는 보행자, 차마 또는 노면전차의 운전자는 교통안전시설이 표시하는 신호 또는 지시와 다음의 어느 하나에 해당하는 사람이 하는 신호 또는 지시를 따라야 한다.

- 교통정리를 하는 국가경찰공무원(의무경찰을 포함. 이하 같다) 및 제주특별자치도의 자치경찰공무원(이하 "자치경찰공무원")
- 경찰공무원(자치경찰공무원을 포함)을 보조하는 사람으로서 대통령령으로 정하는 사람(이하 "경찰보조자")

㉡ 도로를 통행하는 보행자, 차마 또는 노면전차의 운전자는 ㉠에 따른 교통안전시설이 표시하는 신호 또는 지시와 교통정리를 하는 경찰공무원 또는 경찰보조자(이하 "경찰공무원 등")의 신호 또는 지시가 서로 다른 경우에는 경찰공무원 등의 신호 또는 지시에 따라야 한다.

45 운전석을 떠날 때는 브레이크를 완전히 걸고 원동기의 시동을 끈다.

46 동력행정은 폭발행정, 연소행정, 착화행정, 점화행정이라고도 부른다.

47 예열장치에는 일반적으로 직접분사식에 사용하는 흡기가열식과 복실식(예연소실식, 와류실식, 공기실식) 연소실에 사용하는 예열 플러그식이 있다.

48 피스톤 링에는 압축 링과 오일 링이 있다.

50 엔진 과열 원인
- 팬 벨트 이완 및 절손
- 윤활유 부족
- 정온기가 닫혀서 고장
- 라디에이터 코어의 막힘, 불량
- 물펌프 고장
- 냉각장치 내부의 물때(scale) 과다
- 냉각수 부족
- 이상연소(노킹 등)
- 압력식 캡의 불량

51 $1kW = 1.36PS = 1.34HP$(마력)

52 현재 사용되고 있는 기동 전동기는 직류 직권식 전동기이다.

53 자동차의 발전기는 저속에서도 발생 전압이 높고 고속에서도 안정된 성능을 발휘해야 하므로 3상 교류 발전기를 사용한다.

54 실드빔형은 필라멘트가 끊어지면 렌즈나 반사경에 이상이 없어도 전조등 전체를 교환해야 하는 단점이 있다.

55 발전기에서 축전지로 충전되고 있을 때는 전류계의 지시침이 (+) 방향을 지시한다.

56 유압유는 미션오일과 같은 기준으로 색상이 변하거나 이물질이 심하게 섞이면 교환한다.

57 유압모터는 유압에 의해 출력 축을 회전시키는 것이다.

59 무부하 밸브는 일정한 설정 유압에 달할 때 유압펌프를 무부하로 하기 위한 밸브이다.

60 ④ 드레인 플러그 : 액체를 배출하기 위해 사용하는 플러그
① 리턴 라인 : 되돌림라인
② 배플 : 칸막이 역할
③ 어큐뮬레이터 : 축압기

↻ 모의고사 p.165

01	④	02	④	03	②	04	③	05	④	06	①	07	①	08	①	09	③	10	④
11	④	12	④	13	①	14	①	15	①	16	③	17	④	18	②	19	④	20	④
21	②	22	④	23	③	24	①	25	④	26	①	27	①	28	①	29	③	30	③
31	④	32	③	33	②	34	②	35	③	36	④	37	①	38	④	39	①	40	①
41	③	42	②	43	④	44	③	45	②	46	①	47	④	48	①	49	④	50	①
51	③	52	①	53	③	54	③	55	④	56	④	57	③	58	③	59	①	60	①

01 배터리 점검은 엔진의 작동을 정지한 후에 실시한다.

03 트레일러로 운반 시 작업 장치를 반드시 뒤쪽으로 한다.

04 타이어 트레드 모양은 핸들의 조작력과 무관하다.

05 환향을 조정하는 것은 조향장치의 기능이다.
※ 변속기의 필요성과 기능
  • 엔진과 구동축 사이에서 회전력을 변환시켜 전달한다.
  • 엔진의 회전속도를 변환시켜 전달한다.
  • 후진을 가능하게 한다.
  • 정차 시 엔진의 공전운전을 가능하게 한다.

06 압력판은 클러치 커버에 지지되어 클러치 페달을 놓았을 때 클러치 스프링의 장력에 의해 클러치 판을 플라이 휠에 압착시키는 작용을 한다. 즉, 클러치 스프링은 클러치 커버와 압력판 사이에 장치되며 압력판을 플라이 휠 측으로 밀어붙이는 역할을 한다.

07 토크 컨버터는 펌프, 터빈, 스테이터로 구성되어 플라이 휠에 부착되어 있다.

08 소음발생 원인
  • 기어의 오일이 부족할 때
  • 베어링 및 부싱의 마멸이 클 때
  • 기어의 마멸이 클 때
  • 기어의 엔드플레이트가 클 때

09 그리스는 흘러내리지 않아 주입이 용이하다.

10 감전사고를 예방하기 위해 전기설비에서 물기를 제거해야 한다.

11 이젝터 버킷은 버킷 안에 토사를 밀어내는 이젝터가 있어서 점토질의 땅을 굴착할 때 버킷 안에 흙이 부착되지 않는다.

12 하부 롤러는 기계 전체의 무게를 지지하고, 상부 롤러는 트랙의 무게를 지지한다.

13 리코일 스프링은 주행 중 앞쪽으로부터 프런트 아이들러에 가해지는 충격하중을 완충시킴과 동시에 주행체의 전면에서 오는 충격을 흡수하여 진동을 방지하여 작업이 안정되도록 한다.

14 무한궤도식 굴착기의 트랙이 주행 중 벗겨지는 원인
- 트랙의 장력이 너무 느슨할 때
- 전부 유동륜과 스프로킷의 상부 롤러가 마모될 때
- 전부 유동륜과 스프로킷의 중심이 맞지 않을 때
- 고속 주행 중 급커브를 돌 때

15 스프로킷에서 가까운 곳부터 싱글과 더블 롤러 순으로 조립된다. 즉, 싱글 → 더블 → 싱글 → 더블 플랜지형 순으로 설치된다.

17 응급처치로는 식염수로 눈을 세정하는 것과 얼음찜질이 도움이 된다.

18 작업복은 주머니가 적고 팔이나 발이 노출되지 않는 것이 좋다.

19 출입금지는 금지표지에 속한다.

21 옷소매가 길거나 헐렁한 옷, 긴 목걸이, 장갑 등은 회전하는 공구에 말릴 위험이 있다.

22 ④ 오픈 렌치 : 복스 렌치를 사용할 수 없을 만큼 볼트 머리 위 공간이 부족할 때 쓸 수 있다.
① 탭 렌치 : 핸드 탭으로 암나사를 낼 때 회전시키는 데 필요한 공구이다.
② 복스 렌치 : 공구의 끝부분이 볼트나 너트를 완전히 감싸게 되어 있는 형태의 렌치이다.
③ 소켓 렌치 : 볼트 크기에 맞게 공구의 머리 부분을 갈아 끼울 수 있다. 소켓만으로는 사용할 수 없으므로, 별도의 핸들 끝에 소켓을 끼워 사용한다.

23 스패너와 너트가 맞지 않을 때 쐐기를 넣고 사용해서는 안 된다.

24 도시가스배관 주위를 굴착하는 경우 도시가스배관의 좌우 1m 이내 부분은 인력으로 굴착할 것

25 도로를 굴착할 때 적색 또는 황색의 비닐 시트나 배관, 보호판 등이 나오면 도시가스 배관이 매설된 것으로 추정된다.

28 접촉저항은 배선의 연결 부분에서 발생하기 쉽다. 전동기 전기자 코일은 저항이 없어야 한다.

29 화재의 분류
- A급 화재 : 일반화재
- B급 화재 : 유류화재
- C급 화재 : 전기화재
- D급 화재 : 금속화재

30 담뱃불은 발화력이 강하므로 지정된 장소에서 흡연하여야 한다.

31 건설기계의 종류(건설기계관리법 시행령 제2조)
1. 불도저
2. 굴착기
3. 로더
4. 지게차
5. 스크레이퍼
6. 덤프트럭
7. 기중기
8. 모터그레이더
9. 롤러
10. 노상안정기
11. 콘크리트배칭플랜트
12. 콘크리트피니셔
13. 콘크리트살포기
14. 콘크리트믹서트럭
15. 콘크리트펌프
16. 아스팔트믹싱플랜트
17. 아스팔트피니셔
18. 아스팔트살포기
19. 골재살포기
20. 쇄석기
21. 공기압축기
22. 천공기
23. 항타 및 항발기
24. 자갈채취기
25. 준설선
26. 특수건설기계
27. 타워크레인

32 등록번호표제작 등의 통지 등(건설기계관리법 시행규칙 제17조)

시·도지사는 다음에 해당하는 경우에는 건설기계소유자에게 등록번호표제작 등을 할 것을 통지하거나 명령해야 한다.

- 건설기계소유자가 법에 따라 건설기계를 등록한 경우
- 건설기계소유자가 규정에 따라 등록번호표를 다시 부착하거나 봉인을 하기 위해 신청한 경우
- 건설기계의 등록번호를 식별하기 곤란한 경우
- 건설기계소유자 또는 점유자가 법에 따른 등록사항의 변경신고를 하여 등록번호표의 용도구분을 변경한 경우
- 등록번호표가 무단복제되어 범죄행위에 이용되는 등 건설기계소유자를 범죄행위로부터 보호할 필요가 있다고 인정되는 경우로서 건설기계소유자가 등록번호표의 변경을 신청하는 경우
- 건설기계 등록번호표를 분실하거나 도난당한 경우로서 경찰관서의 장의 확인을 받아 건설기계소유자가 등록번호표의 변경을 신청하는 경우

33 굴착기(타이어식)의 정기검사 유효기간은 1년이다.

34 덤프트럭 정기검사 유효기간
- 20년 이하 : 1년
- 20년 초과 : 6개월

35 검사장소(건설기계관리법 시행규칙 제32조)

출장검사가 허용되는 건설기계
- 도서지역에 있는 경우
- 자체중량이 40t을 초과하거나 축하중이 10t을 초과하는 경우
- 너비가 2.5m를 초과하는 경우
- 최고속도가 35km/h 미만인 경우

36 ① 면허효력정지 180일
② 면허효력정지 45일
③ 2년 이하의 징역이나 2천만원 이하의 벌금

37 부분건설기계정비업의 사업범위
1. 원동기 : 실린더헤드의 탈착정비, 실린더·피스톤의 분해·정비, 크랭크샤프트·캠샤프트의 분해·정비, 연료(연료공급 및 분사)펌프의 분해·정비의 사항을 제외한 원동기 부분의 정비
2. 유압장치의 탈부착 및 분해·정비
3. 변속기 : 탈부착
4. 전후차축 및 제동장치정비(타이어식으로 된 것)
5. 차체부분 : 프레임 조정과 롤러·링크·트랙슈의 재생을 제외한 정비
6. 이동정비 : 응급조치, 원동기의 탈·부착, 유압장치의 탈·부착, 기타 부분의 탈·부착

건설기계정비업의 사업범위(건설기계관리법 시행령 [별표 2])

정비항목		종합건설기계정비업					부분건설기계정비업	전문건설기계정비업		
		전기종	굴착기	지게차	기중기	덤프 및 믹서		원동기	유압	타워크레인
1. 원동기	가. 실린더헤드의 탈착정비	○	○	○	○	○		○		
	나. 실린더·피스톤의 분해·정비	○	○	○	○	○		○		
	다. 크랭크샤프트·캠샤프트의 분해·정비	○	○	○	○	○		○		
	라. 연료(연료공급 및 분사)펌프의 분해·정비	○	○	○	○	○		○		
	마. 위의 사항을 제외한 원동기 부분의 정비	○	○	○	○	○	○	○		
2. 유압장치의 탈부착 및 분해·정비		○	○	○	○	○	○		○	
3. 변속기	가. 탈부착	○	○	○	○	○				
	나. 변속기의 분해·정비	○	○	○	○	○				
4. 전후차축 및 제동장치정비(타이어식으로 된 것)		○	○	○	○	○	○			
5. 차체 부분	가. 프레임 조정	○	○	○	○	○				
	나. 롤러·링크·트랙슈의 재생	○	○		○					
	다. 위의 사항을 제외한 차체 부분의 정비	○	○	○	○	○	○			
6. 이동정비	가. 응급조치	○	○	○	○	○	○	○	○	○
	나. 원동기의 탈·부착	○	○	○	○	○	○	○		○
	다. 유압장치의 탈·부착	○	○	○	○	○	○		○	○
	라. 나목 및 다목 외의 부분의 탈·부착	○	○	○	○	○	○			○

비고
1. "종합건설기계정비업" 중 "전기종(全機種)"은 모든 건설기계에 대하여 모든 항목의 정비를 할 수 있고, "굴착기", "지게차", "기중기", "덤프 및 믹서"는 해당 건설기계에 한정하여 ○로 표시된 항목의 정비만 할 수 있다.
2. "부분건설기계정비업"은 모든 건설기계에 대하여 ○로 표시된 항목의 정비만 할 수 있다.
3. "전문건설기계정비업" 중 "원동기", "유압"은 모든 건설기계에 대하여 각각 원동기, 유압장치에 관련된 항목으로서 ○로 표시된 항목의 정비를 할 수 있고, "타워크레인"은 이동정비 항목만 정비할 수 있다.
4. 위 표 제1호다목에 따른 크랭크샤프트·캠샤프트의 분해·정비 중 재생·연마는 크랭크연마기(1,600mm 이상)를 설치한 종합건설기계정비업체에서만 정비할 수 있다.
5. 종합건설기계정비업 중 "덤프 및 믹서"란 별표 1 제6호 및 제14호에 따른 덤프트럭 및 콘크리트믹서트럭을 말한다.
6. 위 표 제6호에 따른 이동정비 중 같은 호 나목부터 라목까지는 건설기계의 각 장치 및 부속품에 대한 분해·정비 작업을 제외한다.

38 조명장치(건설기계 안전기준에 관한 규칙 제155조)

최고주행속도가 15km/h 미만인 건설기계
- 전조등
- 제동등(유량 제어로 속도를 감속하거나 가속하는 건설기계는 제외)
- 후부반사기
- 후부반사판 또는 후부반사지

39 벌칙(도로교통법 제151조)

차 또는 노면전차의 운전자가 업무상 필요한 주의를 게을리하거나 중대한 과실로 다른 사람의 건조물이나 그 밖의 재물을 손괴한 경우에는 2년 이하의 금고나 500만원 이하의 벌금에 처한다.

40 운전이 금지되는 술에 취한 상태의 기준은 운전자의 혈중 알코올농도가 0.03% 이상인 경우로 한다.

41 자동차를 견인할 때의 속도

ㄱ 총중량 2,000kg 미만인 자동차를 총중량이 그의 3배 이상인 자동차로 견인하는 경우에는 30km/h 이내

ㄴ ㄱ 외의 경우 및 이륜자동차가 견인하는 경우에는 25km/h 이내

42 교통정리를 하고 있지 아니하는 교차로에 동시에 들어가려고 하는 차의 운전자는 우측 도로의 차에 진로를 양보하여야 한다.

43 정차 및 주차의 금지(도로교통법 제32조)

모든 차의 운전자는 다음의 어느 하나에 해당하는 곳에서는 차를 정차하거나 주차하여서는 아니 된다. 다만, 이 법이나 이 법에 따른 명령 또는 경찰공무원의 지시를 따르는 경우와 위험방지를 위하여 일시정지하는 경우에는 그러하지 아니하다.

- 교차로·횡단보도·건널목이나 보도와 차도가 구분된 도로의 보도(「주차장법」에 따라 차도와 보도에 걸쳐서 설치된 노상주차장은 제외한다)
- 교차로의 가장자리나 도로의 모퉁이로부터 5m 이내인 곳
- 안전지대가 설치된 도로에서는 그 안전지대의 사방으로부터 각각 10m 이내인 곳
- 버스여객자동차의 정류지(停留地)임을 표시하는 기둥이나 표지판 또는 선이 설치된 곳으로부터 10m 이내인 곳. 다만, 버스여객자동차의 운전자가 그 버스여객자동차의 운행시간 중에 운행노선에 따르는 정류장에서 승객을 태우거나 내리기 위하여 차를 정차하거나 주차하는 경우에는 그러하지 아니하다.
- 건널목의 가장자리 또는 횡단보도로부터 10m 이내인 곳
- 다음의 곳으로부터 5m 이내인 곳
  - 「소방기본법」에 따른 소방용수시설 또는 비상소화장치가 설치된 곳
  - 「소방시설 설치 및 관리에 관한 법률」에 따른 소방시설로서 대통령령으로 정하는 시설이 설치된 곳
- 시·도경찰청장이 도로에서의 위험을 방지하고 교통의 안전과 원활한 소통을 확보하기 위하여 필요하다고 인정하여 지정한 곳
- 시장 등이 지정한 어린이 보호구역

44 신호기가 표시하는 신호의 종류 및 신호의 뜻

신호의 종류	신호의 뜻
황색의 등화	⊙ 차마는 정지선이 있거나 횡단보도가 있을 때에는 그 직전이나 교차로의 직전에 정지하여야 하며, 이미 교차로에 차마의 일부라도 진입한 경우에는 신속히 교차로 밖으로 진행하여야 한다. ⓛ 차마는 우회전할 수 있고 우회전하는 경우에는 보행자의 횡단을 방해하지 못한다.
적색의 등화	⊙ 차마는 정지선, 횡단보도 및 교차로의 직전에서 정지해야 한다. ⓛ 차마는 우회전하려는 경우 정지선, 횡단보도 및 교차로의 직전에서 정지한 후 신호에 따라 진행하는 다른 차마의 교통을 방해하지 않고 우회전할 수 있다. ⓒ ⓛ에도 불구하고 차마는 우회전 삼색등이 적색의 등화인 경우 우회전할 수 없다.

45 고속도로 기점에서 6번째 나들목인 군포 나들목(IC)이 150m 앞에 있고, 나들목으로 나가면 군포 및 국도 47호선을 만날 수 있다는 의미이다.

46 플라이 휠

크랭크 축에 순간적인 회전력이 평균 회전력보다 클 때 회전 에너지를 저장하고 작을 때는 회전 에너지를 분배한다.

47 디젤기관의 진동 원인
- 분사량·분사시기 및 분사압력 등이 불균형을 이룬다.
- 다기통 기관에서 어느 한 개의 분사노즐이 막혔다.
- 연료 공급 계통에 공기가 침입하였다.
- 각 피스톤의 중량차가 크다.
- 크랭크축의 무게가 불평형하다.
- 실린더 상호 간 안지름 차이가 심하다.

48 피스톤 링의 3대 작용
- 기밀유지(밀봉) 작용 : 압축 링의 주작용
- 오일제어(실린더 벽의 오일 긁어내기) 작용 : 오일 링의 주작용
- 열전도(냉각) 작용

49 연료장치의 공기빼기는 공급펌프에서 가까운 쪽부터 한다.

50 동절기 냉각수가 얼면 부피가 늘어나 실린더 블록 등에 균열이 생긴다.

51
$$전류(A) = \frac{전압(V)}{저항(\Omega)}이므로, \quad \frac{24V}{2\Omega} = 12A이다.$$

52 디콤프(de-comp)는 시동을 원활하게 하는 장치이고 출력을 증대시키는 장치는 과급기이다.

53 발전기 전압은 로터 회전수에 비례하여 변화한다. 회전수가 높아지면 로터 전류를 일정한 값까지 줄이고 회전수가 낮아지면 로터 전류를 증가시켜 발전기의 발생 전압을 일정하게 유지한다.

54 한쪽 방향지시등만 점멸 속도가 빠른 원인
- 한쪽 램프 교체 시 규정용량의 전구를 사용하지 않을 때
- 전구 1개가 단선되었을 때
- 한쪽 전구소켓에 녹이 발생하여 전압강하가 있을 때

55 유량(flow rate)은 유체의 흐름 중 일정 단면적을 통과하는 유체의 체적, 질량 또는 중량을 시간에 대한 비율로 표현한 것이다.

① 토출량 : 픔프기 단위시간에 토춤시키는 액체의 체적

② 드레인 : 유체가 1기기의 통로 또는 관로에서 탱크 또는 매니폴드 등으로 돌아오는 현상

③ 언더랩 : 미끄럼 밸브 등에서 밸브가 중립점에 있을 때 이미 포트가 열려 있고 유체가 흐르도록 되어 있는 중복된 상태

56 사용되는 재료에 대하여 불활성일 것

57 유압실린더에서 자연낙하 현상의 원인
- 작동압력이 낮을 때
- 실린더 내부 마모
- 컨트롤 밸브의 스풀 마모
- 릴리프 밸브의 불량

58 유압의 제어방법
- 유량 제어 밸브 : 일의 속도 제어
- 압력 제어 밸브 : 일의 크기 제어
- 방향 제어 밸브 : 일의 방향 제어

59 ② 정용량형 유압펌프
③ 가변용량형 유압펌프
④ 가변교축 밸브

60 플러싱(flushing)이란 유압계통 내에 대량의 유체를 급속히 흘려보냄으로써 용기 및 배관 내의 이물질을 세정하는 것을 말한다.

↻ 모의고사 p.176

01	④	02	④	03	③	04	②	05	①	06	④	07	③	08	②	09	①	10	③
11	③	12	③	13	③	14	④	15	②	16	④	17	①	18	②	19	②	20	②
21	①	22	④	23	③	24	④	25	④	26	②	27	②	28	③	29	④	30	②
31	②	32	④	33	①	34	①	35	②	36	④	37	③	38	③	39	③	40	④
41	④	42	④	43	③	44	①	45	④	46	②	47	④	48	④	49	③	50	④
51	①	52	④	53	①	54	③	55	③	56	③	57	①	58	③	59	①	60	④

01 작업장에서는 기름 또는 인쇄용 잉크류 등이 묻은 천 조각이나 휴지 등은 뚜껑이 있는 불연성 용기에 담아두는 등 화재예방을 위한 조치를 하여야 한다.

02 작업 개시 전 근로자의 위험방지 및 안전을 위하여 작업방법, 작업경로, 중량물 또는 위험물 취급 시 주의사항 등을 근로자에게 교육하여야 한다. 경영관리와 작업자의 작업사항과 무관하다.

03 암반이나 부정지 등은 트랙을 팽팽하게 조정 후 저속으로 주행한다.

04 선회관성을 이용하면 안전사고의 위험성이 증대되므로 삼가야 한다.

05 앞바퀴 정렬의 기능
- 조향 핸들을 적은 힘으로 쉽게 할 수 있다.
- 조향 핸들 조작을 확실하게 하고 안전성을 준다.
- 조향 핸들에 복원성을 준다.
- 타이어 마모를 최소로 한다.

06 회전관성이 작아야 한다.

08 드라이브 라인에서 슬립이음은 추진 축의 길이 변화, 자재이음은 드라이브 각도 변화에 대응하여 동력을 차축에 원활하게 전달하기 위해 설치된다.

09 진공식 배력 장치
- 보통 브레이크 부스터(Brake Booster) 또는 하이드로 마스터라는 상품명이 붙기도 한다.
- 브레이크 부스터(진공 배력식)는 흡기매니폴드 흡입 부압을 이용하여 페달을 밟을 때 마스터 실린더에 가해지는 힘을 배력시키는 장치이다.
- 브레이크 부스터는 운전자가 브레이크를 밟는 힘을 적게 하면서도 제동력을 크게 할 수 있는 장점이 있기 때문에 대부분의 승용차에서 많이 사용되고 있다.

11 굴착기의 주요부는 작업 장치, 상부 회전체, 하부 주행체로 구성되어 있다.

12 상부 롤러는 무한궤도식 건설기계의 전부 유동륜과 기동륜(스프로킷) 사이의 트랙을 지지하여 늘어나거나 처지는 것을 방지하고 회전을 바르게 유지한다.

13 차동 장치는 하부 추진체가 휠로 되어 있는 건설 기계가 커브를 돌 때, 좌우 구동바퀴의 회전속도를 다르게 하여 선회를 원활하게 하는 장치이다.

14 트랙은 슈, 슈볼트, 링크, 부싱, 핀, 슈핀으로 구성되어 있다.

15 트랙의 장력 조정 실린더에 그리스를 주입하여 조정한다.

17 재해란 안전사고의 결과로 일어난 인명과 재산의 손실이다.

18 회전하는 기계에 휘말릴 수 있는 헐거운 옷이나 헤어진 옷, 장갑 등을 착용하지 않는다.

19 안전표지에는 금지, 경고, 지시, 안내표지가 있다.

20 취급물이 중량물인 작업에 적합하다.
※ 수작업 운반기준
- 두뇌작업이 필요한 작업 : 분류, 판독, 검사
- 단속적이고 소량취급 작업
- 취급물의 형상, 성질, 크기 등이 일정하지 않은 작업
- 취급물이 경량인 작업

22 복스 렌치
- 공구의 끝부분이 볼트나 너트를 완전히 감싸게 되어있는 형태의 렌치이다.
- 볼트 머리를 단단히 잡아주기 때문에 확실하게 돌릴 수 있는 것이 장점이지만, 일정한 각도를 돌린 뒤에는 렌치를 들어 올려 다시 확실히 볼트 머리에 끼워야 하기 때문에 작업이 번거롭다.

23 열처리된 재료는 해머작업을 하지 않는다.

24 정의(도시가스사업법 시행규칙 제2조)
- 배관 : 도시가스를 공급하기 위하여 배치된 관(管)
- 내관 : 가스사용자가 소유하거나 점유하고 있는 토지의 경계에서 연소기까지에 이르는 배관
- 본관 : 일반도시가스사업의 경우에는 도시가스제조사업소의 부지 경계 또는 가스도매사업자의 가스시설 경계에서 정압기까지 이르는 배관

25 제조소 및 공급소 밖의 배관(도시가스사업법 시행규칙 [별표 5])
배관을 시가지의 도로 노면 밑에 매설하는 경우에는 노면으로부터 배관의 외면까지 1.5m 이상, 다만, 방호구조물 안에 설치하는 경우에는 노면으로부터 그 방호구조물의 외면까지 1.2m 이상

26 가스배관 지하매설 깊이
㉠ 공동주택 등의 부지 안 : 0.6m 이상
㉡ 폭 8m 이상의 도로 : 1.2m 이상(저압 배관에서 횡으로 분기하여 수요가에게 직접 연결 시 : 1m 이상)
㉢ 폭 4m 이상 8m 미만인 도로 : 1m 이상(저압 배관에서 횡으로 분기하여 수요가에게 직접 연결되는 배관이거나 호칭지름이 300mm 이하로서 최고사용압력이 저압인 배관 : 0.8m 이상)
㉣ ㉠㉡㉢에 해당하지 아니하는 곳 : 0.8m 이상
㉤ 다만, 폭 4m 미만인 도로에 매설하는 배관과 암반·지하매설물 등에 의하여 매설 깊이의 유지가 곤란하다고 시장·군수·구청장이 인정하는 경우 : 0.6m 이상

27 접촉저항이 클수록 전류의 흐름이 방해되므로 저항은 낮아야 한다.

28 전력(W) = 전압(V) × 전류(A)

$$저항(\Omega) = \frac{전압(V)}{전류(A)}$$

① 12W ÷ 12V = 1A, 12V ÷ 1A = 12Ω
② 70W ÷ 12V = 5.83A, 12V ÷ 5.83A = 2.06Ω
③ 24W ÷ 24V = 1A, 24V ÷ 1A = 24Ω
④ 45W ÷ 24V = 1.875A, 24V ÷ 1.875A = 12.8Ω

29 카바이드 및 유류에는 모래를 뿌려 소화한다.

30 건설기계와 전선로 이격 거리는 전압이 높을수록, 전선이 굵을수록, 애자수가 많을수록 커진다.

31 건설기계등록의 말소 등(건설기계관리법 시행규칙 제9조)
건설기계등록의 말소를 신청하고자 하는 건설기계소유자는 건설기계등록말소신청서에 다음의 서류를 첨부하여 해당 건설기계를 등록한 시·도지사(이하 "등록지의 시·도지사")에게 제출해야 한다.
• 건설기계등록증
• 건설기계검사증
• 멸실·도난·수출·폐기·폐기요청·반품 및 교육·연구목적 사용 등 등록말소사유를 확인할 수 있는 서류

32 등록의 말소 등(건설기계관리법 제6조)
시·도지사는 규정에 따라 등록을 말소하려는 경우에는 미리 그 뜻을 건설기계의 소유자 및 이해관계인에게 알려야 하며, 통지 후 1개월(저당권이 등록된 경우에는 3개월)이 지난 후가 아니면 이를 말소할 수 없다.

33 구조변경범위 등(건설기계관리법 시행규칙 제42조)
건설기계의 기종변경, 육상작업용 건설기계규격의 증가 또는 적재함의 용량증가를 위한 구조변경은 할 수 없다.

34 정기검사 유효기간(건설기계관리법 시행규칙 [별표 7])
2년마다 정기검사를 받는 건설기계는 20년 이하 로더(타이어식), 지게차(1t 이상), 모터그레이더, 노면파쇄기(타이어식), 노면측정장비(타이어식), 수목이식기(타이어식)이다.

35 검사소에서 검사하는 건설기계(건설기계관리법 시행규칙 제32조)
• 덤프트럭
• 콘크리트믹서트럭
• 콘크리트펌프(트럭 적재식)
• 아스팔트살포기
• 트럭지게차(국토교통부장관이 정하는 특수건설기계인 트럭지게차)

36 재산피해를 입힌 경우 피해금액 50만원마다 면허효력정지 1일이 가산되며 정지기간은 최대 90일을 넘지 못한다.

37 건설기계대여업의 등록 등(건설기계관리법 시행령 제13조)
건설기계대여업(건설기계조종사와 함께 건설기계를 대여하는 경우와 건설기계의 운전경비를 부담하면서 건설기계를 대여하는 경우를 포함한다)의 등록을 하려는 자는 건설기계대여업등록신청서에 국토교통부령이 정하는 서류를 첨부하여 시장·군수 또는 구청장에게 제출하여야 한다.

38 정비명령을 이행하지 아니한 자에 대한 벌칙은 1년 이하의 징역 또는 1천만원 이하의 벌금이다.

39 도로교통법상 도로(법 제2조)
- 「도로법」에 따른 도로
- 「유료도로법」에 따른 유료도로
- 「농어촌도로 정비법」에 따른 농어촌도로
- 그 밖에 현실적으로 불특정 다수의 사람 또는 차마(車馬)가 통행할 수 있도록 공개된 장소로서 안전하고 원활한 교통을 확보할 필요가 있는 장소

40 자동차의 감속운행(도로교통법 시행규칙 제19조 제2항)
- 최고속도의 100분의 20을 줄인 속도로 운행하여야 하는 경우
  - 비가 내려 노면이 젖어 있는 경우
  - 눈이 20mm 미만 쌓인 경우
- 최고속도의 100분의 50을 줄인 속도로 운행하여야 하는 경우
  - 폭우・폭설・안개 등으로 가시거리가 100m 이내인 경우
  - 노면이 얼어붙은 경우
  - 눈이 20mm 이상 쌓인 경우

42 도로구간은 서 → 동, 남 → 북으로 설정되며, 도로의 시작지점에서 끝지점으로 갈수록 건물번호가 커진다.

43 황색의 등화
- 차마는 정지선이 있거나 횡단보도가 있을 때에는 그 직전이나 교차로의 직전에 정지하여야 하며, 이미 교차로에 차마의 일부라도 진입한 경우에는 신속히 교차로 밖으로 진행하여야 한다.
- 차마는 우회전할 수 있고 우회전하는 경우에는 보행자의 횡단을 방해하지 못한다.

44 승차 또는 적재의 방법과 제한(도로교통법 제39조)
모든 차의 운전자는 승차 인원, 적재중량 및 적재용량에 관하여 대통령령으로 정하는 운행상의 안전기준을 넘어서 승차시키거나 적재한 상태로 운전하여서는 아니 된다. 나만, 출발지를 관할하는 경찰서장의 허가를 받은 경우에는 그러하지 아니하다.

45 사고발생 시의 조치(법 제54조)
차 또는 노면전차의 운전 등 교통으로 인하여 사람을 사상하거나 물건을 손괴한 경우에는 그 차 또는 노면전차의 운전자나 그 밖의 승무원은 즉시 정차하여 다음의 조치를 하여야 한다.
- 사상자를 구호하는 등 필요한 조치
- 피해자에게 인적 사항(성명・전화번호・주소 등) 제공

46 과급기
배기량이 일정한 상태에서 연소실에 강압적으로 많은 공기를 주입하여 엔진폭발력을 높여 힘과 토크를 증대시키는 장치이다.

47 노킹 방지 대책 비교

구분	착화점	착화지연	압축비	흡입온도	흡입압력	회전수	와류
가솔린	높게	길게	낮게	낮게	낮게	높게	많이
디젤	낮게	짧게	높게	높게	높게	낮게	많이

48 피스톤의 구비 조건
피스톤의 중량이 작을 것, 열전도가 잘될 것, 열팽창률이 작을 것, 고온고압에 견딜 것, 피스톤 상호 간 무게 차이가 작을 것 등

49 윤활유의 기능
마멸방지 및 윤활작용, 냉각작용, 응력분산작용, 밀봉작용, 방청작용, 청정분산작용

51 히트 레인지는 흡입다기관에 설치된 열선에 전원을 공급하여 발생되는 열에 의해 흡입되는 공기를 가열하는 예열 장치이다.

52 축전지의 용량
암페어시 용량(Ah) = 일정 방전 전류(A) × 방전 종지전압에 이를 때까지의 연속 방전 시간(h)

53 자기방전
전지에 축적되어 있는 전기가 사용되지 않고 저절로 없어지는 현상으로 온도가 높거나 전해액에 불순물이 포함되어 있기 때문이다.

54 교류 발전기는 고정자(스테이터), 회전자(로터), 다이오드, 브러시, 팬 등으로 구성되어 있다.

55 퓨즈는 전선에 규정 값 이상의 과도한 전류가 계속 흐르지 못하게 자동으로 차단하는 장치이다. 과전류 발생 시 전류에 의해 발생하는 열로 퓨즈가 녹아서 끊어진다.

56 ① 베르누이의 정리 : 유체의 속도와 압력의 관계는 항상 일정한 관계가 있다는 원리
② 렌츠의 원리 : 유도 기전력은 코일 내의 자속 변화를 방해하는 방향으로 생긴다는 원리
④ 보일–샤를의 법칙 : 이상기체의 체적은 절대 온도에 비례하고 절대압력에 반비례한다는 법칙

58 • 미터 인 회로 : 공급 쪽 관로에 설치한 바이패스 관의 흐름을 제어함으로써 속도를 제어하는 회로
• 미터 아웃 회로 : 배출 쪽 관로에 설치한 바이패스 관로의 흐름을 제어함으로써 속도를 제어하는 회로
• 블리드 오프 회로 : 공급 쪽 관로에 바이패스 관로를 설치하여 바이패스로의 흐름을 제어함으로써 속도를 제어하는 회로

59 릴리프 밸브는 유압장치 내의 압력을 일정하게 유지하고, 최고압력을 제한하며 회로를 보호하는 밸브이다.

60 ① 유압 압력계
② 스톱 밸브
③ 어큐뮬레이터

얼마나 많은 사람들이
책 한 권을 읽음으로써
인생에 새로운 전기를 맞이했던가.

– 헨리 데이비드 소로 –

좋은 책을 만드는 길, 독자님과 함께하겠습니다.

답만 외우는 굴착기운전기능사 필기 CBT기출문제 + 모의고사 14회

초 판 발 행	2025년 01월 10일 (인쇄 2024년 07월 26일)
발 행 인	박영일
책 임 편 집	이해욱
편 저	최강호
편 집 진 행	윤진영 · 김경숙
표지디자인	권은경 · 길전홍선
편집디자인	정경일 · 조준영
발 행 처	(주)시대고시기획
출 판 등 록	제10-1521호
주 소	서울시 마포구 큰우물로 75 [도화동 538 성지 B/D] 9F
전 화	1600-3600
팩 스	02-701-8823
홈 페 이 지	www.sdedu.co.kr
I S B N	979-11-383-7577-1(13550)
정 가	14,000원